工业和信息化
精品系列教材

U0160684

# PHP
## 动态网站开发项目教程

（微课版）

牟奇春 / 主编

**P**HP Dynamic Web
Development

人民邮电出版社
北京

**图书在版编目（CIP）数据**

PHP动态网站开发项目教程：微课版 / 牟奇春主编
. -- 北京：人民邮电出版社，2024.8
工业和信息化精品系列教材
ISBN 978-7-115-63838-0

Ⅰ．①P… Ⅱ．①牟… Ⅲ．①网页制作工具—PHP语言
—程序设计—教材 Ⅳ．①TP393.092②TP312

中国国家版本馆CIP数据核字(2024)第045527号

## 内 容 提 要

本书精选 3 个项目实例，将 PHP 和 MySQL 数据库的相关知识点融入其中，带领读者从零开始编写代码，直到完成整个项目。通过学习本书，读者将学会如何使用 PHP 配合 MySQL 数据库实现数据的增、删、改、查，从而能够使用 PHP 和 MySQL 数据库完成常用小型 Web 应用程序的编写。

本书包含 3 个项目，分别是项目 1 "会员管理系统"、项目 2 "在线投票系统"、项目 3 "使用 Laravel 框架改写会员管理系统"。前两个项目采用面向过程的程序设计方式完成代码编写，第三个项目采用面向对象的程序设计方式，并使用 PHP 经典框架 Laravel 来完成代码编写。3 个项目内容由浅入深，层层递进。

本书是四川省精品在线开放课程"动态网站开发"的配套教材，在线上配备完整的教学视频，并支持线上答疑。

本书可作为普通高等院校、职业院校、成人教育类院校 PHP 动态网站开发课程的教材，也可供学习 PHP 的各类人员参考。

◆ 主　　编　牟奇春
　　责任编辑　马小霞
　　责任印制　王　郁　焦志炜

◆ 人民邮电出版社出版发行　　　　北京市丰台区成寿寺路 11 号
　　邮编 100164　　电子邮件 315@ptpress.com.cn
　　网址 https://www.ptpress.com.cn
　　大厂回族自治县聚鑫印刷有限责任公司印刷

◆ 开本：787×1092　1/16
　　印张：16　　　　　　　　　　2024 年 8 月第 1 版
　　字数：467 千字　　　　　　　2024 年 8 月河北第 1 次印刷

定价：59.80 元

读者服务热线：(010)81055256　印装质量热线：(010)81055316
反盗版热线：(010)81055315
广告经营许可证：京东市监广登字 20170147 号

# 前言

党的二十大报告提出，"教育、科技、人才是全面建设社会主义现代化国家的基础性、战略性支撑。"要加强计算机科学与技术教育，培养更多具备计算机技能的人才。这将有助于满足我国经济社会发展对计算机专业人才的需求，为我国信息技术产业的发展提供有力支持。

成都职业技术学院的"动态网站开发"课程，为四川省精品在线开放课程，本书作为该精品在线开放课程的配套教材，方便线上学习者参考使用（在中国大学 MOOC 或爱课程网搜索"动态网站开发"即可找到本课程）。本书以 PHP 为核心，采用"项目任务"的形式展开编写，全书精选 3 个项目实例，分别是项目 1"会员管理系统"、项目 2"在线投票系统"、项目 3"使用 Laravel 框架改写会员管理系统"。其中项目 1 包含 6 个任务、24 个子任务；项目 2 包含 5 个任务、22 个子任务；项目 3 包含 3 个任务、9 个子任务。本书全部的项目内容在线上均提供完整的教学视频，并有论坛可供学习者提问，老师每天都会在论坛进行答疑。本书涉及的所有源代码均在线上分操作步骤提供，可以极大地方便大家的学习。项目 1 是大多数项目的必备模块，该项目将开发一套具备会员注册、登录、资料修改、管理员管理会员等功能的完整系统，学习和理解这个项目，将会为其他项目的开发奠定良好的基础。项目 2 将开发一个在很多场合下均可使用的系统，即一个带有后台管理（管理投票项）功能的投票系统。项目 3 通过应用 PHP 中的经典框架 Laravel 来改写项目 1，在一定程度上降低了学习的难度。

本书编写体例和市面上很多的 PHP 教程类图书不太一样。本书不单独讲解理论知识，而是直接从项目入手，带领大家从零开始在真实编程环境中完成项目。在项目开发的过程中，"顺带"讲解理论知识。项目完成以后，基本的理论知识也就可以掌握了。

本书在编写过程中，参考了众多网站上发布的个人或团体的成果，包括但不限于 CSDN、百度百科、Bootstrap 官网、菜鸟教程等。在此，对这些知识产权的所有者表示衷心的感谢。

本书由成都职业技术学院的牟奇春教授担任主编，并负责全书的体系结构设计、内容安排、内容审核等。成都职业技术学院的涂智、安宁、王瑀、廖菲菲老师也参与了部分章节的编写工作。其中廖菲菲编写了任务 1、任务 2；涂智编写了任务 3、任务 4；王瑀编写了任务 5；安宁编写了任务 6、任务 7；牟奇春编写了任务 8～任务 14。本书在编写过程中，得到了校企合作企业——重庆威视真科技有限公司的大力支持，该公司技术总监沈西南先生对本书的编写工作给予了极大的帮助，在此表示特别感谢。

由于编者水平有限，书中难免存在不妥之处，敬请广大读者批评指正。

编　者
2024 年 1 月

# 前言

# 目录

# 项目 2 在线投票系统

# 任务 7

## 项目开发前的准备工作………99

# 项目1　会员管理系统

# 任务1
## 准备开发环境和编程环境

## 情景导入

　　计算机应用技术专业的小王同学进入大学已经一个学期了。第一学期他学习了 C 语言程序开发课程和静态网站开发课程，了解了程序设计的基本方法和流程，以及网站开发和设计的流程。由于静态网站开发的局限性，到现在为止，小王同学还没完成一个真正意义上的网站作品。

　　转眼之间，第二学期的学习生活就要开始了。开学之前，小王和几个学长决定利用周末时光，去三星堆博物馆参观。通过查询网上信息得知，要参观三星堆博物馆，必须在官网上进行身份注册，并需要提前预约，这个任务就交由学长来完成了。经验丰富的学长一眼就发现，这个预约网站是用 PHP 制作的，他立即把这个发现告诉了小王同学。小王同学一听，非常兴奋，原来 PHP 这么实用，可以制作这样的预约网站，想到本学期马上就要开始学习 PHP 动态网站开发了，心里非常激动，暗暗下定决心，一定要认真学习，力争早日独立完成动态网站的开发。同时，为了保证后面的学习效果，小王同学决定从现在开始，自己搭建 PHP 开发环境和编程环境，开始学习 PHP 动态网站开发。

## 职业能力目标及素养目标

- ● 能根据当前服务器运行环境，选择合适的 PHP 开发环境安装包。
- ● 能完成小皮面板的安装及配置。
- ● 能理解 PHP 程序的运行方式。
- ● 能熟练掌握 PhpStorm 的安装、配置及使用。

- ● 了解知识产权保护相关法规，抵制使用盗版软件的行为；培养学生的知识产权意识。
- ● 培养学生遵守国家法律法规的意识。

## 子任务 1.1　配置 PHP 开发环境

### 【任务提出】

开发环境的安装

　　小王同学初次接触 PHP 程序开发，非常期待和兴奋。在前面学习静态网站开发课程时，由于静态网站可以直接通过浏览器运行，并不需要什么开发环境。现在开始学习 PHP 了，通过查询资料得知，PHP 必须配置专用的开发环境。因此，小王同学决定大胆尝试，开始配置 PHP 开发环境，为接下来的项目开发做好准备。

### 【知识储备】

　　PHP（Page Hypertext Preprocessor）即"页面超文本预处理器"，是在服务器端执行的脚本语言，尤其适用于 Web 开发，并可嵌入超文本标记语言（Hypertext Markup Language，HTML）中。PHP 的语法是在学习了 C 语言、吸纳了 Java 和 Perl 等多种语言特色的基础之上发展而来的，并根据它们的长项，如 Java 的面向对象编程，持续提升自己。当初创建 PHP 语言的主要目标是让开发人员快速编写出优质的网站。PHP 同时支持面向对象和面向过程的开发，使用非常灵活。

　　PHP 是一种在服务器端执行的 Web 应用程序脚本语言，其开发环境主要包括 PHP 解释器、Web 服务器、数据库服务器及编辑器。PHP 支持 Windows 和 Linux 等多种操作系统。PHP 典型开发环境配置为 Windows+Apache+MySQL+PHP（简称 WAMP），而 Linux 系统下的配置为 Linux+Apache+MySQL+PHP（简称 LAMP）。

　　Apache（音译为阿帕奇）可以运行在几乎所有广泛使用的计算机平台上，由于其具有支持跨平台和安全性高的优点而被广泛使用，是最流行的 Web 服务器端软件之一。它快速、可靠并且可通过简单的应用程序接口（Application Program Interface，API）扩充，将 Perl、Python 等的解释器编译到服务器中。

　　MySQL 是一个关系数据库管理系统（Relational Database Management System，RDBMS），由瑞典 MySQL AB 公司开发，属于 Oracle 旗下产品。MySQL 是最流行的关系数据库管理系统之一，在 Web 应用方面，MySQL 是最好的关系数据库管理系统应用软件之一。

　　采用 PHP 语言编写完成的程序，其扩展名是.php，这种文件是不能直接在浏览器中运行的，需要通过配置服务器环境的方式来运行。因此，在运行 PHP 文件之前，必须配置 PHP 开发环境，以及服务器环境。

### 【任务实施】

### 1.1.1　安装小皮面板

　　小王同学通过查询资料了解到，PHP 开发环境的配置相对比较复杂，如果由用户自己下载 PHP、Apache、MySQL 来安装并配置环境，会非常耗时，还很容易出错。有一个简单的方式是直接下载集成运行环境，这可以极大提高环境配置效率。

　　目前流行的 PHP 集成运行环境软件包非常多，如 XAMPP、WAMPP 等。在众多的产品中，"小皮面板"简单易用，且功能强大，因此，小王同学决定使用小皮面板。

　　小皮面板是 PhpStudy 的简称，其官网提供了 Linux 和 Windows 两种版本，进入小皮面板的官网后，根据自己的环境选择下载相应的版本即可。小王同学下载了一个 64 位的安装版本。

　　具体的安装过程非常简单，只需要根据安装向导一步一步完成即可，小王同学很快就完成了安装。安装完成后，打开安装好的小皮面板，界面如图 1.1.1 所示。

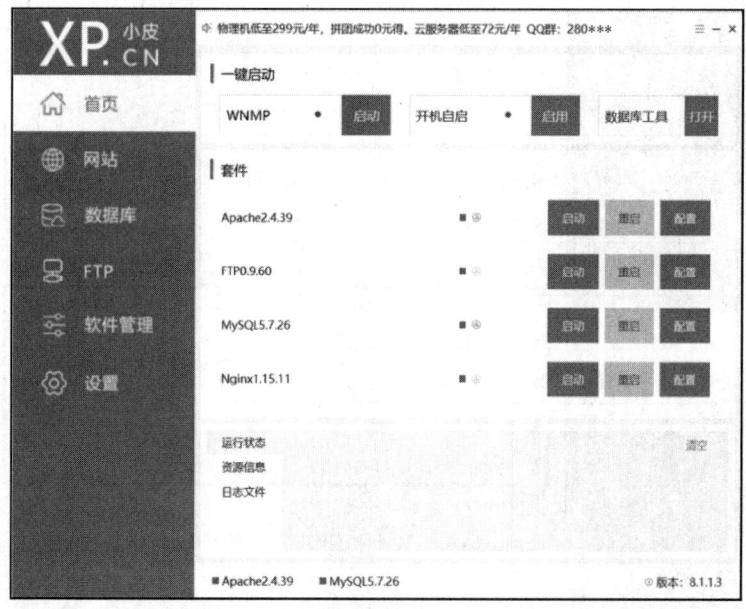

图 1.1.1　安装好小皮面板打开后的界面

## 1.1.2　配置小皮面板

进入小皮面板后，默认处于"首页"，在右边的"套件"栏中单击"Apache2.4.39"后面的"启动"按钮，以启动 Apache Web 服务，单击"MySQL5.7.26"后面的"启动"按钮，以启动 MySQL 数据库环境。如果系统没有冲突，则在正常情况下，这两个软件将会成功启动，如图 1.1.2 所示。MySQL5.7.26是默认的版本，如果需要使用 MySQL 8 或其他版本，则只需要在左侧单击"软件管理"，然后安装其他版本的数据库即可，如图 1.1.3 所示。

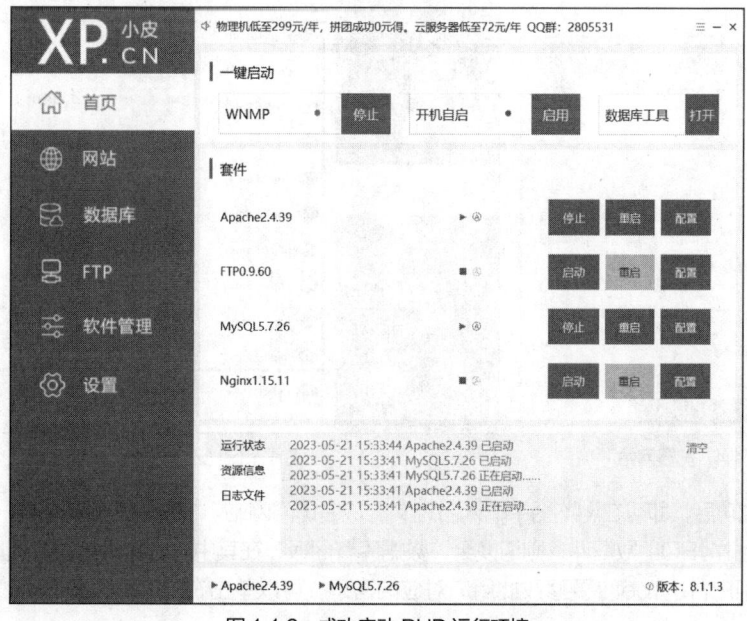

图 1.1.2　成功启动 PHP 运行环境

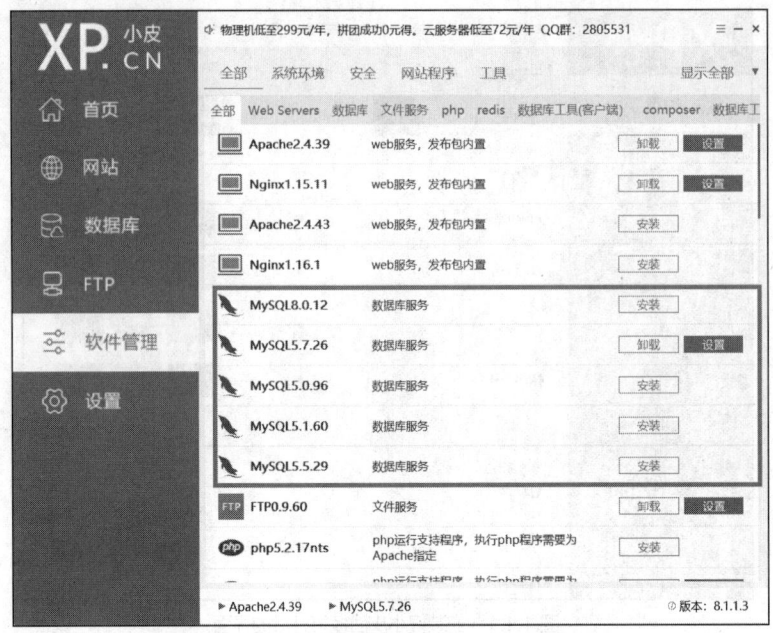

图 1.1.3　在软件管理中安装不同版本的数据库

　　在窗口左侧单击"网站"，弹出一个对话框，可以在此配置网站，如图 1.1.4 所示。在"域名"文本框中可输入自定义的域名，如 test。在"根目录"下选择 PHP 程序所在的文件夹，根据需要，可以切换 PHP 版本（安装小皮面板以后，默认使用 PHP 7，如果要使用其他版本的 PHP，则切换至"软件管理"），然后在 PHP 的相关版本选项中选择所需版本进行安装，如图 1.1.5 所示。

图 1.1.4　配置网站

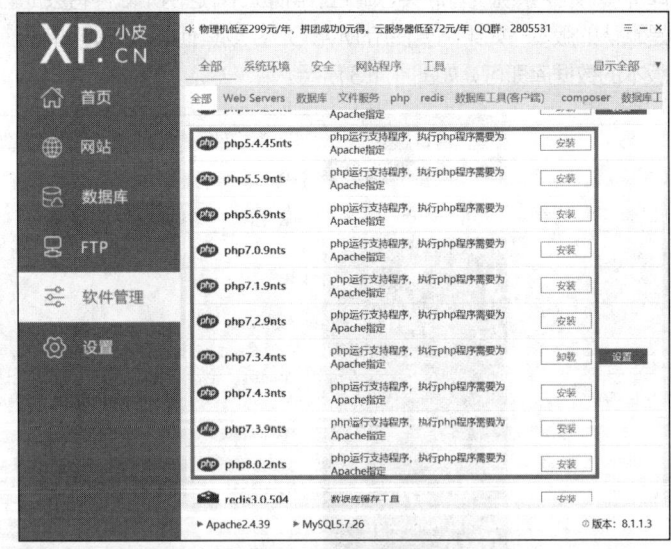

图 1.1.5　安装不同版本的 PHP

　　网站配置成功后，即可在浏览器中输入自定义的域名访问网站。
　　如果要使用 MySQL 数据库，则切换至"数据库"面板，在其中可以创建新的数据库。系统默认的数据库管理员用户名是 root，要修改此用户对应的密码，可以单击右边的"操作"→"修改密码"，如图 1.1.6 所示。

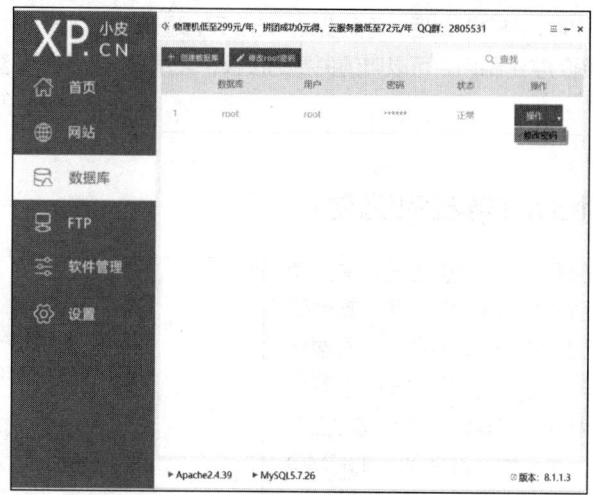

图 1.1.6　修改数据库管理员的密码

# 子任务 1.2　使用 PHP 编程环境

## 【任务提出】

小王同学已经配置好了 PHP 的开发环境，迫不及待地想编写一个属于自己的 PHP 程序。在前面学习 C 语言程序开发课程和静态网站开发课程时，都有相应的集成开发环境（Integrated Development Environment，IDE）开发工具，那么 PHP 应该用什么软件来进行开发呢？

编程环境的安装

## 【知识储备】

事实上，PHP 文件就是一种文本文件，从理论上来说，我们可以使用任何可以编辑文本文件的工具来编写 PHP 程序，如记事本。为了高效、方便地编程，可以使用一些 PHP 编程工具。

常见的 PHP 编程工具有 PhpStorm、NetBeans、Sublime Text 3、Zend Studio、Visual Studio Code 等。上述这些编程工具各有优缺点，但都比较流行，大家可以根据自己的喜好来选择使用。

从编者多年的实践经验来看，在众多的编程工具中，PhpStorm 值得推荐。

PhpStorm 是 JetBrains 公司开发的一款商业化的 PHP 集成开发工具，其主要特色如下。

（1）提供智能代码辅助功能。PhpStorm 是一个能够真正"解析"所写代码的 PHP IDE。它支持 PHP 5.3～PHP 8.1，可以提供实时错误预防、最佳自动补全与代码重构、零配置调试等功能，以及扩展的 HTML、CSS 和 JavaScript 编辑器。在处理大型项目时，PhpStorm 可以显著提高编码效率，并节省时间。

（2）提供调试、测试和性能分析功能。PhpStorm 为调试、测试和分析应用程序提供了强大的内置工具。PhpStorm 提供多个选项，可以利用可视化调试器调试 PHP 代码。

（3）PhpStorm 包含 WebStorm 以及与 HTML、串联样式表（Cascading Style Sheets，CSS）和 JavaScript 有关的所有功能。它支持所有尖端的 Web 开发技术，包括 HTML5、CSS、Sass、Scss、Less、CoffeeScript、ECMAScript Harmony 和 Jade 模板等。

（4）PhpStorm 建立在开源的 IntelliJ IDEA 平台之上，产品自发布以来，JetBrains 公司一直在不断发展和完善这个平台。

PhpStorm 是商业软件，用户下载后，可免费试用 30 天，超期后还需要继续使用的话，需要购买授权。对于使用教育网邮箱的学生用户，可以申请免费的授权，大家可以提供网络查询并了解相关情况。

## 【任务实施】

### 1.2.1　PhpStorm 的安装和启动

了解 PhpStorm 的优势之后，小王同学决定使用 PhpStorm 来完成后面的项目开发任务。软件的下载和安装对于计算机应用技术专业的小王同学来说，当然是小事一桩。一会儿工夫，小王同学就安装好了 PhpStorm，并顺利启动了软件，其启动界面如图 1.2.1 所示。接下来，小王同学准备通过 DEMO 网站的制作来学习 PhpStorm 的使用。

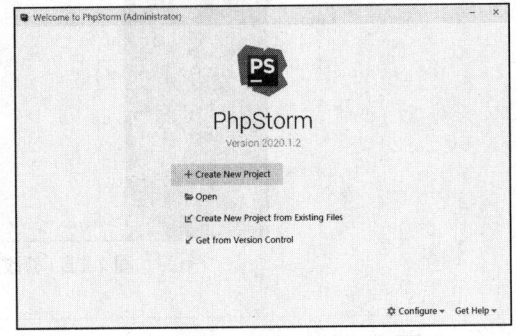

图 1.2.1　PhpStorm 软件启动界面

单击"Open"按钮，打开 PHP 文件进行编辑。单击"Create New Project"按钮可以开始创建新的项目。需要注意的是，一般情况下都需要按照项目的形式来编辑文件，而不要单独打开一个文件来进行编辑。也就是说，应该在 PhpStorm 中打开（Open）项目所在的根目录，然后在 PhpStorm 中编辑某个文件，而不要直接打开一个具体的文件来进行编辑。

小王同学先在 E 盘创建一个目录 test，然后单击"Open"按钮打开此目录。

### 1.2.2　在小皮面板中配置网站

小王同学打开小皮面板后，在其中创建网站"test"，项目根目录选择"E:/test"，如图 1.2.2 所示。

创建好网站后，他在浏览器中输入"test"测试网站的访问。由于 test 是新建的目录，里面并无可默认显示的首页文件，所以会显示图 1.2.3 所示的页面。这里出现了 403 Forbidden 的错误代码，意为没有权限访问此网站，服务器收到请求但拒绝提供服务。

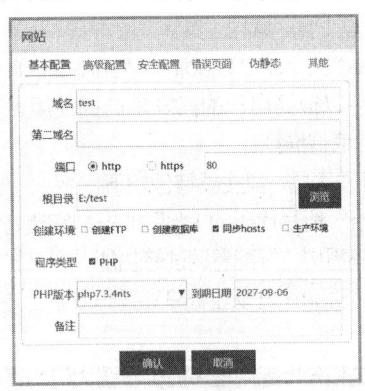

图 1.2.2　创建网站

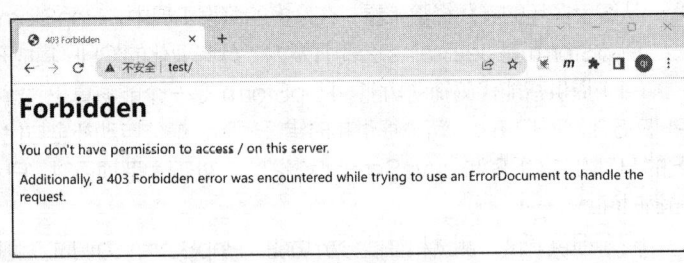

图 1.2.3　打开刚创建的网站

### 1.2.3　在 PhpStorm 中编辑文件和配置服务器环境

小王同学在小皮面板中已经配置了网站，在 PhpStorm 中编辑网站内容后，也可以配置服务器环境，以便于网页文件的预览。

（1）在 PhpStorm 中打开 E:\test 目录，如图 1.2.4 所示。此时，左边的"Project"自动显示 test，这就是当前项目的根目录。选中 test 再单击鼠标右键，选择"New"→"PHP File"命令，如图 1.2.5 所示，可以创建一个新的 PHP 文件，将文件命名为 index.php。

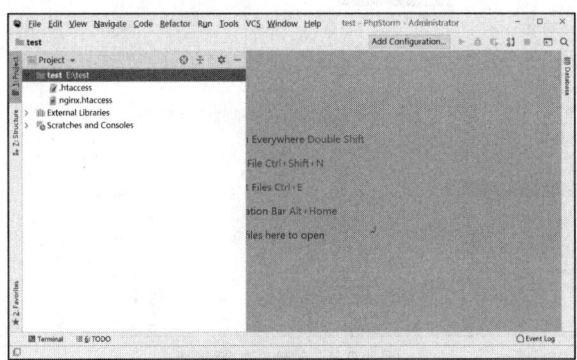

图 1.2.4　在 PhpStorm 中打开 E:\test 目录

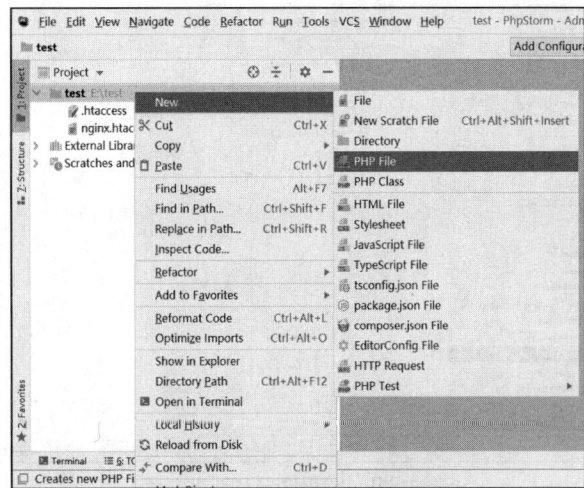

图 1.2.5　在 E:\test 目录中创建 index.php 文件

创建好 PHP 文件后，系统自动打开此文件。在右边的编辑窗口中输入图 1.2.6 所示的内容。

（2）接下来配置服务器环境。选择"File"→"Settings"→"Build,Execution,Deployment"→"Deployment"命令，在右边面板中单击"+"，再单击"In place"，就创建了一个新的服务器，如图 1.2.7 所示。在弹出的对话框的"New server name"文本框中给新建的服务器取一个名字，如 test，然后在右边的"Web server URL"文本框中输入"http://test"即可，如图 1.2.8 所示。

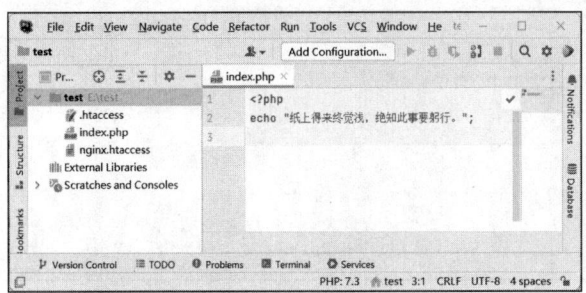

图 1.2.6　在 index.php 中输入内容

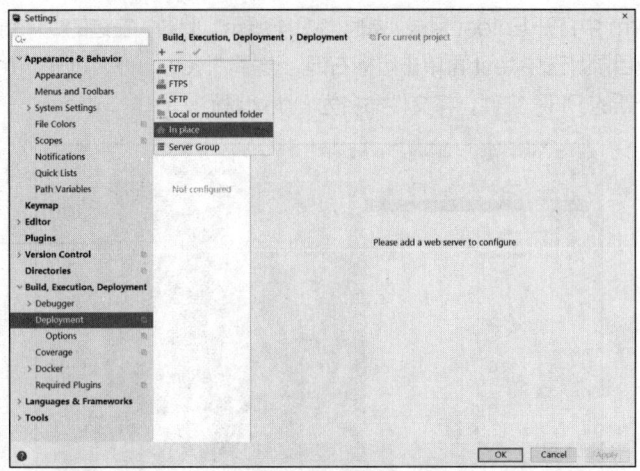

图 1.2.7　创建新的服务器

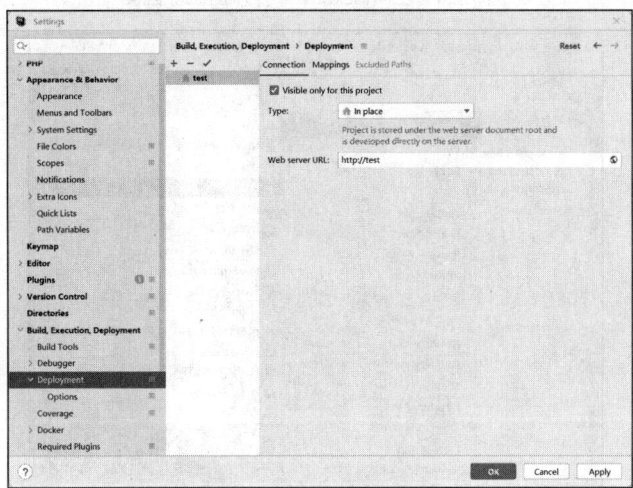

图 1.2.8　设置服务器 URL 根路径

（3）配置好服务器后，要运行文件查看效果时，只需将鼠标指针移至编辑窗口右边的浏览器图标并单击即可，如图 1.2.9 所示。单击 Chrome 浏览器图标后，系统打开 Chrome 浏览器，并自动打开 index.php 文件进行显示，如图 1.2.10 所示。

图 1.2.9　运行程序

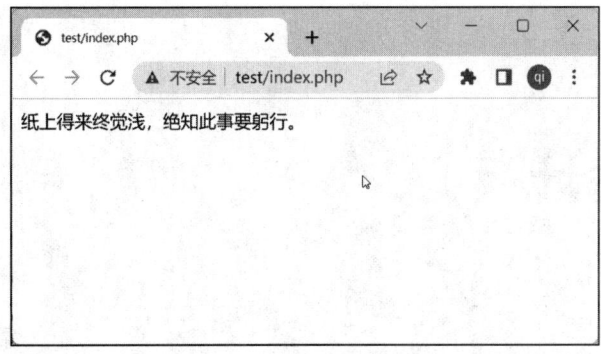

图 1.2.10　程序运行结果

## 【素养小贴士】

同学们在学习和上网娱乐时，会使用到很多软件。大家在下载软件时，很容易遇到盗版软件。我国对知识产权保护的立场是非常坚定的。知识产权保护的相关法律规定有很多，已经形成了比较完整的体系，包括《中华人民共和国商标法》《中华人民共和国专利法》《中华人民共和国著作权法》《中华人民共和国反不正当竞争法》及一些条例解释等。一旦侵犯知识产权，根据具体的情况，可能需要承担一定的民事、刑事责任，或会受到行政处罚。因此，我们应该积极抵制盗版软件，维护知识产权，坚持购买和使用正版书刊、音像制品、电脑软件，并主动劝亲友不购买、不使用盗版制品，不阅读、不传播盗版读物。如果发现有制作、贩卖盗版制品和其他侵犯商标权、著作权的行为，应该积极举报。

## 【任务小结】

在任务 1 中，我们主要学习了 PHP 开发环境的配置和 PHP 编程环境的使用。

我们以小皮面板为例，学习了如何配置 PHP 开发环境。小皮面板简单易用，使用灵活，几乎可以满足我们在程序开发中的所有要求。在生产环境中也可以使用小皮面板来部署环境。因此，掌握小皮面板的使用方法非常重要。学会使用小皮面板，再使用其他常用的 PHP 开发环境，也是一件比较简单的事情。

PhpStorm 是一个非常优秀的 PHP IDE，其优势非常明显，但软件本身的使用配置略显复杂，大家可以通过网络查询其使用技巧。另外，软件本身是英文版的，如果同学们使用起来觉得不太方便，则可以选择 "File" → "Settings" → "Plugins" 命令，在其中安装中文语言包，这样，整个软件就变成中文版了。

## 【巩固练习】

1. 请通过网络查询了解 Apache、Nginx、IIS 等常用 Web 服务器的工作原理。
2. 请通过网络下载几个常用的 PHP 开发环境一键安装包，并进行安装试用，比较它们的异同。
3. 请通过网络查询了解如何安装 PhpStorm 主题，然后选择自己喜欢和习惯的主题，以便于今后长期使用 PhpStorm 开发项目时感到舒适。
4. 结合原来所学的静态网站开发课程，请描述静态网站和动态网站的区别。
5. 请通过网络查询了解 PHP 动态网站的运行过程。

# 任务2
## 项目前端开发

# 02

## 情景导入

　　小王同学已经配置好了 PHP 的开发环境和编程环境，心里非常激动，急于进行编程实战。通过原来学习的静态网站开发课程，大家都了解了静态网站的制作，但涉及数据处理、表单处理等问题，就没办法解决了。现在开始学习动态网站，小王同学知道，在这个阶段可以逐步解决这些问题了。因此，小王同学决定从"会员管理系统"着手进行项目实战。

## 职业能力目标及素养目标

- 能使用 HTML、CSS 进行页面布局。
- 能根据需求创建表单，并完成设置。

- 培养脚踏实地的工作和学习精神。
- 培养"工匠精神"。

## 子任务 2.1　项目开发前的准备工作

### 【任务提出】

　　要制作项目，首先需要进行需求分析。小王同学计划制作的第一个项目是"会员管理系统"。会员管理系统是大多数项目的必备模块，完成这个项目对其他项目的完成将有极大的帮助。

项目介绍

### 【任务实施】

### 2.1.1　项目需求设定

　　小王同学参考了网上的一些会员管理系统，然后进行了详细的需求分析，计划制作一套具备会员注册、登录、资料修改、管理员管理会员等功能的完整系统。

**1. 基本功能**

会员管理系统基本功能如下。

（1）新会员注册。

（2）已注册会员登录。

（3）登录会员修改个人资料。

（4）管理员登录。

（5）管理员查看会员资料。

（6）管理员修改会员资料（重置密码）。

（7）管理员设置会员管理权限。

（8）管理员删除会员。

### 2. 详细需求分析

会员管理系统详细需求分析如下。

（1）会员注册时，需要填写用户名、密码、重复密码、信箱、性别、爱好。

（2）用户名长度为 6～18 个字符，只能由英文字母、数字构成。

（3）密码长度为 6～10 个字符，只能由英文字母、数字构成。

（4）按照 email 格式填写信箱，要进行格式验证。

（5）性别用单选按钮。

（6）爱好用复选框。

（7）设计一个首页，该首页展示各个功能的导航栏。

（8）会员注册成功与否要给出反馈。注册成功后，跳转至登录页面。注册失败后，返回上一个页面。

（9）会员登录成功与否也要给出反馈。登录成功后，跳转至首页。登录失败后，返回上一个页面。

（10）用户密码在数据库中要用密文存放，不得直接存放明文。

（11）管理员和会员共享一个页面，登录成功后，系统自动判断用户类别。如果发现是管理员登录，则登录成功后，跳转至会员管理页面。

（12）所有与管理功能相关的页面，均要在页面开始处判断管理员权限。

（13）管理员可以修改会员的资料，可以将会员设置成管理员，也可以取消管理员权限，还可以删除会员。

（14）设置一个用户名为 admin 的超级管理员，管理员在进行设置权限和删除会员操作时，需将 admin 用户排除在外。

由于小王同学是第一次学习 PHP，感觉有不小的压力，因此，他决定把主要精力放在程序代码功能的实现上，页面方面则简单处理，以减小编程工作量。

图 2.1.1～图 2.1.4 所示为小王同学设计的会员管理系统的运行页面。

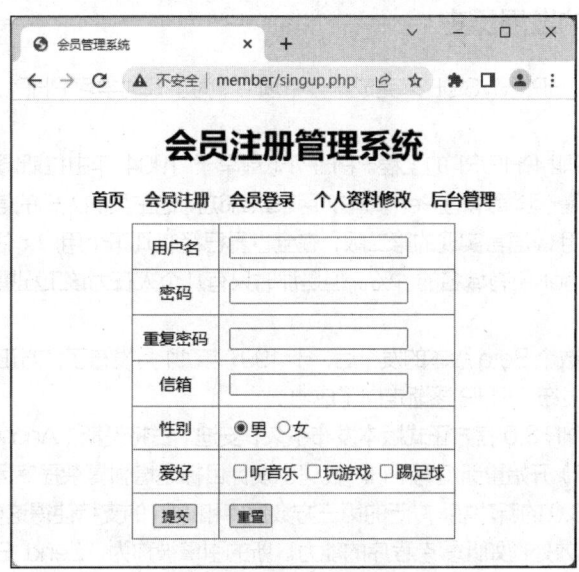

图 2.1.1 会员注册页面

**11**

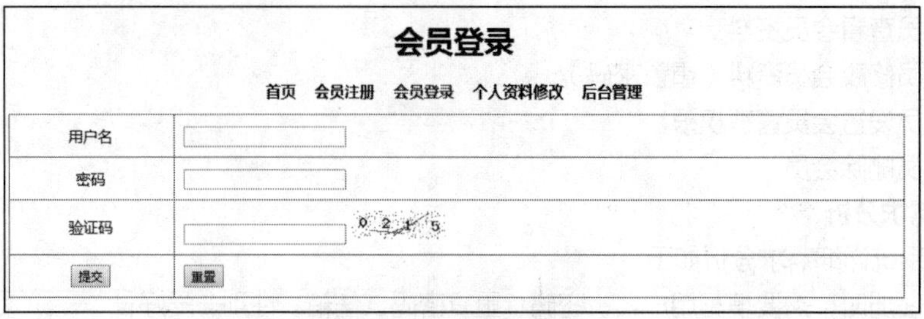

**会员登录**

首页　会员注册　会员登录　个人资料修改　后台管理

| 用户名 | |
| --- | --- |
| 密码 | |
| 验证码 | 0 2 1 5 |
| 提交　重置 | |

图 2.1.2　会员登录页面

**会员列表**

首页　会员注册　会员登录　个人资料修改　后台管理

| 序号 | 用户名 | 性别 | 信箱 | 爱好 | 管理员 | 操作 |
| --- | --- | --- | --- | --- | --- | --- |
| 1 | wang1 | 男 | 333@1.com | | 否 | 设置管理员 删除 资料修改 |
| 2 | wang | 女 | zhang@foxm**.com | 听音乐 | 是 | 取消管理员 删除 资料修改 |

第 1-2 条，共 4 条记录 首页 上页 下页 尾页 到第 1▾ 页，共 2 页

图 2.1.3　管理员页面

**会员资料修改**

首页　会员注册　会员登录　个人资料修改　后台管理

| 用户名 | wang |
| --- | --- |
| 密码 | •••••••••••• ☐我要修改密码 |
| 重复密码 | •••••••••••• |
| 信箱 | zhang@foxmail.com |
| 性别 | ○男 ◉女 |
| 爱好 | ☑听音乐 ☐玩游戏 ☐踢足球 |
| 提交　重置 | |

图 2.1.4　会员资料修改页面

## 2.1.2　PHP 的发展历史

小王同学决定使用 PHP+MySQL 来完成第一个项目。为了顺利学习 PHP，他觉得有必要先了解一下 PHP 的发展历史。

PHP 继承自一个名叫 PHP/FI 的工程。PHP/FI 最早于 1994 年由拉斯姆斯·勒多夫（Rasmus Lerdorf）创建，最初只是一套简单的 Perl 脚本，用来跟踪访问他主页的人们的信息。到 1996 年发展为 PHP/FI 2.0，也就是它用 C 语言实现的第二版，在全世界已经有几千个用户（估计）和大约 50,000 个域名安装，大约是 Internet 所有域名的 1%。但是那时只有几个人在为该工程撰写少量代码，它仍然只是"一个人"的工程。

PHP/FI 2.0 在经历数个 Beta 版本的发布后，于 1997 年 11 月发布了官方正式版本。随着 PHP 3.0 的第一个 Alpha 版本的发布，PHP 逐渐走向了成功。

1998 年的冬天，PHP 3.0 官方正式版本发布不久，安迪·古特曼斯（Andi Gutmans）和泽弗·苏拉斯凯（Zeev Suraski）开始重新编写 PHP 代码。设计目标是增强复杂程序运行时的性能和 PHP 自身代码的模块性。PHP 3.0 的新功能、广泛的第三方数据库和 API 的支持使得这样的设计目标成为可能，但是，PHP 3.0 没有高效处理如此复杂程序的能力。新的引擎被称为"Zend Engine"（这是 Zeev 和 Andi 的缩写），成功地实现了这些设计目标，并在 1999 年中期首次引入 PHP。基于该引擎并结合了更多新功能的 PHP 4.0，在 PHP 3.0 发布一年多后，于 2000 年 5 月发布了官方正式版本。

PHP 5.0 在长时间的开发及发布了多个预发布版本后，于 2004 年 7 月发布官方正式版本。它的核心是 Zend Engine 2 代，引入了新的对象模型和大量新功能。

很奇怪的是，没有 PHP 6.0。

2015 年 12 月 3 日，PHP 7.0 问世了，这是 PHP 的一次飞跃。PHP 7.0 修复了大量的 bug，新增了大量功能和语法糖。这些改动涉及核心包、GD 库、PDO、ZIP、ZLIB 等人们熟悉和不熟悉的核心功能与扩展包。PHP 7.0 移除了已经被废弃的函数，如"MySQL_"系列函数。PHP 7.0 的性能高于 HHVM [HipHop Virtual Machine，全称为 HipHop 虚拟机，会将 PHP 代码转换成高级别的字节码，通常称为中间语言。在运行时，HHVM 通过即时编译器将字节码转换为 x64 的机器码。在这些方面，HHVM 十分类似于 C#的公共语言运行时（Common Language Runtime，CLR）和 Java 的 Java 虚拟机（Java Virtual Machine，JVM）]，并且是 PHP 5.6 性能的两倍。

2020 年 11 月 26 日，PHP 官方发布了 PHP 8.0 的官方正式版本。

## 【素养小贴士】

PHP 的发展和人的发展一样，都是一步一个脚印，慢慢走出来的，其中体现出了我们常说的"工匠精神"。工匠精神是一种职业精神，它是职业道德、职业能力、职业品质的体现，是从业者的一种职业价值取向和行为表现。我们每位同学现在都在学习编写程序，在学好程序设计技术之后，走上工作岗位会成为程序员、软件系统运维人员、软件测试员、售前/售后服务人员等。在这些岗位上要发挥工匠精神，精益求精地将程序开发、系统运维、程序测试、需求分析及技术问题处理等工作内容完成好，保证软件系统运行正确、稳定，保证客户的需求被精确采集并纳入软件开发计划，保证软件运行时遇到问题能及时解决。同学们在学习时，只有将知识夯实、精技强能，方能在今后的工作中本领过硬，不出纰漏，做出令用户满意的工作成果。大家要认识到，作为职业人，专注、敬业、有责任感、有担当对完成好本职工作，进而促进软件行业整体的高水平、优质化发展具有重要意义。

## 子任务 2.2　创建首页

### 【任务提出】

完成项目的需求分析，了解 PHP 的发展历史后，小王同学就正式进入项目的开发流程了。

首页制作

### 【任务实施】

#### 2.2.1　创建项目

各项准备工作就绪，小王同学要正式开始第一个项目的制作了。

（1）在磁盘中创建一个目录，名为 member，如 E:\member。

（2）在小皮面板中配置一个网站，域名为"member"，如图 2.2.1 所示。

（3）打开 PhpStorm，在启动界面中选择"Open"，打开 E:\member 目录，如图 2.2.2 所示。

（4）选中项目根目录 member 并单击鼠标右键，在弹出的快捷菜单中选择"New"→"PHP File"命令，创建 index.php 文件。成功创建文件后，系统会自动打开此文件。在打开的文件中删除文件中默认的代码，然后在文件中输入"html:5"，再按"Tab"键，系统会自动创建 HTML5 格式文档基础标签代码（这是 PhpStorm 中的键盘快捷方式，类似的操作还有很多，可以通过网络查询，了解更多快捷方式）。

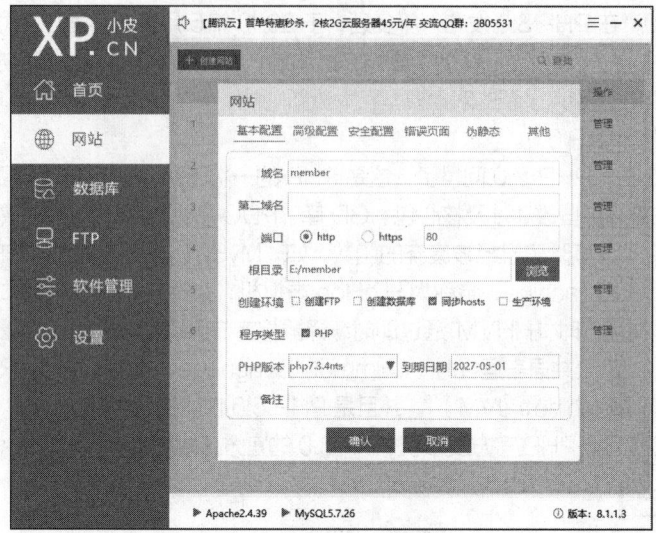

图 2.2.1　配置网站域名

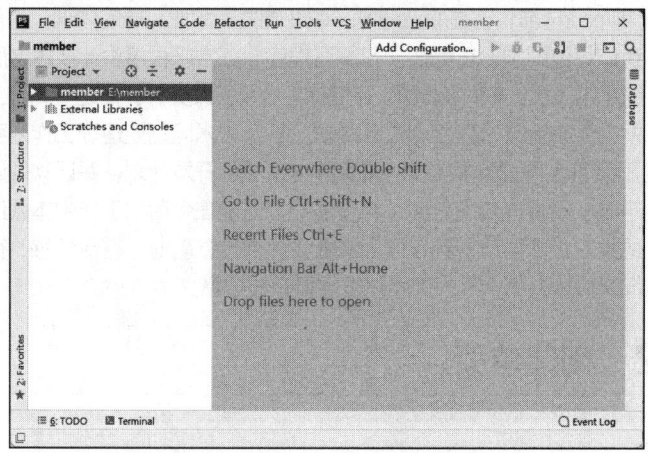

图 2.2.2　使用 PhpStorm 打开项目

（5）将 title 修改为"会员管理系统"，然后在页面中创建 1 个标题和 5 个导航菜单项，并添加相应的 CSS 样式。

相关代码如下。

```
1.    <div class="main">
2.      <h1>会员注册管理系统</h1>
3.      <h2>
4.        <a href="index.php" class="current">首页</a>
5.        <a href="signup.php">会员注册</a>
6.        <a href="login.php">会员登录</a>
7.        <a href="member.php">个人资料修改</a>
8.        <a href="admin.php">后台管理</a>
9.      </h2>
10.   </div>
```

其中"首页"添加了一个 current 样式，用于标识当前栏目。每个栏目都预设了一个链接文件，这些文件将会在后面逐步完成制作。

current 样式具体的 CSS 代码如下。

```
1.  <style>
2.      .main {width: 80%;margin: 0 auto;text-align: center}
3.      .main ul {width: 90%;margin: 0 auto;text-align: center}
4.      h2 {text-align: center;font-size: 20px;}
5.      h2 a {margin-right: 15px;color: navy;text-decoration: none}
6.      h2 a:last-child {margin-right: 0px;}
7.      h2 a:hover {color: crimson;text-decoration: underline}
8.      .current { color: darkgreen}
9.  </style>
```

做到这里，小王同学很想看一下网页的实际效果。小王同学直接打开浏览器，然后在地址栏中手动输入 http://member，再按 "Enter" 键就可以访问刚才做好的会员管理系统首页了，效果如图 2.2.3 所示。

图 2.2.3　预览项目首页效果

## 2.2.2　部署项目

小王同学已经看到了自己的成果，但他想到一个问题，如果每次都直接在浏览器中输入文件 URL 访问网页，显得不太方便。通过网络查询，小王同学终于了解到，可以在 PhpStorm 中进行项目的部署，然后就可以使用 PhpStorm 自动打开浏览器来访问网页。

在 PhpStorm 中选择 "File" → "Settings" → "Build,Execution,Deployment" → "Deployment" 命令，如图 2.2.4 所示。

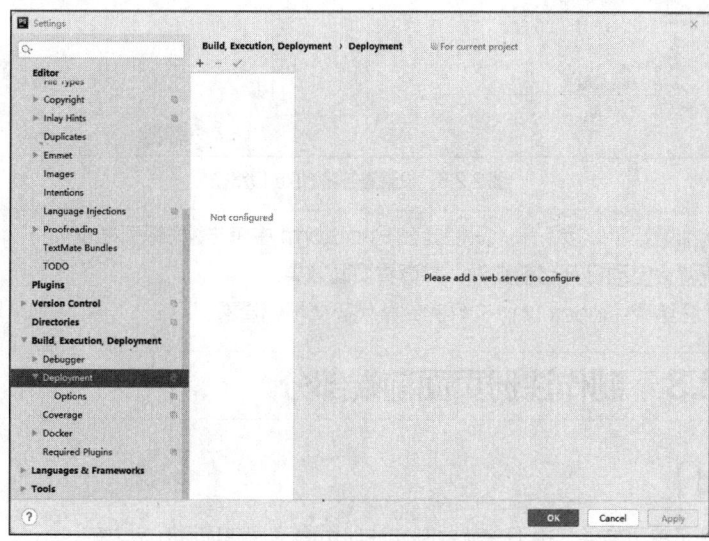

图 2.2.4　在 PhpStorm 中部署项目

在右边单击"+"，选择"In place"命令，然后在弹出的对话框的"New server name"文本框中输入服务器的名字，这个名字可以自定义，小王同学就直接输入 member，如图 2.2.5 所示。

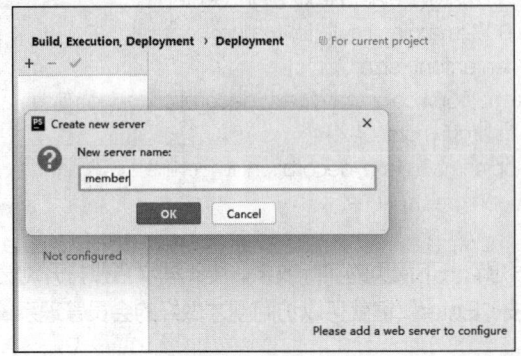

图 2.2.5 创建服务器

创建好服务器后，在右侧的"Web server URL"文本框中输入在小皮面板中创建好的域名即可，如图 2.2.6 所示。

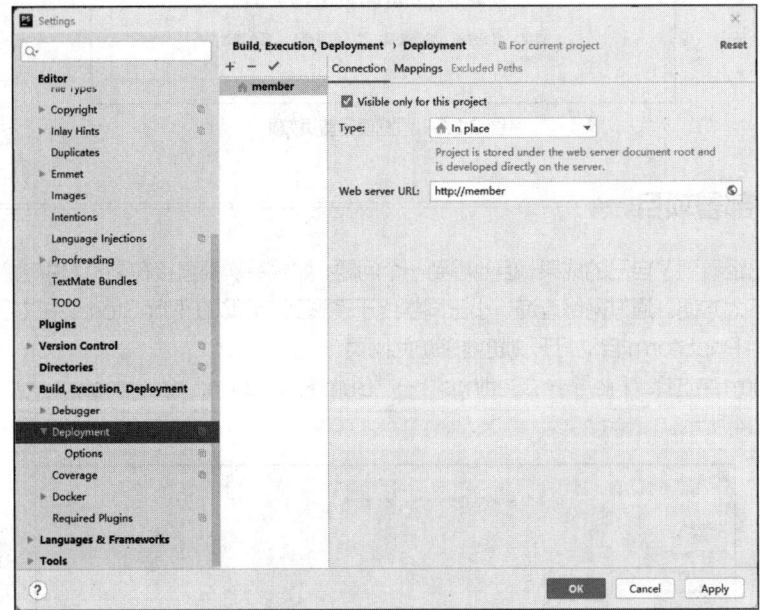

图 2.2.6 设置服务器 URL 根路径

至此，项目就部署好了。接下来，只需要在 PhpStorm 中单击编辑窗口右边的浏览器图标，系统就会自动打开当前文件，并查看页面效果。

至此子任务 2.2 结束，index.php 文件的完整代码请扫码查看。

完整代码

# 子任务 2.3 制作注册页面前端部分

## 【任务提出】

小王同学做好了首页文件，接下来就要制作注册页面了。在项目开始之前，小

注册页面前端制作

王同学已经规划好了注册页面的内容，因此，现在正式开始做注册页面目的性就很强了，直接按照需求分析的内容制作即可。

## 【任务实施】

### 2.3.1 创建文件

在创建注册页面时，可以参考首页文件中的部分内容，特别是导航栏部分。

（1）选中 index.php 文件并单击鼠标右键，在弹出的快捷菜单中选择"Copy"→"Copy"命令。

（2）选中 member 目录并单击鼠标右键，在弹出的快捷菜单中选择"Paste"命令。

（3）在弹出的对话框中输入新的文件名"signup.php"。

（4）单击"Refactor"按钮，即可生成 signup.php 文件，如图 2.3.1 所示。

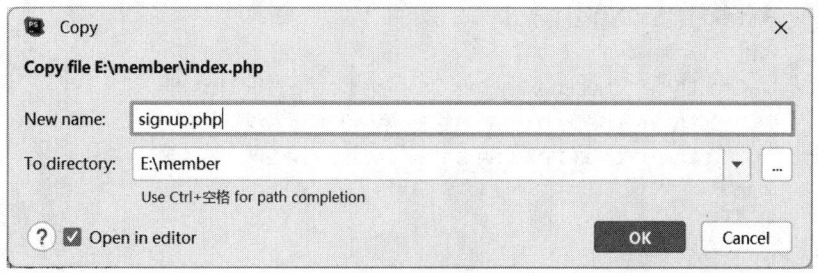

图 2.3.1　复制文件

（5）将首页中的导航栏代码复制到 signup.php 文件中。由于在首页中创建的导航链接在注册页面中也需要，相当于其是一个公共部分，因此，这里采用了复制的方式来创建注册页面。复制代码后，需要修改导航栏当中当前栏目的代码，将"首页"链接上的 current 样式删除，然后在"会员注册"链接上添加 current 样式。

### 2.3.2 制作注册页面表单

在注册页面中创建一个表单，代码如下。

```
1.    <form action="postReg.php" method="POST">
2.    <table align="center" style="border-collapse:collapse " border="1" cellpadding="10" bordercolor="gray"
3.      cellspacing="0">
4.      <tr>
5.        <td align="center">用户名</td>
6.        <td align="left">
7.          <input name="username">
8.        </td>
9.      </tr>
10.     <tr>
11.       <td align="center">密码</td>
12.       <td align="left"><input type="password" name="pw"></td>
13.     </tr>
14.     <tr>
15.       <td align="center">重复密码</td>
16.       <td align="left"><input type="password" name="cpw"></td>
```

```
17.        </tr>
18.        <tr>
19.          <td align="center">信箱</td>
20.          <td align="left"><input name="email"></td>
21.        </tr>
22.        <tr>
23.          <td align="center">性别</td>
24.          <td align="left">
25.            <input type="radio" name="sex" value="1" checked>男
26.            <input type="radio" name="sex" value="0">女
27.          </td>
28.        </tr>
29.        <tr>
30.          <td align="center">爱好</td>
31.          <td align="left">
32.            <input type="checkbox" name="fav[]" value="听音乐">听音乐
33.            <input type="checkbox" name="fav[]" value="玩游戏">玩游戏
34.            <input type="checkbox" name="fav[]" value="踢足球">踢足球
35.          </td>
36.        </tr>
37.        <tr>
38.          <td align="center"><input type="submit" value="提交"></td>
39.          <td align="left"><input type="reset" value="重置"></td>
40.        </tr>
41.      </table>
42.    </form>
```

在注册页面中，小王同学设计了用户名（文本框）、密码（文本框）、重复密码（文本框）、信箱（文本框）、性别（单选按钮）、爱好（复选框）共 6 个控件。这些内容和需求分析的内容密切相关，可以根据需要创建更多、更丰富的表单内容。

需要注意的是，在制作表单时，需要在"<form>"标签中设置"action"属性，表示单击"提交"按钮后，将各项数据发送至对应的网页文件进行处理。小王同学在这里设置的 action 属性值是 postReg.php，表示单击"提交"按钮后，会将用户填写的各项数据发送至此文件进行下一步处理。"method"属性指定了提交文件的方式，可以设置为"GET"和"POST"两种方式。

### 2.3.3 设置表单控件 name 属性

对于表单中的控件而言，每一个控件都需要设置一个"name"属性，这个属性用于后端文件读取其数据。其中每一组单选按钮和每一组复选框的"name"属性应该保持一致。对于单选按钮、复选框、下拉列表框等不能由用户手动输入结果的控件，还需要设置"value"属性，这个属性的值就是后端文件最终读取到的值。特别注意，由于复选框可以选多个值，因此，其"name"属性要在正常的名字后面添加一对方括号，表示其类型是一个数组，这样才能读取到多个选项的值。

做到这里，注册页面前端的制作就完成了。小王同学打开浏览器预览了一下注册页面的效果，如图 2.1.1 所示。

至此子任务 2.3 结束，signup.php 文件的完整内容请扫码查看。

完整代码

## 【知识储备】

小王同学在学习静态网站开发课程时，没有注意过表单提交的方式。现在使用 PhpStorm 创建了表单，在添加"method"属性时，看到了有两种不同的表单提交方式，分别是"GET"和"POST"。那么这两种提交方式到底有什么区别呢？通过查询相关资料，他了解了这两种方式的区别。

（1）GET 提交的数据会放在 URL 之后，以"？"分隔 URL 和传输数据，参数之间用"&"相连，如 EditPosts.php?name=boKeYuan&id=123456；POST 提交的数据会放在 HTTP 包的 Body 中。

（2）GET 提交的数据长度有限制（注意：HTTP GET 方法提交的数据长度并没有限制，HTTP 规范没有对 URL 长度进行限制，这个限制是指特定的浏览器及服务器对它的限制）；POST 提交的数据长度没有限制。

（3）对参数的数据类型要求不同，GET 只接收美国信息交换标准代码（American Standard Code for Information Interchange，ASCII）；而 POST 没有限制。

（4）GET 请求参数会被完整保留在浏览器历史记录里；而 POST 请求参数不会保留。

（5）POST 比 GET 更安全，因为参数直接暴露在 URL 上，所以不能用来传递敏感信息。

## 【任务小结】

在任务 2 中，小王同学主要完成了首页和注册页面前端的制作。这些内容没有难度，主要是巩固了上学期静态网站开发课程的相关知识，同时，结合本项目的需求进行程序编写。这里的重点是理解表单的两种不同提交方式的区别，以及表单属性的设置，特别是"name"属性和"value"属性的设置。

## 【巩固练习】

### 一、单选题

1. 在 HTML 中，样式表按照应用方式可以分为 3 种类型，其中不包括（　　）。
   A　内嵌样式表　　　　B．行内样式表　　　　C．外部样式表　　　　D．类样式表

2. 以下说法错误的是（　　）。
   A．HTML 与 CSS 配合使用是为了使内容与样式分离
   B．如果只使用 HTML 而不使用 CSS，网页是不可能有样式的
   C．JavaScript 可以嵌入 HTML 中，作为网页源文件的一部分存在
   D．CSS 表示串联样式表，可以添加页面的样式，规定网页的布局

3. 网页是通过 HTML 来实现的，HTML 是（　　）。
   A．大型数据库　　　　　　　　　　　B．网页源文件中出现的唯一一种语言
   C．网络通信协议　　　　　　　　　　D．超文本标记语言

4. HTML 文档中的元素分为（　　）两部分。
   A．内容文本、标签　　　　　　　　　B．文本、多媒体元素
   C．超文本、多媒体元素　　　　　　　D．标签、框架

5. 关于 HTML 的说法错误的是（　　）。
   A．HTML 标签的嵌套结构可以描述成一个网状结构
   B．在＜title＞和＜/title＞标签之间的内容是标题
   C．HTML 是大小写无关的，＜b＞和＜B＞表示的意思是一样的
   D．标签表示网页元数据，是提供给浏览器和搜索引擎的关于网页的描述性数据

6. 关于字符与编码的说法错误的是（     ）。

     A. 字符集是字符的集合

     B. 字符集通常与某种语言文字相关

     C. 编码可以完成字符的唯一映射

     D. 编码方式有很多种，ASCII 包含所有语言文字中出现的字符

**二、多选题**

1. 关于内容、结构和表现的说法正确的是（     ）。

     A. 内容是页面传达信息的基础

     B. 表现使得内容的传达变得更加明晰和方便

     C. 结构就是对内容的交互及操作效果

     D. 内容就是网页实际要传达的信息，包括文本、图片、音乐、视频、数据、文档等

2. 关于 Web 标准的说法正确的是（     ）。

     A. Web 标准是一个复杂的概念集合，它由一系列标准组成

     B. 这些标准全部都由 W3C 起草并发布

     C. Web 标准可以分为 3 个方面：结构、表现、行为

     D. Web 标准中的表现标准语言主要包括 CSS

3. 以下不是 DOCTYPE 元素作用的是（     ）。

     A. 该元素用来定义文档类型

     B. 该元素用来声明命名空间

     C. 该元素用来向搜索引擎声明网站关键字

     D. 该元素用来向搜索引擎声明网站作者

# 任务3
# 会员管理系统用户注册

## 情景导入

小王同学已经设计好了会员管理系统功能，现在需要实现用户注册功能。只有注册后，才能使用注册的用户信息继续实现登录功能。

## 职业能力目标及素养目标

---

- 能在 PHP 中读取前端表单发送的各种数据。
- 能在 phpMyAdmin 中创建数据库。
- 能使用 PHP 连接 MySQL 数据库，并通过 SQL 语句进行数据库查询。
- 能熟练掌握前端和后端的表单数据验证方法。

- 了解计算机专业人员应该遵守的职业道德规范。

---

## 子任务 3.1　获取表单数据

### 【任务提出】

小王已经把注册页面的前端部分做好，可以填入各项数据了，但这些数据如何传递至后端呢？

后端数据获取

### 【任务实施】

### 3.1.1　从后端获取前端表单数据

小王同学做好了注册页面的前端部分，在测试时，他单击"提交"按钮后，系统自动跳转到了"action"属性指定的后端页面。那么在这个页面中应该如何获取前端表单传递过来的数据呢？通过查询资料，他知道了在后端页面中，可以使用"$_GET"或"$_POST"全局数组来获取前端表单提交的数据。

至于到底使用哪种方式来获取数据，要根据前端表单采用的数据提交方式来确定。如果前端使用"GET"方式提交数据，则使用"$_GET"；如果前端使用"POST"方式提交数据，则使用"$_POST"。当然，也可以使用"$_REQUEST"全局数组来读取前端表单提交的数据，这种方式就不区分 GET 和

POST了，均可以读取前端表单提交的数据。

接下来，他在项目中新建文件 postReg.php，然后在其中输入以下代码来进行后端数据读取的测试。

```php
1.   <?php
2.   $username = $_POST['username'];
3.   $pw = $_POST['pw'];
4.   $cpw = $_POST['cpw'];
5.   $email = $_POST['email'];
6.   $sex = $_POST['sex'];
7.   $fav = implode(',', $_POST['fav']);
8.   echo "您输入的用户名是：$username <br>";
9.   echo "您输入的密码是：$pw <br>";
10.  echo "您输入的重复密码是：$cpw <br>";
11.  echo "您输入的信箱是：$email <br>";
12.  echo "您输入的性别是：";
13.  echo $sex == 1 ? '男' : '女';
14.  echo " <br>";
15.  echo "您选择的爱好是：$fav ";
16.  ?>
```

他在前端页面中输入一些内容后，单击"提交"按钮，进入后端页面，查看到了图3.1.1所示的结果。

图3.1.1　后端文件读取前端表单数据

### 3.1.2 书写PHP代码

PHP代码必须放在一对特殊的标签中，即以"<?php"开始，以"?>"结束。PHP代码可以和HTML代码混合书写。若文件中包含PHP代码，则文件名必须用".php"作为扩展名。因为PHP文件可以输出HTML内容，而HTML文件却不能包含PHP的相关内容。其根源在于，HTML文件是浏览器可以直接解析的，而PHP文件是后端Apache等服务器调用PHP解释器输出的HTML内容，浏览器并不能直接解析PHP文件及其内容。

在混合书写时，所有PHP代码均需要放在PHP标签中，例如：

```php
1.   <html>
2.   <?php $a=3; $b=5; if($a>$b) { ?>
3.     <h2>Hello</h2>
4.   <?php } else { ?>
5.     <h3>World</h3>
6.   <?php } ?>
7.   </html>
```

如果一个PHP文件中有多处PHP代码，则这些代码都应该使用PHP标签包裹起来。

### 3.1.3 输出数据

前面完成的postReg.php文件主要用于实现数据输出。下面对代码的内容进行简单解读。

（1）小王同学在测试后端数据读取时，在代码的第2~第7行用到了PHP中的"$_POST"变量。这个变量用于收集来自提交方式为"POST"的表单中的值，其类型是一个数组。使用POST方法发送的表单信息对任何人都是不可见的（不会显示在浏览器的地址栏中），并且发送信息的量也没有限制。然而，在默认情况下，使用 POST 方法发送的信息量的最大值为 8 MB（可设置 php.ini 文件中的 post_max_size 属性进行更改）。在制作前端表单时，表单中的每一个控件都设置了"name"属性。在后端文件中，使用形如"$_POST['username']"的方式，即可读取前端表单中"name"为"username"的控件的值。读取各项值以后，使用赋值运算符"="将值存储到前面的变量中。PHP 中的变量使用"$"作为标志，比如，上述代码的第 2 行中的"$username"就是一个变量。在命名变量时，只能使用英文、数字、下画线 3 种字符，且第一个字符不能是数字。

（2）上述代码的第 7 行，读取的是前端注册页面中的"爱好"值。这个表单字段是一个数组，因此，前端表单文件中使用了"fav[]"这样一个数组形式的名字，在后端使用"$_POST['fav']"读取的自然也就是一个数组。在 PHP 中，可以使用 echo 函数输出一个变量的值。但对于数组而言，无法直接输出，因此，这里使用了函数"implode()"来进行处理。implode() 函数返回一个由数组元素组合成的字符串，其中第一个参数规定数组元素之间放置的内容，默认是 ""（空字符串），第二个参数规定具体需要处理的数组。

（3）上述代码的第 8～第 15 行，使用 PHP 中的 echo 函数输出后端读取的各项数据。在使用 echo 函数时，其后面的括号可以省略。echo 后面需要加上输出的内容，可以使用字符串（双引号字符串或者单引号字符串均可），也可以使用变量。比如，在上述代码的第 8 行中就是使用 echo 函数输出字符串，这里的字符串使用的是双引号字符串，里面还有一个变量"$username"。双引号字符串中的变量在输出时会被自动解析。当然，单引号字符串中的变量是不能被解析的，如果在单引号中使用了变量，则变量会被当成普通字符输出。在字符串中还可以使用 HTML 标签，比如，上述代码的第 8～第 11 行的输出结果都有一个"<br>"标签，表示换行。

（4）上述代码的第 6 行，读取的是前端表单中的性别字段。由于在前端表单中，当性别选项为"男"时，其"value"属性设置的值是"1"，当性别选项为"女"时，其"value"属性设置的值是"0"，因此，在后端文件中读取的性别，其值也就是"1"和"0"。但如果直接输出"1"和"0"，就不太合适了，此时需要把"1"和"0"转换成"男"和"女"来输出。上述代码中的第 13 行就是在做这种转换。具体的转换方式是使用 PHP 中的"?"表达式。"?"表达式相当于一个"if...esle"的双分支语句，如果"?"前面的表达式值为"true"，则返回"?"后面的值，否则返回":"后面的值。在上述代码中的第 13 行，就是在判断$sex 是否等于 1，如果等于 1，则输出"男"，否则输出"女"。

## 子任务 3.2　创建数据库和数据表

### 【任务提出】

小王同学的会员管理系统已经可以在后端顺利读取前端表单提交的各项数据了。有了数据，就需要将数据存储起来，这需要用到数据库。通过研究，小王同学发现现在有很多种类的数据库可以使用。其中，和 PHP 配合使用最合适的数据库之一就是

创建数据库和数据表

MySQL 数据库了。况且在配置小皮面板时，小王同学就已经安装好了 MySQL 数据库。那么在 PHP 中到底应该如何使用 MySQL 数据库呢？

### 【任务实施】

#### 3.2.1　开启数据库服务

要使用数据库必须先开启数据库服务，或者说必须先启动数据库。小皮面板安装好以后，即可支持

创建 MySQL 数据库。在小皮面板左侧单击"数据库"，在其右侧可以查看数据库管理员的用户名和密码，如图 3.2.1 所示。单击"+创建数据库"按钮，可以创建新的数据库，并设置访问的用户名和密码。管理员用户名默认是"root"，密码也是"root"，此账号可以访问和管理当前服务器中的所有数据库，是最高权限的用户。

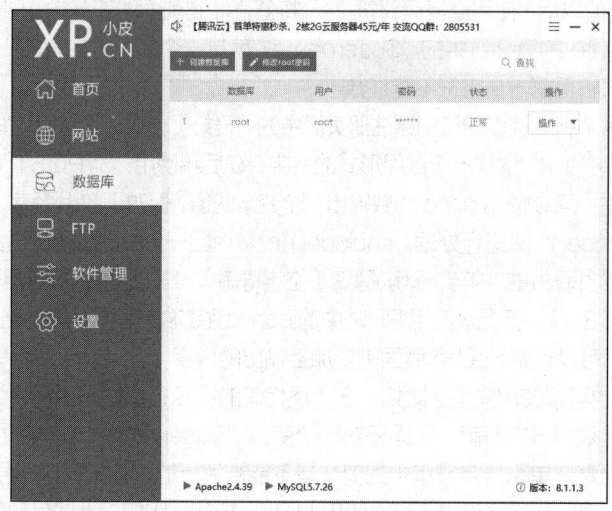

图 3.2.1　小皮面板数据库管理

### 3.2.2　安装可视化数据库管理工具

小王同学在查询资料时从网络上看到，MySQL 数据库可以使用命令行方式来进行相关操作。但这种方式对初学者极不友好，难度太大。

与命令行方式相对应，还有一种可视化的操作方式，这种方式就好理解多了。在小皮面板中就可以安装和使用可视化数据库管理工具。

进入"软件管理"面板，单击上方的"工具"→"数据库工具(客户端)"按钮，可以安装第三方工具软件来管理 MySQL 数据库，如图 3.2.2 所示。

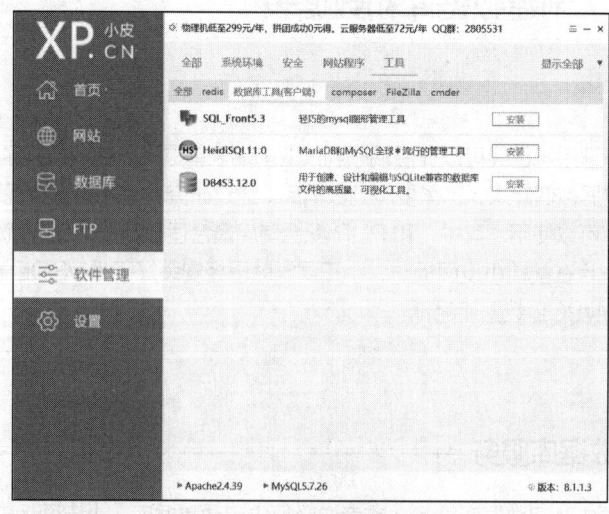

图 3.2.2　数据库工具(客户端)

除了使用工具软件来管理 MySQL 数据库，更常见的是使用 Web 工具来管理数据库，这样更简便。在上方工具栏中单击"网站程序"→"数据库工具(web)"按钮，可以看到有一个名为"phpMyAdmin4.8.5"的工具，如图 3.2.3 所示，这是纯网页版的 MySQL 数据库管理工具，单击即可安装。在安装时，需要选择安装的位置，一般选择安装在默认的 localhost 网站中。

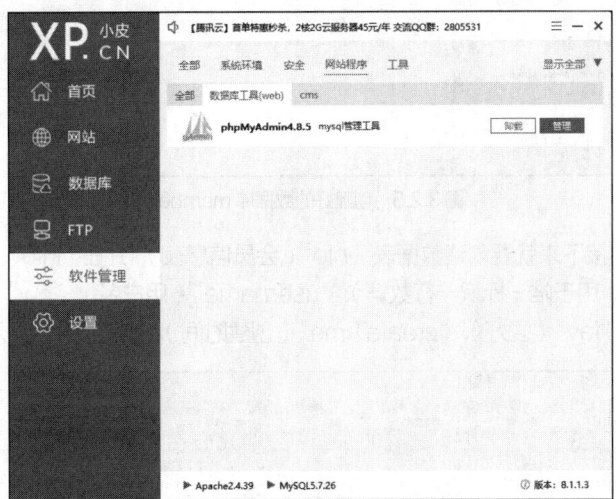

图 3.2.3　在软件管理中安装 phpMyAdmin

安装好 phpMyAdmin 以后，单击"管理"按钮，即可在网页中打开 phpMyAdmin，如图 3.2.4 所示。

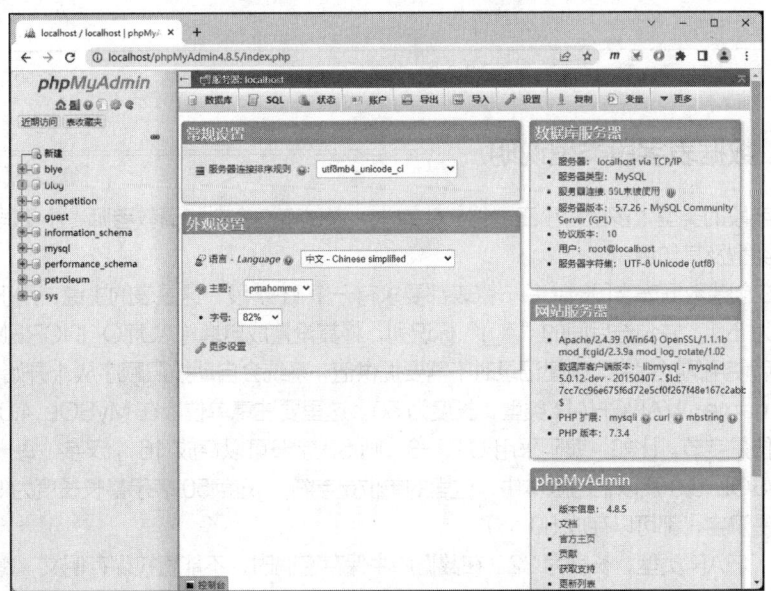

图 3.2.4　在 phpMyAdmin 中管理数据库

### 3.2.3　创建数据库和数据表

图 3.2.4 左侧区域显示的是系统中已经有的数据库。接下来，单击左侧的"新建"，然后在右侧输入数据库的名称"member"，并单击"创建"按钮，即可创建数据库 member。创建好的数据库 member 如图 3.2.5 所示。

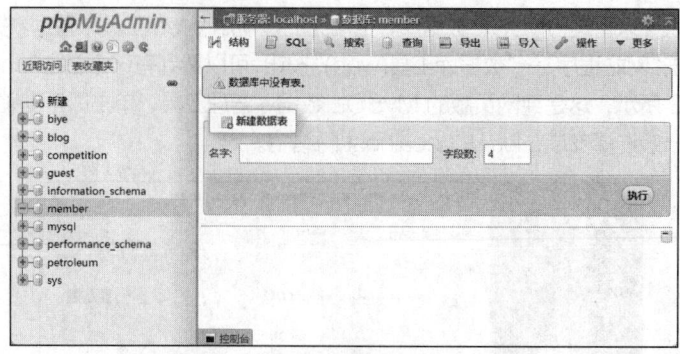

图 3.2.5　创建好的数据库 member

有了数据库以后，接下来就要创建数据表"info"（会员信息表），并在"info"中创建 7 个数据字段，分别是"id"（id 字段，用于唯一标识一行数据）、"username"（用户名）、"pw"（密码）、"email"（邮箱）、"sex"（性别）、"fav"（爱好）、"createTime"（创建时间），如图 3.2.6 所示。

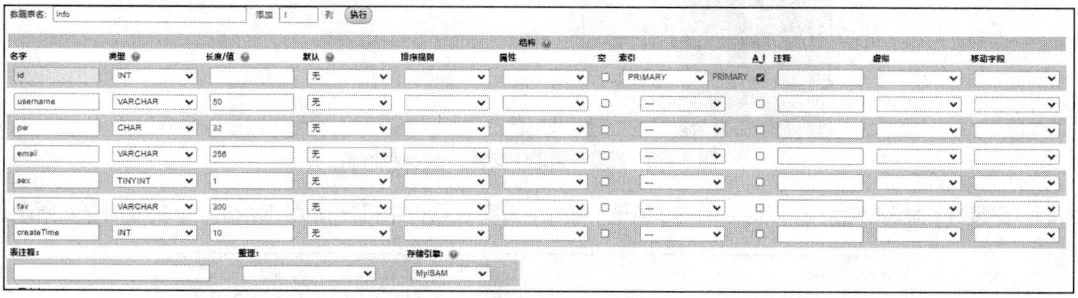

图 3.2.6　创建 info 数据表

### 3.2.4　数据表字段类型说明

数据表中字段的类型太多了，小王看得一头雾水。通过查询资料和请教老师，小王同学终于搞清楚了这些字段的类型及其作用。

（1）id：在创建数据表字段时，每一张表都要求有一个 id 字段，这是表的主键，用于唯一标识一行数据。其类型为 INT，并勾选后面的"A_I"标识列，将其设置成自增（AUTO_INCREMENT）字段。这个字段在以后使用的过程中，创建记录时不需要提供值，系统会自动按照顺序从 1 开始，依次提供值。

（2）username：VARCHAR 类型，长度为 50。这里要注意单位。在 MySQL 4.0 及以下的版本中，这里的单位是字节。比如，编码采用 UTF-8，则 50 字节可以存放 16 个汉字（每一个汉字占用 3 字节）。在 MySQL 5.0 及以上的版本中，这里的单位是字符，长度 50 表示最长长度为 50 个字符（不管是数字，还是汉字，都可以存放 50 个）。

（3）pw：CHAR 类型，长度为 32。在数据库中保存密码时，不能直接保存明文，需要加密后保存为密文。一般可使用 MD5 方式进行数据加密，常用的 MD5 加密数据是 32 字节的固定长度，因此，密码字段选择 CHAR 类型，长度固定为 32 字节。CHAR 和 VARCHAR 的区别是，CHAR 是定长的，如果数据表中实际存入的内容没有达到设定的长度，则 MySQL 会在其右侧使用空格字符补齐。

（4）email：VARCHAR 类型，长度为 256。

（5）sex：TINYINT 类型，长度为 1。TINYINT 也是 INT 的一种，TINYINT 占用 1 字节。

（6）fav：VARCHAR 类型，长度为 300。

（7）createTime：INT 类型，长度为 10。创建时间，可以选择 DATETIME 类型，也可以选择 INT

类型。在 DATETIME 类型中，将直接保存"年月日时分秒"类型的时间。在 INT 类型中，保存的是时间戳。时间戳是一个 10 位的整型数据，具体是指格林尼治时间 1970 年 01 月 01 日 00 时 00 分 00 秒（北京时间 1970 年 01 月 01 日 08 时 00 分 00 秒）至现在的总秒数。

创建好的数据库可以导出备份，也可以导入现成的数据库。导出的数据库文件一般是一个扩展名为.sql 的文本文件。

有了数据库（数据表），接下来就可以把前端表单传递到后端的数据写入数据库了。

# 子任务 3.3  将注册信息写入数据库

## 【任务提出】

小王同学已经知道如何在后端读取前端表单发送的数据了，同时，小王同学也建好了数据库。接下来，他就要将数据写入数据库了。

将注册信息写入
数据库

## 【任务实施】

小王同学通过实践进行了总结，他发现，只要依次进行 4 个步骤，就可以完成 PHP 对数据库的操作。

第一步是"连接数据库服务器"，第二步是"设置字符集"，第三步是"设置 SQL 语句"，第四步是"执行 SQL 查询语句"。下面是小王同学在 postReg.php 文件中所写的代码，用来将前端页面传递到后端的数据写入数据库。

```
1.    //第一步，连接数据库服务器
2.    $conn = mysqli_connect("localhost", "root", "root", "member");
3.    if (!$conn) {
4.      die("连接数据库服务器失败");
5.    }
6.    //第二步，设置字符集
7.    mysqli_query($conn, "set names utf8");
8.    //第三步，设置 SQL 语句
9.    $sql = "insert into info (username,pw,sex,email,fav,createTime) values ('$username'," . md5
($pw) . "','$sex','$email','$fav'," . time() . ")";
10.   //第四步，执行 SQL 查询语句
11.   $result = mysqli_query($conn, $sql);
12.   if ($result) {
13.     echo "<script>alert('数据插入成功'); location.href='index.php'; </script>";
14.   } else {
15.     echo "<script>alert('数据插入失败');history.back();</script>";
16.   }
```

### 3.3.1  连接数据库服务器

上述代码的第 2 行用于连接数据库服务器。在 PHP 中，连接不同的数据库服务器需要使用不同的连接函数。由于小王同学已经确定了在会员管理系统中使用 MySQL 数据库，因此，后面所有的内容均以 MySQL 数据库为例进行编码。在上面的代码中，第 2 行使用了 mysqli_connect()函数，该函数将打开一个到 MySQL 数据库服务器的新连接，其语法规则为：

mysqli_connect(host,username,password,dbname,port,socket);

该函数支持 6 个参数，参数详情如表 3.3.1 所示。

表 3.3.1　mysqli_connect()函数参数详情

| 参数 | 描述 |
| --- | --- |
| host | 可选。规定主机名或 IP 地址 |
| username | 可选。规定 MySQL 用户名 |
| password | 可选。规定 MySQL 密码 |
| dbname | 可选。规定默认使用的数据库 |
| port | 可选。规定尝试连接到 MySQL 服务器的端口号 |
| socket | 可选。规定套接字（socket）文件 |

该函数的返回值是一个连接到 MySQL 服务器的对象，这里使用的是"$conn"。如果该函数执行出错，则返回 false。

在实际使用时，一般来说，主机名都使用"localhost"，代表本地主机，也就是当前运行 PHP 文件的服务器。用户名和密码都使用的是"root"，这是默认的最高权限的账户。第 4 个参数是默认使用的数据库，在这里使用的是"member"。最后两个参数可以不用填写，直接使用默认值。因为此函数执行失败会返回 false，所以接下来在代码的第 3 行中用 if 语句来判断"$conn"的真假，如果返回值为 false，则通过"!"取反，其结果会变成 true，程序进入 if 分支，会通过 die()函数输出错误提示信息，即"连接数据库服务器失败"，同时，此函数会中止整个程序的运行。

### 3.3.2　设置字符集

上述代码的第 7 行用于设置字符集，使用到了 PHP 中的函数 mysqli_query ()，这个函数的作用是执行针对数据库的查询，其语法规则如下。

```
mysqli_query(connection,query,resultmode);
```

该函数的参数详情如表 3.3.2 所示。

表 3.3.2　mysqli_query()函数参数详情

| 参数 | 描述 |
| --- | --- |
| connection | 必需。规定要使用的 MySQL 连接 |
| query | 必需。规定查询字符串 |
| resultmode | 可选。一个常量，可以是下列值中的任意一个：<br>（1）MYSQLI_USE_RESULT（如果需要检索大量数据，则使用这个）；<br>（2）MYSQLI_STORE_RESULT（默认） |

针对成功的 SELECT、SHOW、DESCRIBE 或 EXPLAIN 查询，该函数将返回一个 mysqli_result 对象。针对其他成功的查询，将返回 TRUE。如果失败，则返回 FALSE。

在上述代码的第 7 行中，第一个参数是$conn，表示上面第一步生成的数据库连接对象。第二个参数是"set names utf8"，表示将字符集设置成 UTF-8，这个字符集要和数据库的字符集保持一致，否则在显示中文等特殊内容时会出现乱码。

### 3.3.3　设置 SQL 查询语句

上述代码的第 9 行使用结构化查询语言（Structured Query Language，SQL）设置了一个查询语句。SQL 是一种具有特殊目的的编程语言，是一种数据库查询和程序设计语言，用于存取数据，以及查询、更新和管理关系数据库系统。

在这里，小王同学使用 INSERT INTO 语句向数据表中插入新记录。INSERT INTO 语句有两种编写形式。第一种形式无须指定要插入数据的列名，只需提供被插入的值。

INSERT INTO *table_name*
VALUES (*value1,value2,value3,...*);

第二种形式需要指定列名及被插入的值：

INSERT INTO *table_name* (*column1,column2,column3,...*)
VALUES (*value1,value2,value3,...*);

对照小王同学所写的程序可以看到，插入数据的数据表名称是"info"，一共使用了 username、pw、sex、email、fav、createtime 等 7 列。前面在创建数据表时应该会发现，数据表中还有一个主键列，名称是 id，在这里，小王同学并没有添加这一列，这是因为 id 列被设置成了自增（AUTO_INCREMENT）字段，其值会自动增加，由数据库自动管理，不需要人工干预。小王同学使用 md5() 函数对密码进行加密。md5() 函数将默认返回 32 字节的加密结果。createtime 表示用户注册的时间，在数据库中，设置类型是 INT 类型，也就是时间戳，因此，小王同学使用 PHP 内置的函数 time()，这个函数可以直接生成当前系统时间的时间戳。

### 3.3.4 执行 SQL 查询语句

上述代码的第 11 行用于执行 SQL 查询语句。执行 SQL 查询语句使用的还是 mysqli_query() 函数，其返回值是 $result。如果系统成功执行了给定的 SQL 语句，则 $result 将为真，否则为假。上述代码的第 12～第 16 行用于通过判断 $result 的真假，弹出注册成功或失败的提示。

做到这里，小王同学已经感受到成功的喜悦了，接下来，他回到注册页面，输入各项数据，如图 3.3.1 所示。单击"提交"按钮，然后顺利看到了"数据插入成功"的提示。接下来，如果进入 phpMyAdmin，重新刷新 info 数据表，就可以在其中看到新插入的一条数据记录。

在 PHP 程序中，如果执行代码时出现错误，则会在页面中根据错误的级别进行相应的错误提示。PHP 中的典型错误有以下几种。

（1）E_ERROR：这是一种致命的错误，遇到这种错误时，程序将进行错误提示，并终止脚本继续运行。

（2）E_WARNING：这是一种非致命的错误，遇到这种错误时，程序将进行错误提示，但是不会终止脚本继续运行。

（3）E_PARSE：这是一种脚本语法错误，是级别最高的错误。当出现这种错误时，整个脚本根本不会执行。

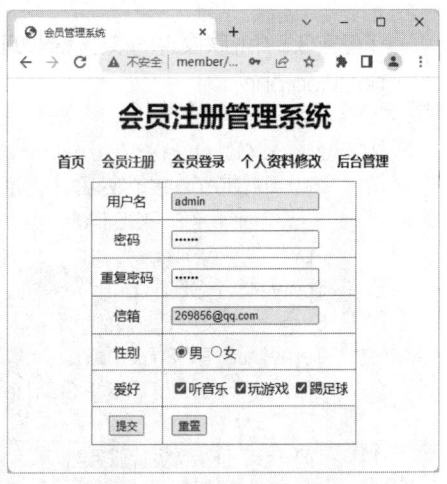

图 3.3.1　输入信息进行会员注册

（4）E_NOTICE：这是一种运行时通知消息，表示脚本遇到可能会表现为错误的情况，但是在可以正常运行的脚本中也可能会有类似的通知。

比如，在上面将注册信息写入数据库的代码中，如果故意将 mysqli_connect() 函数中的数据库用户名输入错误，则运行程序时，在页面中会显示出错误提示，如图 3.3.2 所示。从这个提示来看，系统产生了一个警告（Warning）信息，提示用户 root 访问数据库失败。这时需要检查数据库用户名和密码是否正确。重新修改为正确的密码后，刷新浏览器，系统弹出"数据插入成功"的提示，如图 3.3.3 所示。

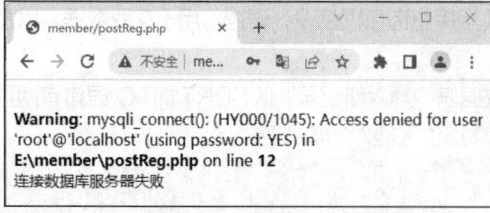

图 3.3.2 会员注册出错

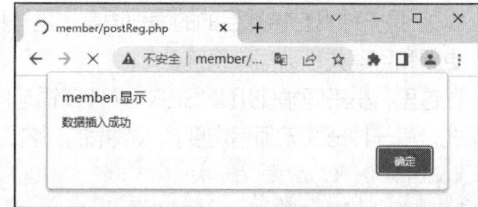

图 3.3.3 会员注册成功

此时，进入数据库，查看结果，可以看到新插入的一条数据记录，如图 3.3.4 所示。

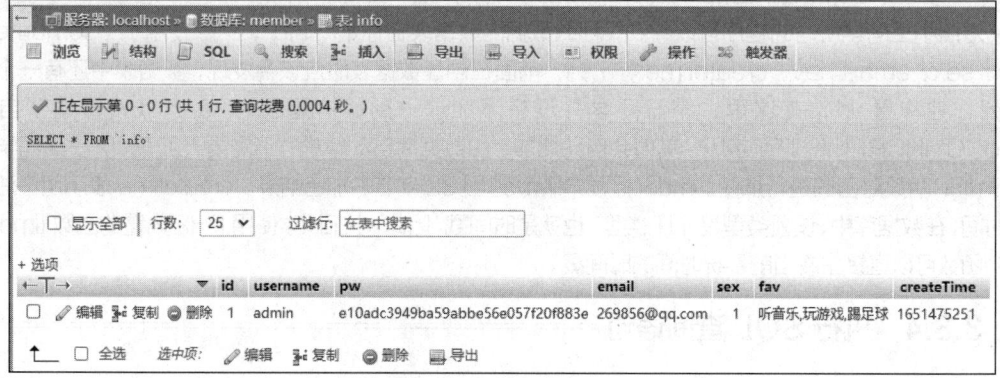

图 3.3.4 新插入的数据记录

## 3.3.5 项目阶段性成果

子任务 3.3 中相关文件的核心代码如下。

postReg.php：

```php
1.    <?php
2.    header("Content-Type:text/html;charset=utf-8");
3.    //在后端获取前端表单数据的方法是使用全局数组$_GET 或$_POST
4.    $username = $_POST['username'];
5.    $pw = $_POST['pw'];
6.    $cpw = $_POST['cpw'];
7.    $sex = $_POST['sex'];
8.    $email = $_POST['email'];
9.    $fav = @implode(",", $_POST['fav']);
10.
11.   //第一步，连接数据库服务器
12.   $conn = mysqli_connect("localhost", "root", "root", "member");
13.   if (!$conn) {
14.       die("连接数据库服务器失败");
15.   }
16.   //第二步，设置字符集
17.   mysqli_query($conn, "set names utf8");
18.   //第三步，设置 SQL 语句
19.   $sql = "insert into info (username,pw,sex,email,fav,createtime) values ('$username'," . md5
($pw) . "','$sex','$email','$fav'," . time() . "')";
```

```
20.    //第四步，执行 SQL 查询语句
21.    $result = mysqli_query($conn, $sql);
22.    if ($result) {
23.        echo "<script>alert('数据插入成功'); location.href='index.php'; </script>";
24.    } else {
25.        echo "<script>alert('数据插入失败');history.back();</script>";
26.    }
```

在这个文件的第 1 行，小王同学添加了一行代码，即使用 header()函数输出文件头部信息，其作用是设置该页面的字符集为 UTF-8，以防止某些浏览器出现乱码。

## 子任务 3.4    判断用户名是否被占用

### 【任务提出】

判断用户名是否被占用

小王同学顺利实现了数据记录的插入，可刚享受成功的喜悦不久，他就发现一个严重的问题，那就是反复提交注册表单会在数据表中出现多条相同的记录。但常识告诉他，用户登录时使用的用户名是唯一的，不可能重复。因此，他明白了，在将数据写入数据表之前，必须先检查用户名是否重复。

### 【任务实施】

由于每一个会员的用户名是唯一的，就好比人的身份证号码一样，不能重复。因此，在插入新的记录时，需要先判断当前用户名是否在数据表中已经存在。如果已经存在，则应该弹出提示，让用户重新输入不同的用户名。如果用户名在数据表中不存在，则说明是一个全新的用户名，可以直接写入数据库。

#### 3.4.1    通过 SQL 语句判断用户名是否被占用

那么如何判断用户名是否被占用了呢？小王通过查得得知，需要使用 SQL 语句来查询当前数据表中特定的用户名，也就是筛选数据表记录，看是否存在当前用户名。

通过学习，他在前面的会员注册文件中修改了一下，完成了如下代码。

```
1.    //第三步，设置 SQL 语句
2.    //判断用户名是否重复（是否被占用）
3.    $sql = "select * from info where username = '$username'";
4.    $result = mysqli_query($conn, $sql); //返回一个记录集
5.    $num = mysqli_num_rows($result);
6.    if ($num) {
7.        echo "<script>alert('此用户名已经被占用了，请返回重新输入'); history.back(); </script>";
8.        exit;
9.    }
```

原来，小王同学使用了 SQL 语句中的"select"关键字来查询数据记录。SELECT 语句用于从数据库中选取数据。查询后的结果被存储在一个结果集中。上述代码的第 5 行使用了函数 mysqli_num_rows()，该函数将返回结果集中的行数。

#### 3.4.2    使用 SQL 中的 SELECT 语句

小王同学通过使用 SQL 中的 SELECT 语句顺利地完成了用户名的查找工作，那么 SQL 语句中的

SELECT 到底有哪些用法呢？小王同学是一个爱钻研的人，他通过查询多方资料，搞清楚了 SELECT 关键字的使用语法。

```
SELECT column_name,column_name
FROM table_name
WHERE column_name operator value;
SELECT * FROM table_name;
```

SELECT 后面是列名，可以用"*"代表所有列。然后是关键字 FROM，后面跟表名。如果需要筛选数据，则可以使用 WHERE 子句，后面用列名和某个具体的值来进行判断。小王同学在上面程序中的操作就是判断 username 这一列的值和输入的$username 是否相等。执行这个查询语句后，通过 mysqli_num_rows($result) 来返回结果集中的行数，该函数的参数详情如表 3.4.1 所示。

**表 3.4.1  mysqli_num_rows()函数参数详情**

| 参数 | 描述 |
| --- | --- |
| result | 必需。规定由 mysqli_query()、mysqli_store_result() 或 mysqli_use_result() 返回的结果集标识符 |

在 PHP 中，任何非零非空的值均表示 true。因此，只要结果集中有记录，$num 就是一个大于 0 的数字，其结果为真，表示查询到了此用户名（当然，根据 info 数据表的设计原则，如果找到了数据，则一定只能找到一条数据，也就是$num 要么为 0，要么为 1）。如果查询到了此用户名，则通过 echo 函数显示 JavaScript 弹窗提示该用户名已经被占用。

在查询用户名是否被占用之前，还应该做一个简单的判断，那就是用户名是否填写。如果用户未填写用户名，则此时还去数据库中查询虽然不会出错，但是没有意义。

因此，小王同学又把代码修改了一下，添加了一个判断用户名是否填写的功能，还判断了密码和确认密码是否相同。

```
1.   //进行必要的验证
2.   if (!strlen($username) || !strlen($pw)) {
3.      echo "<script>alert('用户名和密码都必须填写'); history.back(); </script>";
4.      exit;
5.   }
6.   if ($pw <> $cpw) {
7.      echo "<script>alert('密码和确认密码必须相同');history.back();</script>";
8.      exit;
9.   }
```

在这里，小王同学使用了 strlen(string)函数，strlen() 函数用于返回字符串的长度（中文字符串的处理使用 mb_strlen() 函数），其参数详情如表 3.4.2 所示。

**表 3.4.2  strlen()函数参数详情**

| 参数 | 描述 |
| --- | --- |
| string | 必需。规定要检查的字符串 |

该函数如果执行成功，则返回字符串的长度，如果字符串为空，则返回 0。如果返回 0，对于 if 条件语句而言，结果就是 false，因此，用"!"运算符取反就得到 true。一旦用户名为空，或者密码为空，系统都会显示弹窗。exit() 函数可以输出一条消息，并退出当前脚本（中止当前程序的执行）。该函数是 die() 函数的别名。

### 3.4.3 在 PhpStorm 中配置数据源

注册功能已经完成了，可是，小王同学突然注意到，他在 PhpStorm 中所写的 SQL 语句被标记有黄色底纹。同时，把鼠标指针移至底纹上，系统还出现了一些提示信息，如图 3.4.1 所示。

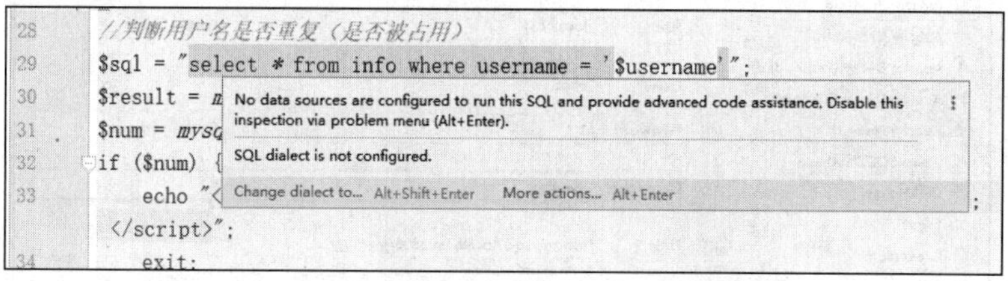

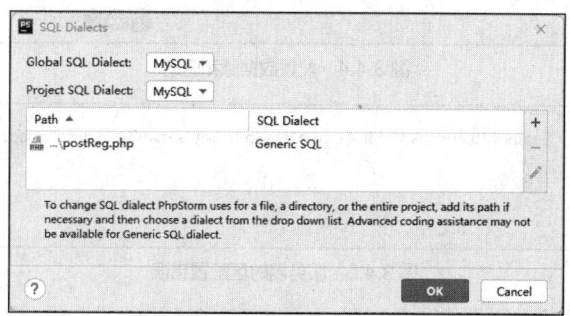

图 3.4.1 未配置数据源和 SQL Dialect 的提示

小王同学仔细阅读了提示信息，原来是在提示他没有配置数据源，也就是 IDE 没有配置数据库。同时，也提示他没有配置 SQL Dialect，但是 PhpStorm 不知道程序中具体用的是哪种数据库 SQL，无法给出智能代码提示。此时，单击提示左下角的"Change dialect to..."，将"Global SQL Dialect"和"Project SQL Dialect"均配置为"MySQL"即可，如图 3.4.2 所示。

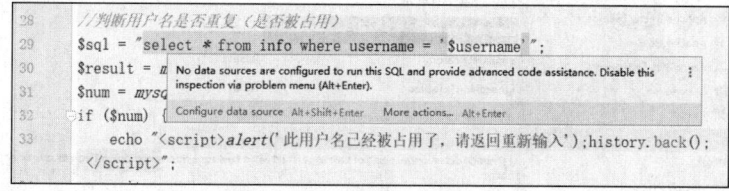

图 3.4.2 配置 SQL Dialect

配置好 SQL Dialect 后，再次将鼠标指针移至 SQL 语句上，小王同学发现系统出现了"Configure data source"的提示，如图 3.4.3 所示。单击"Configure data source"进入数据源配置界面。先单击左上角的"+"，添加 MySQL 驱动为当前驱动，在右侧文本框中输入用户名、密码、数据库名称等，如图 3.4.4 所示。

图 3.4.3 未配置数据源的提示

注意观察，数据源配置界面下面有一个提示，即"missing driver files"，表示系统缺少驱动文件。单击前面的"Download"，系统会自动下载当前驱动程序。最后单击"Test Connection"按钮，测试是否能正常连接数据库。由于 PhpStorm 的版本不同，此时可能会出现图 3.4.5 所示的错误提示信息。此信息表明当前 Web 服务器时区配置错误，单击"Set time zone"，将默认的 UTC 时区修改成 PRC 时区即可，如图 3.4.6 所示。这个时区非常重要，关系到系统时间是否正确。

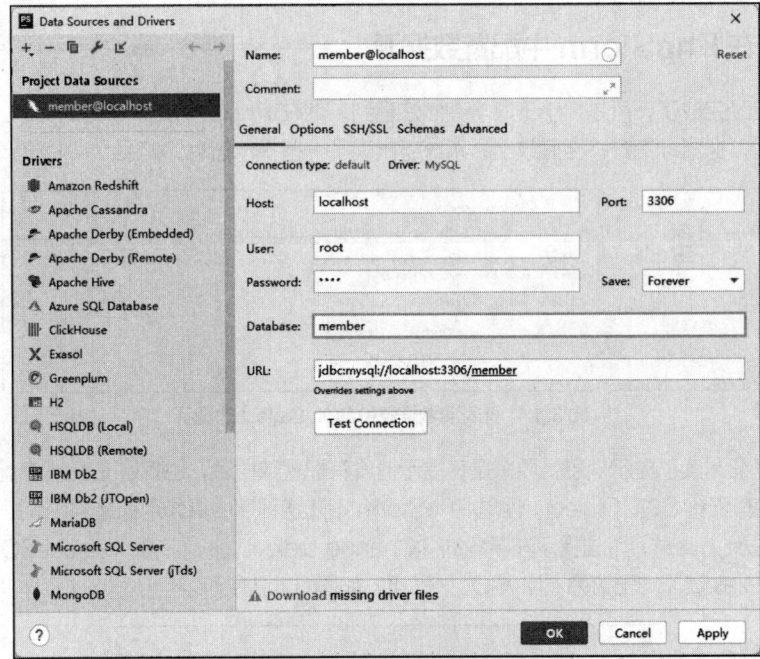

图 3.4.4　配置数据源和驱动

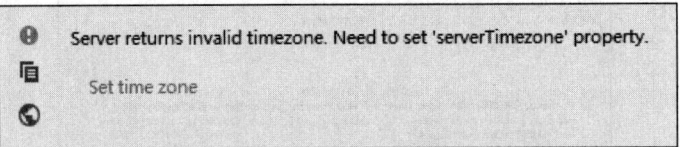

图 3.4.5　服务器时区配置错误

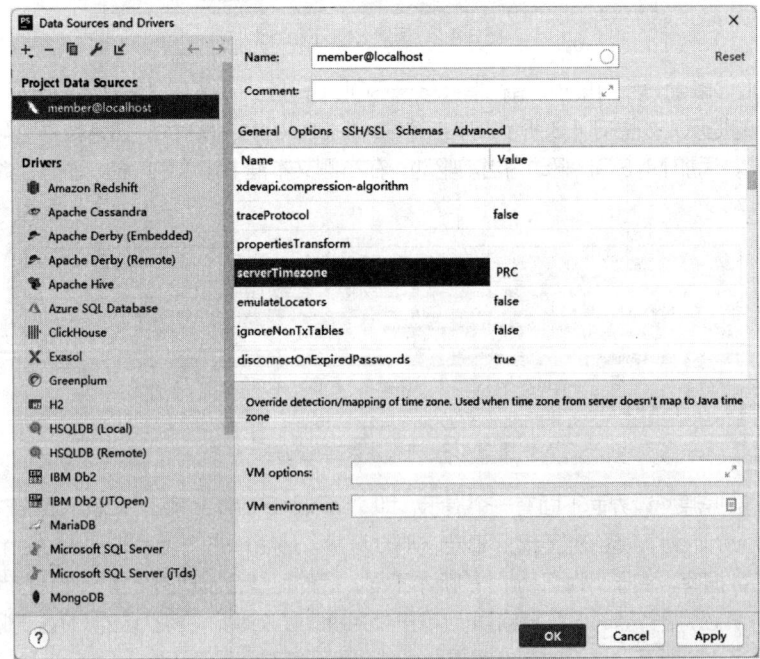

图 3.4.6　配置服务器时区

配置好上述内容后，在 PhpStorm 的右侧出现一个 Database 标签，单击可以展开，在其中可以看到当前 member 数据库的详细情况，如图 3.4.7 所示。

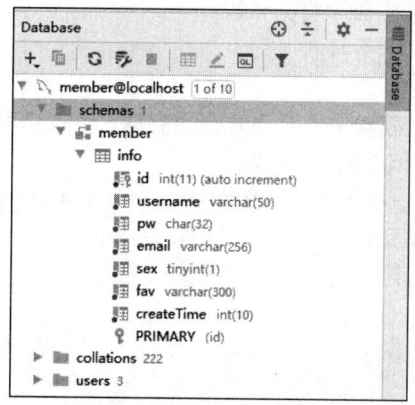

图 3.4.7　配置好的数据源

完整代码

此时回到 postReg.php 文件中，小王同学看到 SQL 语句下面的黄色底纹终于消失了。

至此子任务 3.4 完成，postReg.php 文件的完整代码请扫码查看。

## 子任务 3.5　表单验证

表单验证

### 【任务提出】

小王同学在上一学期的静态网站开发课程的学习中，已经了解到网站安全的重要性，因为历史上有很多网站被攻击的案例。只是说，在制作静态网站时，还没涉及具体的网站安全保障方法。现在的动态网站开发一定要考虑网站的安全性了。除了安全性，数据的合法性也是需要考虑的问题。比如，电子信箱的格式不正确也是完全没有意义的。这涉及表单数据的验证问题，那么应该如何实现表单数据的验证呢？

### 【任务实施】

#### 3.5.1　重视数据验证

数据验证需要在前端和后端同时进行，这样做的目的是保证系统安全，以及减轻服务器的压力。比如，用户明明没有填写用户名，还去单击"提交"按钮，这显然是没有意义的。如果在前端不进行判断和处理，那么这一次无效的交互仍然要占用服务器的资源。另外，本系统的后端主要是使用 SQL 语句和数据库进行交互，如果在前端不加以限制，则可能会输入一些危险字符，带来 SQL 注入风险。关于 SQL 注入的相关内容，大家可以参阅网络上的相关内容进行了解。

#### 3.5.2　在前端验证表单数据

前端数据验证一般是使用 JavaScript 来进行的。为了避免前端绕过数据验证，在后端接收到数据后，还需要再一次进行数据验证。

在会员注册表单中，需要验证的内容如下。

（1）用户名。必填，内容只能是大小写字母、数字，长度为 3~10 个字符。

（2）密码。必填，内容只能是大小写字母、数字、"_"、"*"，长度为 6~10 个字符。

（3）确认密码。必填，且必须和密码保持一致。

（4）信箱。格式必须正确，可以不填。

（5）爱好。可以不选。

在单击"提交"按钮时，要拦截系统提交，即先验证数据，合格后再提交表单。只需要在<form>标签中添加一个 onsubmit 事件，即可实现提交拦截。

```
1.   <form action="postReg.php" method="post" onsubmit="return check()">
```

单击"提交"按钮时会触发提交事件，系统首先跳转至 JavaScript 方法 check()，如果 check()返回为真，则系统继续提交，如果返回为假，则拦截系统提交。

以下是小王同学完成的 check()方法的代码。

```
1.   <script>
2.     function check() {
3.       let username = document.getElementsByName('username')[0].value.trim();
4.       let pw = document.getElementsByName('pw')[0].value.trim();
5.       let cpw = document.getElementsByName('cpw')[0].value.trim();
6.       let email = document.getElementsByName('email')[0].value.trim();
7.       //用户名验证
8.       let usernameReg = /^[a-zA-Z0-9]{3,10}$/;
9.       if (!usernameReg.test(username)) {
10.        alert('用户名必填，且只能由大小写字母和数字构成，长度为 3~10 个字符！');
11.        return false;
12.      }
13.      let pwreg = /^[a-zA-Z0-9_*]{6,10}$/;
14.      if (!pwreg.test(pw)) {
15.        alert('密码必填，且只能由大小写字母和数字，以及"*"、"_"构成，长度为 6~10 个字符！');
16.        return false;
17.      } else {
18.        if (pw != cpw) {
19.          alert('密码和确认密码必须相同！')
20.          return false;
21.        }
22.      }
23.      let emailReg = /^[a-zA-Z0-9_\-]+@([a-zA-Z0-9]+\.)+(com|cn|net|org)$/;
24.      if (email.length > 0) {
25.        if (!emailReg.test(email)) {
26.          alert('信箱格式不正确！')
27.          return false;
28.        }
29.      }
30.      return true;
31.    }
32.  </script>
```

### 3.5.3 在前端验证数据

解读一下小王同学写的代码。在代码的第 3 行，document.getElementsByName()读取名字为

"username"的元素,这样就可以得到一个数组。但在整个注册页面中,只有一个 username 元素,因此,取此数组的第一个元素,然后读取其 value 属性,即可得到用户输入的用户名,再使用"trim()"方法删去其前后用户可能不小心输入的空格。其他几个数据的读取方式原理相同。

接下来,使用正则表达式判断数据的内容。

(1)用户名的验证:/^[a-zA-Z0-9]{3,10}$/,表示只允许大小写字母、数字,长度为 3~10 个字符。使用 test()方法进行正则测试,如果返回真,则说明测试通过。如果返回假,则说明测试有误,此时会出现弹窗提示,并返回 false,阻止表单自动提交。

(2)密码的验证:/^[a-zA-Z0-9_*]{6,10}$/,表示只允许大小写字母、数字和"*",长度为 6~10 个字符。

(3)邮箱的验证:/^[a-zA-Z0-9_\-]+@([a-zA-Z0-9]+\.)+(com|cn|net|org)$/,这个内容复杂一点,大家可以查阅相关资料。

如果所有内容都验证通过,则返回 true,表单正常提交,将数据传递至后端。

### 3.5.4 在后端验证表单数据

在前端完成了数据验证,为了提高安全性与可靠性,在后端也必须完成表单数据验证。

在前端使用 JavaScript 来完成表单验证,主要使用正则表达式来完成验证。在后端同样可以使用正则表达式来完成验证,只是使用的方法有点不同。

下面是小王同学完成的后端表单数据验证代码。

```
1.     //进行必要的验证
2.     if (!strlen($username) || !strlen($pw)) {
3.         echo "<script>alert('用户名和密码都必须填写');history.back();</script>";
4.         exit;
5.     } else {
6.         if (!preg_match('/^[a-zA-Z0-9]{3,10}$/', $username)) {
7.             echo "<script>alert('用户名必填,且只能由大小写字母和数字构成,长度为 3~10 个字符!');history.back();</script>";
8.             exit;
9.         }
10.    }
11.    if ($pw <> $cpw) {
12.        echo "<script>alert('密码和确认密码必须相同');history.back();</script>";
13.        exit;
14.    } else {
15.        if (!preg_match('/^[a-zA-Z0-9_*]{6,10}$/', $pw)) {
16.            echo "<script>alert('密码必填,且只能由大小写字母和数字,以及"*"、"_"构成,长度为 6~10 个字符! ');history.back();</script>";
17.            exit;
18.        }
19.    }
20.    if (!empty($email)) {
21.        if (!preg_match('/^[a-zA-Z0-9_\-]+@([a-zA-Z0-9]+\.)+(com|cn|net|org)$/', $email)) {
22.            echo "<script>alert('信箱格式不正确! ');history.back();</script>";
23.            exit;
24.        }
25.    }
```

这里的重点是使用了 preg_match()函数，其语法规则如下。

int preg_match ( string $pattern , string $subject [, array &$matches [, int $flags = 0 [, int $offset = 0 ]]] )

该函数的参数详情如表 3.5.1 所示。

表 3.5.1　preg_match()函数参数详情

| 参数 | 描述 |
| --- | --- |
| pattern | 要搜索的模式，为字符串形式 |
| subject | 输入字符串 |
| matches | 如果提供了参数 matches，则它将被填充为搜索结果。$matches[0]将包含完整模式匹配到的文本，$matches[1] 将包含第一个捕获子组匹配到的文本，以此类推 |
| flags | flags 可以被设置为以下标记值。PREG_OFFSET_CAPTURE: 如果传递了这个标记，则对于每一个出现的匹配返回时会附加字符串偏移量（相对于目标字符串） |
| offset | 通常，搜索从目标字符串的开始位置开始。可选参数 offset 用于指定从目标字符串的某个位置开始搜索（单位是字节） |

preg_match()函数执行后，返回的是参数"pattern"的匹配次数。它的值将是 0 次（不匹配）或 1 次，因为 preg_match()在第一次匹配后将停止搜索。preg_match_all()不同于此，它会在参数"subject"中从头至尾持续搜索。如果发生错误，则 preg_match()函数返回 FALSE。

后端使用的正则表达式和前端一样，这里不赘述。不同的是，在后端发现表单数据不合法以后，会出现弹窗提示，并调用 exit()函数中止后面程序的执行。在弹窗中添加了 history.back()语句，以便返回到上一个页面。

至此子任务 3.5 完成，signup.php 文件和 postReg.php 文件的完整代码请扫码查看。

完整代码 1　　　　完整代码 2

## 【素养小贴士】

同学们在进行软件编程及完成相关工作时，一定要有网络信息安全的意识。作为计算机软件从业人员，应当具备和遵守严格的职业道德规范，包括但不限于以下方面。

（1）尊重客户隐私。在工作中，不可避免地会接触到客户的各种信息。这些信息是客户的隐私，仅限于工作过程中使用，不得泄露、传播。

（2）保护知识产权。在从事软件开发的过程中，会涉及不同硬件、软件的使用。这要求从业人员能够保护知识产权，切不可侵权，否则要承担相应的法律责任。

（3）培养诚信、守时的意识和习惯。在工作岗位中，要重视合同、协议和指定的责任，要按照规定的时间，认真完成各项工作。

## 【任务小结】

在任务 3 中，我们创建了数据库，并完成了用户注册的功能。在用户注册时，还需要判断用户名是否重复。同时，为了保证数据的安全性和合法性，我们在前端和后端都进行了数据验证，验证的方法主要是使用正则表达式。正则表达式本身也较为复杂，有很多的语法规则，大家如果想全面了解正则表达式的相关内容，可以去网上查询相关资料。

## 【巩固练习】

### 一、单选题

1. 可以查看数据表的结构信息的 MySQL 命令是（　　）。

    A．show tables                B．describe table_name

    C．create table table_name        D．select * from table_name

2. 能获取字符串长度的 PHP 函数是（     ）。

    A．strrev         B．substr         C．strlen         D．strchr

3. PHP 字符串连接运算符是（     ）。

    A．+            B．.            C．&&         D．!

4. 在 " ? :" 运算符当中，表达式应该写在（     ）。

    A．"?" 前面                B．"?" 后面，":" 前面

    C．":" 后面                D．"?:" 不是运算符

5. "?:" 运算符相当于以下哪个 PHP 语句？（     ）

    A．if...else       B．switch        C．for         D．break

## 二、多选题

1. 关于 MySQL 的存储引擎 MyISAM 和 InnoDB 的说法，正确的是（     ）。

    A．MyISAM 是非事务的存储引擎

    B．MyISAM 适用于频繁查询的应用

    C．MyISAM 只支持表级锁，不会出现死锁；适用于数据量小，并发数小的应用

    D．InnoDB 是支持事务的存储引擎，当有明确指定的主键时，是行级锁，否则是表级锁；适用于插入和更新操作比较多的应用；适合数据量大，并发数多的应用

2. MySQL 中，关于数据类型 char 和 varchar 的说法，正确的是（     ）。

    A．char 是一种固定长度的类型

    B．varchar 是一种可变长度的类型

    C．char($M$) 类型的数据列中，每个值都占用 $M$ 字节，如果某个值长度小于 $M$，MySQL 就会在它的右边用空格字符补足

    D．在 varchar($M$) 类型的数据列中，每个值只占用刚好够用的字节再加上一个用来记录其长度的字节（即总长度为 $L+1$ 字节）

3. 下列关于主键、外键和索引的说法正确的是（     ）。

    A．主键：唯一标识一条记录，不能重复，不允许为空；表的外键是另一表的主键，外键可以重复，可以是空值

    B．索引：该字段没有重复值，但可以有一个空值

    C．主键的作用：用来保证数据完整性。外键的作用：用来和其他表建立联系

    D．索引可以提高查询排序的速度。主键只能有一个，一个表可以有多个外键，一个表可以有多个唯一索引

4. 下列关于 PHP 的 switch 语句说法正确的是（     ）。

    A．break 语句可以没有

    B．default 语句可以没有

    C．break 语句不可以没有

    D．default 语句不可以没有

5. 下列关于 PHP 中各种循环的说法正确的是（     ）。

    A．foreach 语句用于循环遍历数组

    B．while 是先判断条件再运行循环

    C．do...while 是先循环再判断条件

    D．for 循环是条件判断型的循环，与 while 相似

# 任务4
## 会员管理系统用户登录、资料修改及注销

**04**

## 情景导入

大多数项目都需要进行用户数据管理，也就是要用户登录后才能进行相关的操作。用户登录以后，系统就和当前登录者相关联，接下来的所有操作都隶属于当前登录者。当不再需要登录时，还要能注销当前登录。

## 职业能力目标及素养目标

- 能在 PHP 中使用 Session 保存登录标志。
- 能在 PHP 中使用 include()函数包含文件。
- 能使用 PHP 中的函数实现表单数据的回显。

- 培养诚信意识、法治观念、友善价值观。

---

### 子任务 4.1　用户登录

#### 【任务提出】

小王同学大致整理了一下制作的思路。要实现登录，就得有一个前端表单，用来输入用户名和密码。提交表单时，需要先验证数据的合法性和有效性。当数据验证通过后，将表单数据提交至后端。后端接收前端数据，然后再次完成数据验证，并将用户名和密码提交到数据库进行比对。如果用户名和密码正确，则利用 Session 保存登录标志，并提示登录成功；否则提示登录失败，并返回登录页面。

#### 【任务实施】

##### 4.1.1　创建用户登录文件

用户登录

根据项目开始前完成的详细需求分析，现在需要完成登录页面的制作。

（1）选中 member 目录并单击鼠标右键，在快捷菜单中选择 "New" → "PHP File" 命令，创建新文件 login.php。

（2）打开 signup.php 文件，把其中的内容复制到 login.php 中。因为登录页面和注册页面的静态内容有一定的相似之处，所以可以直接把注册页面的内容复制过来，然后进行修改。

（3）在 login.php 文件中修改导航栏中的当前栏目，在"会员登录"链接上添加 class 样式"current"。在表单中只保留用户名和密码控件，删除其他控件。同理，在 JavaScript 方法 check()中只保留用户名和密码的相关验证内容。

（4）选中 member 目录并单击鼠标右键，在快捷菜单中选择"New"→"PHP File"命令，创建新文件 postLogin.php。

（5）在 login.php 文件中修改<form>标签中的 action 属性，将其值改成 postLogin.php 即可。

## 4.1.2　制作用户登录后端文件

有了用户登录前端表单文件，接下来需要制作用户登录后端文件。

小王同学在制作会员注册页面时，已经熟悉了 PHP 操作数据库的 4 个步骤。通过总结前面的内容，小王同学发现，只要是使用 PHP 操作数据库，都需要这几个步骤。其中第一步和第二步对每一次操作而言内容都是一样的，需要在很多个文件中重复书写，这显得不太合理。通过查询相关资料，小王同学得知，解决这个问题的办法是，把这一段内容单独放在一个文件中，然后在其他文件中引用即可。这样既可以简化代码，又可以在需要修改某些内容（比如，修改数据库的用户名和密码）时，直接修改一个地方的代码，便实现整个项目对应的内容都自动修改。

Session 的使用

（1）选中 member 目录并单击鼠标右键，在弹出的快捷菜单中选择"New"→"PHP File"命令创建新的 PHP 文件 conn.php，再回到 postReg.php 文件中，将其中 PHP 操作数据库的第一步和第二步的代码剪切至 conn.php 中。

```
1.    <?php
2.    //连接数据库服务器
3.    //第一步，连接数据库服务器
4.    $conn = mysqli_connect("localhost", "root", "root", "member");
5.    if (!$conn) {
6.        die("连接数据库服务器失败");
7.    }
8.    //第二步，设置字符集
9.    mysqli_query($conn, "set names utf8");
```

（2）回到 postReg.php 中，在刚才剪切代码的位置添加如下代码。

```
1.    include_once 'conn.php';
```

include 函数的作用是包含（导入）参数中指定的文件内容。小王同学在查询资料时已经知道，除了 include()函数，还有 include_once()函数，推荐使用后者，这样可以保证在同一个页面只导入一次，避免误操作而重复导入。

在 PHP 中实现包含文件，除了可以使用 include()以外，还可以使用 require()。这两个函数的基本作用一样，区别在于对错误的处理方式不同。require()在遇到包含文件不存在，或出错时，会停止运行程序并报错。include()则会忽略错误，继续执行程序。同样，require_once()函数也可以保证同一个页面只导入一次文件。

（3）在 postLogin.php 文件中首先包含 conn.php 文件。这样就相当于已经有 PHP 操作数据库的第一步和第二步的代码了。

（4）接下来需要读取前端表单数据，并进行必要的验证。最后通过 SQL 查询语句，在数据表中查询指定的用户名和密码是否存在，以判断是否成功登录。

下面是小王同学完成的用户登录 postLogin.php 文件的完整代码。

```php
1.   <?php
2.   $username = trim($_POST['username']);
3.   $pw = trim($_POST['pw']);
4.   //进行必要的验证
5.   if (!strlen($username) || !strlen($pw)) {
6.       echo "<script>alert('用户名和密码都必须填写');history.back();</script>";
7.       exit;
8.   } else {
9.       if (!preg_match('/^[a-zA-Z0-9]{3,10}$/', $username)) {
10.          echo "<script>alert('用户名必填，且只能由大小写字母和数字构成，长度为 3～10 个字符！');history.back();</script>";
11.          exit;
12.      }
13.      if (!preg_match('/^[a-zA-Z0-9_*]{6,10}$/', $pw)) {
14.          echo "<script>alert('密码必填，且只能由大小写字母和数字构成，以及"*""_"构成，长度为6～10 个字符！');history.back();</script>";
15.          exit;
16.      }
17.  }
18.  include_once "conn.php";
19.  $sql = "select * from info where username = '$username' and pw = '" . md5($pw) . "'";
20.  $result = mysqli_query($conn, $sql);
21.  $num = mysqli_num_rows($result);
22.  if ($num) {
23.      echo "<script>alert('登录成功！');</script>";
24.  } else {
25.      echo "<script>alert('登录失败！');</script>";
26.  }
```

在 SQL 语句中，通过 select 关键字来实现查询，通过 where 子句来实现数据记录的筛选。筛选的依据是，判断 username 这一列是否存在数据等于用户输入的用户名，pw 这一列是否存在数据等于用户输入的密码经过 MD5 加密后的结果。

执行此查询，如果返回的行记录数为真（也就是不为 0，按照数据表设计的用户名唯一原则，也就是为 1），则说明此用户名和密码同时存在，因此，弹出"登录成功！"的提示，否则弹出"登录失败！"的提示。

### 4.1.3　通过 Session 变量保存登录标志

小王同学在前面整理思路时，就已经总结了，在登录成功以后，需要保存一个登录标志，通过这个标志就可以知道当前是处于登录状态还是未登录状态。在 PHP 中，保存这种登录状态的最佳方式是使用 Session。

PHP 中的 Session 变量用于存储关于用户会话（Session）的信息，或者更改用户会话的设置。Session 变量存储单一用户的信息，并且对于应用程序中的所有页面都是可用的。

当我们在计算机上操作某个应用程序时，比如，先打开它，做些更改，然后关闭它，这很像一次会话。在这个过程中，计算机很清楚地知道是谁在怎样操作应用程序。比如，它很清楚你在何时打开和关闭了应用程序。然而，在因特网上问题出现了，由于 HTTP 地址无法保持登录状态，Web 服务器并不知道你是谁，以及你做了什么。

在 PHP 中，Session 的引入就能解决这个问题，它通过在服务器上存储用户信息，以便随后让用户使用（如用户名、购买的商品信息等）。然而，会话信息是临时的，在用户离开网站后将被删除。如果需要永久存储信息，则可以把数据存储在数据库中。

Session 的工作机制是：为每个访客创建一个唯一的用户标识符（User IDentifier，UID），并基于这个 UID 来存储变量。UID 存储在 Cookie 中，或者通过 URL 进行传递。需要注意的是，在使用 PHP 的 Session 之前，必须先开启会话。开启会话的方式很简单，只需要使用函数 session_start()即可。只是需要注意，session_start()函数必须位于所有用于输出的 HTML 代码之前，一般来说，我们可以把它放在程序的第一行。

存储和取出 Session 变量的正确方法是使用 PHP 中的$_SESSION 全局变量。如果要删除某些 Session 变量，则可以使用 unset()或 session_destroy()函数。unset()函数用于释放指定的 Session 变量，而 session_destroy()可以删除所有的 Session 变量。

需要注意，Session 是有生命周期的，长时间不操作该网站，Session 将会过期，过期的 Session 会被自动删除。Session 的默认生命周期是 1440s，可以在 php.ini 配置文件中修改和设置，或者直接在 PHP 文件中使用代码来重新设置生命周期。

搞清楚了 Session 的相关知识，小王同学就非常有信心了，接下来准备在后端文件中进行 Session 的相关操作。回到 postLogin.php 文件，登录成功后，需要写入一个 Session 登录标志，用来告诉各个页面现在处于登录状态。因为 Session 是超全局变量，是可以跨页面使用的，所以在 postLogin.php 页面写入的 Session 可以在当前网站下的任何页面读取。在任何需要判断登录权限的地方，只需要读取特定的 Session，即可知道当前是否处于登录状态。

下面是小王同学修改后的 postLogin.php 文件代码。

```php
1.    <?php
2.    session_start();
3.    $username = trim($_POST['username']);
4.    $pw = trim($_POST['pw']);
5.    //进行必要验证
6.    if (!strlen($username) || !strlen($pw)) {
7.        echo "<script>alert('用户名和密码都必须填写');history.back();</script>";
8.        exit;
9.    } else {
10.       if (!preg_match('/^[a-zA-Z0-9]{3,10}$/', $username)) {
11.           echo "<script>alert('用户名必填，且只能由大小写字母和数字构成，长度为 3～10 个字符！');history.back();</script>";
12.           exit;
13.       }
14.       if (!preg_match('/^[a-zA-Z0-9_*]{6,10}$/', $pw)) {
15.           echo "<script>alert('密码必填，且只能由大小写字母和数字，以及"*""_"构成，长度为 6～10 个字符！');history.back();</script>";
16.           exit;
17.       }
18.   }
19.   include_once "conn.php";
20.   $sql = "select * from info where username = '$username' and pw = '" . md5($pw) . "'";
21.   $result = mysqli_query($conn, $sql);
22.   $num = mysqli_num_rows($result);
```

```
23.    if ($num) {
24.      $_SESSION['loggedUsername'] = $username;
25.      echo "<script>alert('登录成功！'); location.href = 'index.php'; </script>";
26.    } else {
27.      unset($_SESSION['loggedUsername']);
28.      echo "<script>alert('登录失败！');history.back();</script>";
29.    }
```

可以看到，小王同学在上述代码的第2行使用session_start()函数开启了会话，在用户登录成功后，生成了一个Session变量$_SESSION['loggedUsername']，其值就是当前的用户名。如果登录失败，则使用unset()函数删除$_SESSION['loggedUsername']。

完整代码

至此子任务4.1结束，login.php文件的完整代码请扫码查看。

## 子任务 4.2　注销登录

### 【任务提出】

注销登录

通过前面的努力，小王同学的登录功能已经实现了，小王同学的想法是，登录成功后，需要在首页显示登录者的信息，即用户名，同时，还需要显示一个"注销登录"链接，以便用户可以单击此链接退出当前登录状态。

### 【任务实施】

#### 4.2.1　在导航栏中使用文件包含

项目制作到这里，小王同学发现，页面顶部的导航栏会在每一个页面中显示，这些代码在每一个文件中重复出现，借鉴前面完成conn.php文件的经验，应该也可以用同样的方法，即将导航栏代码放到一个单独的文件中，以优化代码。

选中member目录并单击鼠标右键，创建新文件nav.php，并将原来导航栏相关的CSS、HTML代码移植过来。修改index.php、signup.php、login.php文件，在原来导航栏代码的位置用include_once()包含nav.php文件。需要注意的是，由于在nav.php文件中使用了Session，因此，在其他文件中引用此文件之前，都需要先开启会话。

通过一段时间的摸索和调试，小王同学终于完成了nav.php文件，其核心代码如下。

```
1.    <h1>会员注册管理系统</h1>
2.    <?php
3.    if (isset($_SESSION['loggedUsername']) && $_SESSION['loggedUsername'] <> '') {
4.      ?>
5.      <div class="logged">当前登录者：<?php echo $_SESSION['loggedUsername']; ?> <span class="logout"><a href="logout.php">注销登录</a></span></div>
6.      <?php } ?>
7.      <h2>
8.      <a href="index.php" class="current">首页</a>
9.      <a href="signup.php">会员注册</a>
10.     <a href="login.php">会员登录</a>
11.     <a href="modify.php">个人资料修改</a>
```

```
12.        <a href="admin.php">后台管理</a>
13.    </h2>
```

可以看到，小王同学在导航栏中添加了当前登录者的用户名和注销登录的链接。其中使用了一个函数 isset()，这个函数用于判断变量是否存在。if(isset($_SESSION['loggedUsername']) && $_SESSION['loggedUsername'] <> '')的作用是，首先判断$_SESSION['loggedUsername']是否存在，如果不存在，则直接返回 false；如果存在，则判断$_SESSION['loggedUsername']是否为空。登录成功后，$_SESSION['loggedUsername']中保存的是当前登录者的用户名。如果这两个条件均为 true，则 if 条件判断语句结果为 true，显示当前登录者的用户名和注销登录的链接。

## 4.2.2　实现导航栏当前栏目高亮功能

完成导航栏的文件包含后，小王测试了一下项目，发现单击导航栏中的各个栏目后，无法实现当前栏目的高亮显示。通过思考他发现了问题，就是当前栏目会在当前链接的"<a>"标签上添加一个样式 current。现在使用的是包含文件，无法知道当前是哪个栏目，样式 current 也就不知道应该添加在哪个链接上。

经过反复研究，小王同学终于想到了一个办法来解决此难题。他使用的具体方法是，在 nav.php 文件中的各个导航链接上添加一个 id 参数，当其他页面包含 nav.php 文件后，在单击链接跳转时，会同时传递这个 id 参数，然后在 nav.php 中读取这个参数，根据参数的值来决定给哪一个栏目添加当前栏目指示。这里就涉及 PHP 各个页面之间参数传递的方法。一个简单的页面间传参的方式是在 URL 后面添加参数，使用"？"进行地址和参数的分隔，用等号连接参数名和具体的值，如果有多个参数，则使用"&"连接即可。

通过测试，小王同学完成了如下代码。

```
1.     <?php
2.     if (isset($_SESSION['loggedUsername']) && $_SESSION['loggedUsername'] <> '') {
3.         ?>
4.         <div class="logged">当前登录者：<?php echo $_SESSION['loggedUsername']; ?><span
class="logout"><a href="logout.php">注销登录</a></span></div>
5.         <?php
6.     }
7.     //$id = isset($_GET['id']) ? $_GET['id'] : 1;
8.     $id = $_GET['id'] ?? 1;
9.     ?>
10.    <h2>
11.        <a href="index.php?id=1" <?php if ($id == 1){ ?>class="current"<?php } ?>>首页</a>
12.        <a href="signup.php?id=2" <?php if ($id == 2){ ?>class="current"<?php } ?>>会员注册</a>
13.        <a href="login.php?id=3" <?php if ($id == 3){ ?>class="current"<?php } ?>>会员登录</a>
14.        <a href="modify.php?id=4" <?php if ($id == 4){ ?>class="current"<?php } ?>>个人资料修改</a>
15.        <a href="admin.php?id=5" <?php if ($id == 5){ ?>class="current"<?php } ?>>后台管理</a>
16.    </h2>
```

其中地址栏传递过来的参数在后端页面中可以使用$_GET 读取。在读取之前，应该先用 isset()函数判断 id 参数是否存在。比如，当用户第一次进入系统，打开首页，这里包含的 nav.php 文件没有 id 参数，自然也就无法读取到 id。只有单击某个导航链接跳转至新的页面时，才会传递 id 参数。

上述代码的第 7 行是 PHP 中的一种三元运算表达式，也称为"问号表达式"。其作用相当于一个 if 双分支语句。其运算规则是，如果 isset($_GET['id'])为真，也就是$_GET['id']存在，则返回$_GET['id']的值，并赋给变量$id。如果 isset($_GET['id'])为假，也就是$_GET['id']不存在，则返回 1，并赋给变量$id。这一句话被注释了，因为第 8 行的作用和第 7 行的完全一样。区别在于，第 8 行的代码只能在 PHP 7.0 及以上版本中使用，而第 7 行的代码可以在低于 7.0 版本的 PHP 中使用。

如果使用 PHP 7.0 的写法，大家可以注意在编辑器中，第 8 行的双问号下面会有红色波浪线出现，鼠标指针移至波浪线上面会显示系统提示，如图 4.2.1 所示，该提示的意思是这个运算符只有在 PHP 7.0 及以上版本才支持使用。

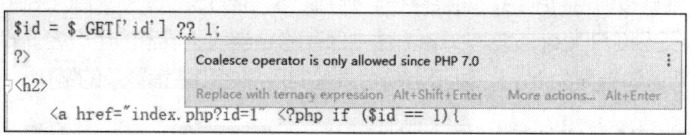

图 4.2.1　系统提示

在 PhpStorm 的右下角默认显示有一个"PHP:5.6"链接，表示当前 IDE 设置的 PHP 版本是 5.6，单击可以设置 PHP 的版本，如图 4.2.2 所示。根据前面 Web 服务器的配置（请参考图 2.2.1 中的"PHP 版本"），在这里将 PHP 的版本设置成 7.3 即可。经过重新设置，红色波浪线会自动消失。

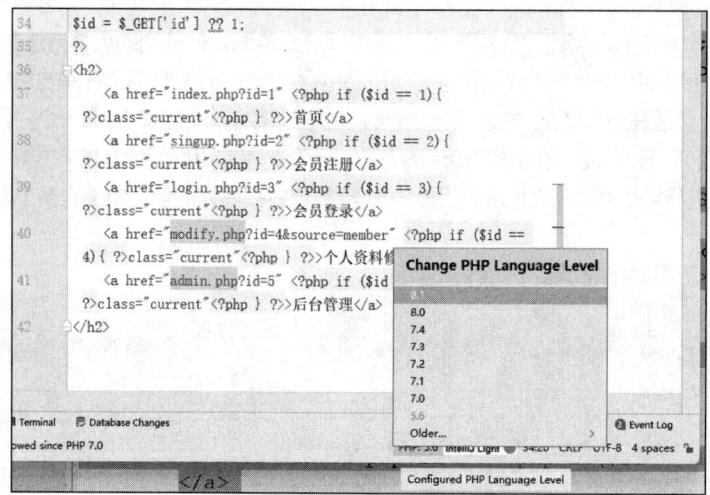

图 4.2.2　设置 PHP 版本

最后，小王同学新建了 logout.php 文件，在里面添加了如下代码。

```
1.  <?php
2.  session_start();
3.  session_destroy();
4.  header("Location:index.php");
```

session_destroy()函数的作用是删除所有会话。当然需要注意的是，使用 session_destroy()之前还是需要先开启会话。删除会话后，再使用 header()函数即可直接跳转至 index.php 文件。

接下来小王同学测试了项目的运行，得到了图 4.2.3 所示的结果。

图 4.2.3　登录成功后在导航栏显示登录者的用户名

## 子任务 4.3　会员资料修改

### 【任务提出】

会员资料修改

小王同学已经设置好了用户注册和用户登录功能。但他想到一个常见的功能，那就是登录后还要能修改个人信息才行。

### 【任务实施】

#### 4.3.1　优化登录页面跳转逻辑

小王同学查看了已经做好的用户登录功能，当登录成功后，保存了登录标志，就没有执行其他操作了，页面也还是继续停留在登录页面，这显然不太合理。登录成功后应该跳转到首页才比较合理。

小王同学把 postLogin.php 文件修改了一下，添加了登录成功后的跳转功能。如果登录成功，则跳转至首页。如果登录失败，则返回至上一个页面，让用户重新输入用户名和密码进行登录。

```
1.    if ($num) {
2.        $_SESSION['loggedUsername'] = $username;
3.        echo "<script>alert('登录成功！'); location.href = 'index.php'; </script>";
4.    } else {
5.        unset($_SESSION['loggedUsername']);
6.        echo "<script>alert('登录失败！');history.back();</script>";
7.    }
```

#### 4.3.2　创建会员资料修改页面

通过分析会员资料修改页面的特点，小王同学梳理了制作的思路。

（1）在 member 项目中新建文件 modify.php。在制作导航栏时，已经在 nav.php 中的"个人资料修改"链接添加了目标链接页面 modify.php，但还未制作此文件，因此需要创建此文件。

（2）从 signup.php 文件中复制代码，然后粘贴到 modify.php 文件中。由于资料修改页面和注册页面有较高的相似性，因此可以直接从 signup.php 文件中复制代码，再进行适当修改。

（3）在表单中显示已有的各项资料。

（4）修改资料后，单击"提交"按钮，将各项数据提交至后端，使用 SQL 中的 update 语句更新数据表记录，即可完成资料更新操作。

（5）修改资料时，要注意密码的处理方式。可以考虑两种方式：第一种方式是，密码默认留空，如果要修改，就填写新的密码和确认密码，不填写就不修改密码；第二种方式是，在密码后面添加一个复选框，勾选代表要修改密码，不勾选代表不修改密码。

（6）修改资料时，还要注意检查当前是否处于登录状态。只有登录以后才能修改资料。同时，一般来说，用户名是不允许修改的。

完整代码

通过上述分析，小王同学查询了各种相关资料，顺利地完成了修改资料的功能。

下面是小王同学完成的 modify.php 文件的核心代码，完整代码请扫码查看。

```
1.    <?php
2.    session_start();
3.    if(!isset($_SESSION['loggedUsername']) or $_SESSION['loggedUsername'] == ''){
```

```
4.        echo "<script>alert('请登录后访问本页面。'); location.href = 'login.php'; </script>";
5.        exit;
6.    }
7.    ?>
8.    <!--    此处省略 CSS 样式代码  -->
9.    <body>
10.   <div class="main">
11.     <?php
12.     include_once 'nav.php';
13.     include_once 'conn.php';
14.     $sql = "select * from info where username = '".$_SESSION['loggedUsername']."'";
15.     $result = mysqli_query($conn,$sql);
16.     if(mysqli_num_rows($result)){
17.       $info = mysqli_fetch_array($result);
18.       $fav = explode(",",$info['fav']);
19.     }
20.     else{
21.       die("未找到有效用户！");
22.     }
23.     ?>
24.     <form action="postModify.php" method="post" onsubmit="return check()">
25.       <table align="center" border="1" style="border-collapse: collapse" cellpadding="10"
cellspacing="0">
26.         <tr>
27.           <td align="right">用户名</td>
28.           <td align="left"><input name="username" readonly value="<?php echo $info
['username'];?>"></td>
29.         </tr>
30.         <tr>
31.           <td align="right">密码</td>
32.           <td align="left"><input type="password" name="pw" placeholder="不修改密码请留空"></td>
33.         </tr>
34.         <tr>
35.           <td align="right">确认密码</td>
36.           <td align="left"><input type="password" name="cpw" placeholder="不修改密码请留空"></td>
37.         </tr>
38.         <tr>
39.           <td align="right">性别</td>
40.           <td align="left">
41.             <input name="sex" type="radio" <?php if($info['sex']){?>checked<?php }?> value="1">男
42.             <input name="sex" type="radio" <?php if(!$info['sex']){ echo "checked";}?> value="0">女
43.           </td>
44.         </tr>
45.         <tr>
46.           <td align="right">信箱</td>
47.           <td align="left"><input name="email" value="<?php echo $info['email'];?>"></td>
48.         </tr>
```

```
49.        <tr>
50.          <td align="right">爱好</td>
51.          <td align="left">
52.            <input name="fav[]" type="checkbox" <?php if(in_array('听音乐',$fav)){echo 'checked';}
?> value="听音乐">听音乐
53.            <input name="fav[]" type="checkbox" <?php if(in_array('玩游戏',$fav)){echo 'checked';}
?> value="玩游戏">玩游戏
54.            <input name="fav[]" type="checkbox" <?php if(in_array('踢足球',$fav)){echo 'checked';}
?> value="踢足球">踢足球
55.          </td>
56.        </tr>
57.        <tr>
58.          <td align="right"><input type="submit" value="提交"></td>
59.          <td align="left">
60.            <input type="reset" value="重置">
61.          </td>
62.        </tr>
63.      </table>
64.    </form>
65.  </div>
66.  <!-- 此处略去了 JavaScript 脚本代码-->
67.  </body>
68.  </html>
```

下面分析相关代码的作用。

（1）在 modify.php 文件中，小王同学使用到了 Session，因此，他在页面最开始的地方，即上述代码的第 2 行添加了 session_start()，以开启会话。

（2）第 3 行代码的作用是判断当前用户是否登录。如果没有登录，那么修改资料是无意义的。这里用到的具体方法是，先判断$_SESSION['loggedUsername']是否存在，如果不存在，则说明未登录；如果$_SESSION['loggedUsername']存在，则判断其值是否为空，如果为空，则说明登录无效。如果未登录，就弹窗提示，并跳转至登录页面。由于在多个页面均需要判断是否有用户登录，因此，可以把这一段代码单独放至一个文件（checkLogin.php）中，然后在需要的地方使用 include 包含。

（3）第 12 行和第 13 行使用 include_once 'nav.php' 和 include_once 'conn.php'分别包含导航栏和数据库连接文件。

（4）第 14 行使用 $sql = "select * from info where username = '".$_SESSION['logged Username']."'" 语句来查询当前登录者的用户名是否存在，这样是为了保证当前用户存在，以确保后续操作可靠（这只是为了增加操作的严谨性，比如，用户刚登录，就被管理员删除了）。

（5）如果当前用户不存在，则显示在第 17 行中定义的提示信息，然后中止程序的执行。如果用户存在，则在第 17 行使用 mysqli_fetch_array()函数从结果集中取出一行数据并存入$info 数组中。这个数据可以是关联数组，也可以是数字数组，或二者兼有。该函数的具体参数详情如表 4.3.1 所示。

表 4.3.1  mysqli_fetch_array()函数参数详情

| 参数 | 描述 |
| --- | --- |
| result | 必需。规定由 mysqli_query()、mysqli_store_result() 或 mysqli_use_result() 返回的结果集标识符 |

续表

| 参数 | 描述 |
| --- | --- |
| resulttype | 可选。规定应该产生哪种类型的数组。可以是以下值中的任意一个：<br>1. MYSQLI_ASSOC（关联数组）；<br>2. MYSQLI_NUM（数字数组）；<br>3. MYSQLI_BOTH（二者兼有） |

（6）接下来就是各项信息在表单中的显示了。在第 28 行，他给用户名的 input 控件添加了 value 属性，其值就是刚才查询到的用户名。在第 47 行中，他给信箱的 input 控件也添加了 value 属性，并将查询到的信箱值显示在这里。由于用户名是唯一的，一般不允许修改，因此，小王同学给用户名的 input 控件添加了一个 readonly 属性。

（7）对于密码和确认密码，小王同学采用的方式是，如果不修改，则直接留空。

（8）对于性别单选框的处理，可以看到，在第 41 行和第 42 行，他是直接通过判断$info['sex']的真假（数据库中是 0 和 1，分别对应 FALSE 和 TRUE）来确定是否输出 checked 的，这样就可以实现性别的数据回显。

（9）对于爱好这个复选框的处理，稍微要麻烦一点。因为数据表中存放的爱好是用逗号将多个值拼接起来的字符串。在前端页面中，为了能在相应的爱好选项前面自动勾选，需要将拼接好的字符串重新拆分成数组。小王同学在第 18 行使用了函数 explode(separator,string,limit)。explode() 函数使用一个字符串来分割另一个字符串，并返回由字符串组成的数组。该函数的参数详情如表 4.3.2 所示。

**表 4.3.2  explode()函数参数详情**

| 参数 | 描述 |
| --- | --- |
| separator | 必需。规定在哪里分割字符串 |
| string | 必需。要分割的字符串 |
| limit | 可选。规定所返回的数组元素的数目。<br>可能的值：<br>● 大于 0——返回包含最多 limit 个元素的数组；<br>● 小于 0——返回包含除了最后的 limit 个元素以外的所有元素的数组；<br>● 0——会被当作 1，返回包含一个元素的数组 |

将字符串拆分成数组后，小王同学又使用了函数 in_array()来搜索数组中是否存在指定的值，如果在数组中找到指定的值，则返回 TRUE，否则返回 FALSE，这样就可以确定哪些爱好复选框应该被选中。该函数的语法规则如下。

```
bool in_array ( mixed $needle , array $haystack [, bool $strict = FALSE ] )
```

其参数详情如表 4.3.3 所示。

**表 4.3.3  in_array()函数参数详情**

| 参数 | 描述 |
| --- | --- |
| needle | 必需。规定要在数组中搜索的值 |
| haystack | 必需。规定要搜索的数组 |
| strict | 可选。如果该参数设置为 TRUE，则 in_array() 函数判断搜索的数据与数组的值的类型是否相同 |

### 4.3.3 制作资料修改后端文件

完成了前端文件，接下来就是后端文件的制作了。单击"提交"按钮，将进入 postModify.php 文件。

小王同学新建了 postModify.php 文件，并在其中读取了前端提交的各项数据，完成必要的数据验证后，使用 update 语句更新数据库，这样就完成了修改资料的操作。下面是小王同学完成的核心代码，完整代码请扫码查看。

完整代码

```php
1.   <?php
2.   session_start();
3.   if (!isset($_SESSION['loggedUsername']) or $_SESSION['loggedUsername'] == '') {
4.       echo "<script>alert('请登录后访问本页面。'); location.href = 'login.php'; </script>";
5.       exit;
6.   }
7.   $username = trim($_POST['username']);
8.   $pw = trim($_POST['pw']);
9.   $cpw = trim($_POST['cpw']);
10.  $sex = $_POST['sex'];
11.  $email = $_POST['email'];
12.  $fav = @implode(",", $_POST['fav']);
13.  //此处略去数据验证相关代码
14.  include_once 'conn.php';
15.  if ($pw) {   //说明有填写密码，要更新密码
16.      $sql = "update info set pw = '" . md5($pw) . "',email = '$email',sex = '$sex', fav = '$fav' where username = '$username'";
17.      $url = 'logout.php';
18.  } else {
19.      $sql = "update info set email = '$email',sex = '$sex', fav = '$fav' where username = '$username'";
20.      $url = 'index.php';
21.  }
22.  $result = mysqli_query($conn, $sql);
23.  if ($result) {
24.      echo "<script>alert('更新个人资料成功！'); location.href='$url'; </script>";
25.  } else {
26.      echo "<script>alert('更新个人资料失败！');history.back();</script>";
27.  }
```

下面简单解读代码。

（1）在上述代码的第 2 行，开启会话。

（2）在上述代码的第 3 行，判断当前是否处于登录状态。

（3）上述代码的第 7～第 12 行，读取前端传递过来的各个参数。其中 implode()函数前面添加了一个"@"符号，这是因为，如果在前端用户未勾选爱好，则$_POST['fav']将不存在，此时运行 implode()函数会出现错误提示信息，添加一个"@"符号可以屏蔽这个错误提示信息。

（4）上述代码的第 14 行，包含数据库连接文件，然后根据用户是否填写密码，分别执行两个不同的 SQL 语句，这两个 SQL 语句的区别就是否要更新密码。

更新数据表记录，小王同学使用了 SQL 语句中的"UPDATE"关键字，其语法规则如下。

```
UPDATE table_name SET field1=new-value1, field2=new-value2[WHERE Clause]
```

UPDATE 后面跟表名，SET 关键字后面跟字段名，再设置新的值即可。需要注意的是，使用 UPDATE 时，一定要判断是否需要添加 WHERE 子句。如果没有添加 WHERE 子句，则整个数据表中的所有记录将会被同时更新，且不可恢复。对于我们这个项目而言，显然只是修改当前登录者的个人信息，因此，必须添加 WHERE 子句，只更新用户名等于当前用户名的记录，也就是只更新一行记录。

更新记录后，根据是否修改了密码跳转至不同的页面。如果修改了密码，则跳转至登录页面，要求用户重新登录。

## 【任务小结】

在本任务中主要实现了用户的登录和注销功能。这两个功能的实现都基于 PHP 中的一个关键技术，即会话（Session）。在使用 Session 时，一定要记得先开启会话，且开启会话的语句必须放在所有用于输出的 HTML 代码之前。

登录成功，通过 Session 保存登录标志。注销则是删除登录成功后保存的 Session。

修改资料最关键的是实现数据回显，其中单选按钮和多选按钮的回显方式和普通的文本框有所区别，要注意理解。

## 【巩固练习】

### 一、单选题

1. 下列 MySQL 中的关键字，说法正确的是（    ）。
   A. insert，修改数据
   B. update，删除数据
   C. delete，添加数据
   D. select，查询数据

2. 下列选项中，正确的 SQL 语句是（    ）。
   A. insert users values('p001','张三','男');
   B. create table  表名(Code int primary key);
   C. update users set Code='p002' where Code='p001';
   D. select Code as '代号' from users;

3. PHP 中可以输出变量类型的语句是（    ）。
   A. echo 字符串    B. print    C. var_dump()    D. print_r()

4. 下列关于 PHP 中定义变量的方式正确的是（    ）。
   A. var a = 5;    B. $a = 10;    C. int b = 6;    D. var $a = 12;

5. PHP 中单引号和双引号字符串的区别正确的是（    ）。
   A. 单引号速度快，双引号速度慢
   B. 双引号速度快，单引号速度慢
   C. 单引号中可以解析转义字符
   D. 双引号中可以解析变量

6. 若 x、y 为整型数据，则以下语句执行后$y 的结果为（    ）。
```
$x = 1;
++$x;
y = y = y = x++;
```
   A. 1    B. 2    C. 3    D. 0

7. PHP 中关于字符串处理函数的说法正确的是（　　）。

A. implode( )方法可以将字符串拆解为数组

B. str_replace()方法可以替换指定位置的字符串

C. substr( )可以截取字符串

D. strlen( )不能获取字符串的长度

## 二、多选题

1. 属于 PHP 的会话控制技术的是（　　）。

A. Cookie 　　　　　　B. Session 　　　　　　C. Application 　　　　D. Server

2. 正确的逻辑"或"运算符是（　　）。

A. or 　　　　　　　　B. && 　　　　　　　　C. ! 　　　　　　　　D. ||

3. 下列关于 Session 和 Cookie 的说法正确的是（　　）。

A. Session 存储于服务器中

B. Cookie 存储于浏览器中

C. Session 安全性比 Cookie 高

D. Session 在使用时需要开启会话服务，Cookie 不需要开启，可以直接用

4. PHP 中常用的输出函数有（　　）。

A. print 　　　　　　　B. echo 　　　　　　　C. print_r 　　　　　　D. 以上都不是

5. 按作用域划分，PHP 的变量可分为（　　）。

A. 局部变量 　　　　　　B. 全局变量 　　　　　　C. 静态变量 　　　　　D. 枚举变量

# 任务5
## 会员管理系统管理员功能

**05**

## 情景导入

小王同学制作的这个会员管理系统涉及权限控制的功能。普通用户只能登录和修改个人信息，管理员则具备查看会员信息、设置管理员、删除会员等功能。因此，必须在系统中添加管理员功能。

## 职业能力目标及素养目标

- 能在 PHP 中使用 Session 保存不同用户的权限设置。
- 能在 PHP 中通过 limit 语句实现数据分页功能。
- 能在 PHP 中使用 while 语句实现数据的循环输出。

- 培养严谨、认真的工作作风。
- 养成代码编写规范的好习惯。

---

////// **子任务 5.1** 管理员登录

## 【任务提出】

管理员登录

小王同学在前面已经实现了普通用户的登录功能。现在的任务是实现管理员登录的功能，那么管理员的登录和普通用户的登录有哪些区别呢？能直接使用现有的用户登录代码来实现管理员登录吗？很明显，这里首先涉及的问题是怎么确定哪些人员是管理员。

实现管理员登录比较通用的方法有两种。第一种方法是单独建立一张管理员数据表，其中的所有数据记录都是管理员。第二种方法是在现有的普通用户数据表中增加一列，用来标识是否是管理员。如果是管理员，则可以把这一列设置为 1，如果是普通用户，则将这一列设置为 0。为了处理方便，可以将此列默认值设置为 0，这样，用户注册时默认注册为普通用户。

对于第一种方式，在登录时，需要单独做一个管理员登录的页面，或者在普通用户登录时，添加一组复选框，用来标识是否是管理员登录。如果是管理员登录，则后端在判断用户名和密码时，查询管理员数据表。对于第二种方式，和普通用户登录完全一样，只是在登录成功后，再判断管理员标识列的值为多少，以判断当前用户是不是管理员。

管理员登录成功后，需要单独保存一个 Session 标识符，用以标识管理员登录。由于 Session 的全局性，我们在任意页面判断是否是管理员登录，只需要检查是否存在这个 Session 标识符即可。

## 【任务实施】

### 5.1.1　修改数据表结构以实现管理员登录

小王同学决定通过上述第二种方式来实现管理员登录。很明显，在前面创建的数据表中并无管理员标识列。因此，他必须先修改数据表。打开 phpMyAdmin，找到数据表 info，单击"结构"按钮，在下面的"添加 1 个字段"提示文字后面单击"执行"按钮，然后就和创建数据表时一样，正常添加列即可。小王添加的列名是 admin，类型可以选择"tinyint"，长度为 1，默认值设置为 0（在默认值中选择"定义"，然后输入 0 即可），表示不是管理员。如果是管理员，这一列的值自然就为 1。最后单击"保存"按钮完成添加。最后的 info 数据表结构如图 5.1.1 所示。

| # | 名字 | 类型 | 排序规则 | 属性 | 空 | 默认 | 注释 | 额外 | 操作 |
|---|------|------|---------|------|----|------|------|------|------|
| □ 1 | id 🔑 | int(11) | | | 否 | 无 | | AUTO_INCREMENT | ✏ 修改 🗑 删除 ▾ 更多 |
| □ 2 | username | varchar(50) | utf8_unicode_ci | | 否 | 无 | | | ✏ 修改 🗑 删除 ▾ 更多 |
| □ 3 | pw | char(32) | utf8_unicode_ci | | 否 | 无 | | | ✏ 修改 🗑 删除 ▾ 更多 |
| □ 4 | email | varchar(256) | utf8_unicode_ci | | 否 | 无 | | | ✏ 修改 🗑 删除 ▾ 更多 |
| □ 5 | sex | tinyint(1) | | | 否 | 无 | | | ✏ 修改 🗑 删除 ▾ 更多 |
| □ 6 | fav | varchar(300) | utf8_unicode_ci | | 否 | 无 | | | ✏ 修改 🗑 删除 ▾ 更多 |
| □ 7 | createTime | int(10) | | | 否 | 无 | | | ✏ 修改 🗑 删除 ▾ 更多 |
| □ 8 | admin | tinyint(1) | | | 否 | 0 | | | ✏ 修改 🗑 删除 ▾ 更多 |

图 5.1.1　添加管理员标识列后的数据表结构

修改好数据表结构以后，小王同学就准备继续实现管理员登录功能了。

通过前面的分析，小王同学的思路已经非常清楚了。他在 postReg.php 文件中修改了登录的逻辑，很快就实现了管理员的登录功能。其核心的代码如下。

```
1.   $sql = "select * from info where username = '$username' and pw = '" . md5($pw) . "'";
2.   $result = mysqli_query($conn,$sql);
3.   $num = mysqli_num_rows($result);
4.   if($num){
5.      $_SESSION['loggedUsername'] = $username;
6.      //判断是不是管理员
7.      $info = mysqli_fetch_array($result);
8.      if($info['admin']){
9.         $_SESSION['isAdmin'] = 1;
10.     }
11.     else{
12.        $_SESSION['isAdmin'] = 0;
13.     }
14.     echo "<script>alert('登录成功！'); location.href = 'index.php'; </script>";
15.  } else {
16.     unset($_SESSION['isAdmin']);
17.     unset($_SESSION['loggedUsername']);
18.     echo "<script>alert('登录失败！');history.back();</script>";
19.  }
```

分析小王同学的代码，可以看到，在登录成功后，他在上述代码的第 7 行使用了 mysqli_fetch_array() 函数从结果集中读取一行数据，然后在第 8 行中判断 admin 这一列的值是否为 1。如果值为 1，则在 PHP 中用 if 语句进行逻辑值判断，结果为真就在第 9 行中写入一个 Session 变量$_SESSION['isAdmin']，赋值为 1，反之，则在第 12 行中给 Session 变量赋值为 0。

如果登录失败，则使用 unset()函数删除$_SESSION['isAdmin']和$_SESSION['loggedUsername']，以免原来的登录信息继续保留。PHP 中的 unset()函数用于销毁指定的变量。需要注意的是，如果使用 unset()函数在一个函数中销毁一个全局变量，则只是当前函数中引用的这个局部变量被销毁而已，在调用环境中的全局变量将保持和调用 unset()之前一样的值。下面的实例可以充分说明这个问题。

```
1.    function unset_foo() {
2.       global $foo;
3.       unset($foo);
4.    }
5.
6.    $foo = 'Hello';
7.    unset_foo();
8.    echo $foo;
```

运行此程序，可以看到，上述代码第 8 行的输出结果仍然是"Hello"。

## 5.1.2　管理员登录后查看导航栏的变化

根据前面小王设计的系统页面，在管理员登录后，还需要在顶部的导航栏中添加一个"欢迎管理员登录"的提示信息。因此，小王同学打开 nav.php 文件，在显示登录者信息的区域修改了部分代码，具体代码如下所示。

```
1.    if (isset($_SESSION['loggedUsername']) && $_SESSION['loggedUsername'] <> '') {
2.       ?>
3.       <div class="logged">当前登录者：<?php echo $_SESSION['loggedUsername']; ?> <?php
if ($_SESSION['isAdmin']) { ?><span style="color: crimson">欢迎管理员登录</span><?php } ?> <span
class="logout"><a href="logout.php">注销登录</a></span></div>
4.       <?php
5.    }
```

可以看到，小王同学修改的代码实际上就是在判断$_SESSION['isAdmin']的值是否为 1，如果为 1，就显示"欢迎管理员登录"的提示信息。

做到这里，小王同学急切地想测试一下结果。但他突然想到一个问题，由于新注册的用户默认都是普通用户，因此，此时是没有管理员的。只能直接在数据库中先修改，因为必须设置一个默认的管理员。他想了两个办法，第一个办法是随便找一个用户，修改其 admin 这一列的值，将其设置为 1；第二个办法是先注册一个用户名为 admin 的新用户，再修改此用户 admin 这一列的值，将其设置为 1。这样，这个名为 admin 的用户就是一个特定的默认的管理员。

管理员登录后，首页如图 5.1.2 所示。

图 5.1.2　管理员登录后的页面

## 子任务 5.2　管理员查看所有会员

### 【任务提出】

管理员查看所有会员

管理员登录后，其功能自然是进行后台数据管理，那么应该有对应的页面。但很显然，只能由管理员来访问这些页面。普通用户访问这些页面时，应该给出权限不足的提示。这就涉及管理员权限的判断。管理员登录后，可以查看所有会员的资料，如当前会员的数量，以及每个会员的用户名、信箱、爱好等资料。这涉及数据表中多条记录的循环输出。

### 【任务实施】

#### 5.2.1　判断管理员权限

小王同学想了一下，管理员权限的判断应该在所有和管理员相关的页面都会使用到。因此不需要在每个文件中都写一遍这些代码了。正确的做法应该是，借鉴前面包含数据库连接文件的方法，单独制作 checkAdmin.php 文件，在其中通过 Session 来判断是否有管理员权限，然后在所有需要验证管理员权限的文件中使用 include 包含即可。

由于小王同学在前面已经深入理解了 Session 用于权限判断的方法，因此，他很快就写出了如下的管理员权限判断代码。

```php
1.    <?php
2.    //首先判断是不是管理员
3.    session_start();
4.    if(!isset($_SESSION['isAdmin']) || !$_SESSION['isAdmin']){
5.        //说明 isAdmin 不存在，或者存在，但值为 0
6.        echo "<script>alert('请以管理员身份登录后访问本页面'); location.href='login.php'; </script>";
7.        exit;
8.    }
```

分析一下代码，他首先在上述代码的第 3 行中使用 session_start() 开启了会话，然后在第 4 行中判断 $_SESSION['isAdmin'] 是否存在。如果不存在，或者为假（因为 $_SESSION['isAdmin'] 的值要么是 1，要么是 0），则说明当前没有用户登录，或者虽然有用户登录，但不是管理员账户登录，通过弹窗提示"请以管理员身份登录后访问本页面"，并跳转至登录页面，以便用户使用管理员账户重新登录。

#### 5.2.2　循环输出数据表记录

小王同学在制作导航栏时，已经给"后台管理"栏目添加了链接目标文件 admin.php。因此，接下来就要制作 admin.php 文件了。在这个文件中需要实现查看所有会员列表的功能。制作好 admin.php 文件后，可以在导航栏中单击"后台管理"跳转至管理员页面。回想一下前面实现的登录功能，不管是普通用户登录，还是管理员登录，登录成功后，都是跳转至系统首页。现在看来，这样做已经不太合适了，应该区分用户类型，如果是管理员登录成功，则直接跳转至 admin.php 页面；如果是普通用户登录成功，则跳转至首页即可。根据这样的思路，小王同学再次优化了登录成功后的跳转逻辑。下面是他修改后的 postLogin.php 文件中的相关代码。

```php
1.    if($info['admin']){
```

```
2.     $_SESSION['isAdmin'] = 1;
3.     $url = 'admin.php';
4.   }
5.   else{
6.     $_SESSION['isAdmin'] = 0;
7.     $url = 'index.php';
8.   }
9.   echo "<script>alert('登录成功！'); location.href = url;</script>";
```

可以看到，他在上述代码的第 3 行和第 7 行，针对是否是管理员分别给变量 url 赋不同的值，然后在第 9 行中直接跳转至相应的页面。

优化跳转逻辑后，小王同学接下来又快速编写了管理员查看所有会员列表的代码，下面是他完成的 admin.php 文件的核心代码。

```
1.   <?php
2.   include_once 'checkAdmin.php';
3.   ?>
4.   <!doctype html>
5.   <html lang="en">
6.   <!-- 此处省略 header 中的内容-->
7.   <body>
8.   <div class="main">
9.     <?php
10.    include_once 'nav.php';
11.    include_once 'conn.php';
12.    $sql = "select * from info order by id desc ";
13.    $result = mysqli_query($conn, $sql);
14.    ?>
15.    <table border="1" cellspacing="0" cellpadding="10" style="border-collapse: collapse" align=
"center" width="90%">
16.      <tr>
17.        <td>序号</td>
18.        <td>用户名</td>
19.        <td>性别</td>
20.        <td>信箱</td>
21.        <td>爱好</td>
22.        <td>是否管理员</td>
23.        <td>操作</td>
24.      </tr>
25.      <?php
26.      $i = 1;
27.      while ($info = mysqli_fetch_array($result)) {
28.        ?>
29.        <tr>
30.          <td><?php echo $i; ?></td>
31.          <td><?php echo $info['username']; ?></td>
32.          <td><?php echo $info['sex'] ? '男' : '女'; ?></td>
33.          <td><?php echo $info['email']; ?></td>
34.          <td><?php echo $info['fav']; ?></td>
```

```
35.        <td><?php echo $info['admin'] ? '是' : '否'; ?></td>
36.        <td>删除会员 设置管理员</td>
37.      </tr>
38.      <?php
39.      $i++;
40.      }
41.      ?>
42.    </table>
43.  </div>
44.  </body>
45.  </html>
```

可以看到，他在上述代码的第 2 行包含 checkAdmin.php 文件，用于判断当前是否处于管理员登录状态。如果登录状态无效，则系统自动跳转至登录页面。

在第 10 行包含导航栏文件。在第 11 行包含数据库连接文件。在第 12 行，小王同学通过 "select * from info order by id desc" 对数据表 info 进行查询，并按照 id 降序排列返回数据。在第 13 行，通过 mysqli_query() 函数查询数据表，得到结果集$result。在第 27 行，通过 while 循环每次取一条数据，并在第 30～第 36 行中输出各项内容。在列表中显示有一个序号，小王同学定义了一个$i 变量，每次循环后，给变量加 1，然后依次输出。之所以单独用一个变量$i，而没有直接使用数据表中的 id 列，是因为 id 可能不会刚好从 1 开始，另外，如果删除了某些记录，这个 id 就不会连续。在显示是否是管理员时，使用了 "？" 表达式来判断$info['admin']的值，如果为真（也就是 1），则显示 "是"，否则显示 "否"。最后一列的操作，即 "删除会员" 和 "设置管理员" 是后续要使用的。

图 5.2.1 所示为管理员登录后查看所有会员列表的结果。

### 会员注册管理系统

当前登录者：admin 欢迎管理员登录　　注销登录

**首页　会员注册　会员登录　个人资料修改　后台管理**

| 序号 | 用户名 | 性别 | 信箱 | 爱好 | 是否管理员 | 操作 |
|---|---|---|---|---|---|---|
| 1 | zhangsan | 女 | 1365856@qq.com | 听音乐,玩游戏,踢足球 | 否 | 删除会员 设置管理员 |
| 2 | 61058 | 女 | 269856@qq.com | 玩游戏,踢足球 | 否 | 删除会员 设置管理员 |
| 3 | admin | 男 | 269856@qq.com | 听音乐,玩游戏,踢足球 | 是 | 删除会员 设置管理员 |

图 5.2.1　管理员查看所有会员列表

## 5.2.3　了解 PHP 中的循环语句

小王同学使用了 PHP 中的循环语句来输出数据。他在学习 C 语言的时候，也学习了循环语句，因此，他决定仔细研究 PHP 中的循环语句。通过网络查询，他很快就找到了相应的资料。

在 PHP 中，系统提供了下列循环语句。

**1. while 循环**

只要指定的条件成立（运算结果为真），就循环执行代码块。其语法规则为：

```
while (条件)
{
    要执行的代码;
}
```

看下面的示例代码，在代码的第4行将变量i初始化为1，然后在第5行进行条件判断，当i小于或等于3时，执行循环语句。每执行一次循环语句，在第7行就输出一次i的值，并在第8行将i的值增加1。

```
1.    <html>
2.    <body>
3.    <?php
4.    $i = 1 ;
5.    while( $i <= 3 )
6.    {
7.        echo "i的值是：" . $i . "<br>";
8.        $i++;
9.    }
10.   ?>
11.   </body>
12.   </html>
```

上述代码将输出以下结果。

```
i的值是：1
i的值是：2
i的值是：3
```

### 2. do...while 循环

首先执行一次代码块，然后在指定的条件成立时重复这个循环。其语法规则为：

```
do
{
    要执行的代码;
}
while (条件);
```

看下面的示例代码，在代码的第4行将变量i初始化为1，第7行和第8行无论如何会先执行一次，即将i的值递增1，并输出其值，然后在第10行中检查条件，当i小于或等于3时，继续执行循环语句。

```
1.    <html>
2.    <body>
3.    <?php
4.    $i=1;
5.    do
6.    {
7.        $i++;
8.        echo "i的值是：" . $i . "<br>";
9.    }
10.   while ($i<=3);
11.   ?>
12.   </body>
13.   </html>
```

上述代码将输出以下结果。

```
i的值是：2
i的值是：3
i的值是：4
```

### 3. for 循环

循环执行代码块指定的次数。其语法规则为：

```
for (初始值; 条件; 增量)
{
    要执行的代码;
}
```

（1）初始值：变量初始化赋值，用于设置一个计数器，也可以设置其他任何需要在循环之前先执行一次的代码。

（2）条件：用于判断是否可以继续执行循环执行的限制条件。其值如果为 true，则继续执行循环语句，否则结束循环。

（3）增量：用于设置每循环一次计数器的变化值，可以递增，也可以递减。

当然，初始值和增量参数可为默认设置，也可以有多个表达式，表达式之间用逗号分隔即可。

看下面的示例代码，首先定义循环变量的初始值为 1，然后设置条件为 i 小于或等于 3 时执行循环，且每执行一次循环，i 的值增加 1。

```
1.    <?php
2.    for ($i=1; $i<=3; $i++)
3.    {
4.        echo "i 的值是: " . $i . "<br>";
5.    }
6.    ?>
```

上述代码将输出以下结果。

```
i 的值是: 1
i 的值是: 2
i 的值是: 3
```

#### 4. foreach 循环

根据数组中的元素来循环代码块，也就是遍历数组，其语法规则为：

```
foreach ($array as $value)
{
    要执行代码;
}
```

或者：

```
foreach ($array as $key => $value)
{
    要执行代码;
}
```

前者的含义是，每进行一次循环，就取出$array 数组当前指针对应元素的值，并赋值给$value 变量，同时，数组指针向后移动一位。后者的含义是，每进行一次循环，就取出$array 数组当前指针对应元素的值与键，并将值赋给$value 变量，将键值赋给$key 变量，同时，数组指针向后移动一位。

在上面的管理员查看所有会员列表页面中，小王同学使用了 while 循环来循环输出所有的用户资料，直到结果集中的记录为空为止。

## 子任务 5.3　数据分页

数据分页

### 【任务提出】

数据表中的记录可能会越来越多，甚至达到数万条。如果一次性读出，则非常不便，同时，也会严重影响系统性能。因此，在实际项目开发中，读取后端数据一般都需要利用分页机制来显示数据表中的记录。

## 【任务实施】

### 5.3.1 理解分页的基本原理

分页的基本原理是，在执行数据表查询时，使用 limit 关键字只读取指定条数的记录。通过多次读取，最终显示所有内容。

下面简单介绍 MySQL 数据库中 limit 的使用方法。

使用 limit 关键字，可以按照我们的想法，查找特定的数据记录，比如，查找最后 3 行（条）记录，或者是只查找前 3 行（条）记录，又或者查找第 2~第 8 行（条）记录等。

下面是使用 limit 的几个实例。

1.　　select * from tablename order by orderfield desc/asc limit position,counter

position 表示从哪里开始查找，如果是 0，则从头（第 1 行）开始，counter 表示要查询的记录行数。

1.　　select * from tablename order by orderfield desc/asc limit 0,15

这条 SQL 语句表示取前 15 行记录。

1.　　select * from auth_permission limit 3,10

这条 SQL 语句表示从第 3 行记录（不包括第 3 行）以后开始查找，按照数据库中的原始顺序取 10 行记录，即检索得到第 4~第 13 行的记录。

如果是从第 1 行记录开始查找，则可以省略第 1 个参数 0，即"limit $n$"等价于"limit 0,$n$"。

### 5.3.2 制作分页文件

对于小王同学来说，分页还是一个新知识，属于未知领域。因此，他在制作之前，特意到网上查询了相关的资料。通过查询得知，分页不光要实现后台数据的按页（指定数量）获取，还需要在前端实现分页的导航链接等相关功能。同时，分页功能也是各个系统经常使用的功能之一，可能会多次重复使用，因此，小王同学还是借鉴前面的制作方法，准备单独制作一个分页文件。这样，以后凡是需要使用分页的地方，都可以直接引入此文件来实现分页功能。在查询资料的时候，小王同学发现有好多关于 PHP 和 MySQL 数据库分页的方法和文件。通过筛选，他选择了一个比较简单易懂、适合初学者使用的分页文件。

下面是小王同学找到的分页文件（page.php），并加上了他的一些理解（添加了注释）。

```
1.   <?php
2.   //为了避免重复包含文件而造成错误，增加了一个判断函数是否存在的条件
3.   if (!function_exists('paging')) {
4.     //定义函数 paging()，3 个参数的含义为：$total，记录总数；$displayPG，每页显示的记录数；$url，
分页导航中的链接。默认值本该设为本页 URL（即$_SERVER["REQUEST_URI"]），但 PHP 中函数的参数如果
要设置默认值，则其值只能为字符串或常量。
5.     function paging($total, $displayPG, $url = '')
6.     {
7.       //定义两个全局变量：$firstCount，（数据库）查询的起始项；$pageNav，页面导航条代码，函数内
部并没有将它输出
8.       global $firstCount, $pageNav;
9.       //定义全局变量，除了用 global 声明以外，还可以使用$GLOBALS["firstCount"] = 5 这种方式来定义。
然后在函数外部就可以使用$firstCount 变量了
```

```php
10.       $page = $_GET['page'] ?? 1;
11.       //如果$url 使用默认值，即空值，则赋值为本页 URL
12.       if (!$url) {
13.         $url = $_SERVER["REQUEST_URI"];
14.       }
15.       //URL 分析
16.       $parse_url = parse_url($url);
17.       $url_query = $parse_url["query"] ?? ''; //单独取出 URL 的查询字符串
18.       if ($url_query) {
19.         //因为 URL 中可能包含页码信息，所以要把它去掉，以便加入新的页码信息
20.         //这里用到了正则表达式
21.         $url_query = preg_replace("/(^|&)page=$page/", "", $url_query);
22.         //用处理后的 URL 的查询字符串替换原来的 URL 的查询字符串
23.         $url = str_replace($parse_url["query"], $url_query, $url);
24.         //在 URL 后加 page 查询信息
25.         if ($url_query) $url .= "&page"; else $url .= "page";
26.       } else {
27.         $url .= "?page";
28.       }
29.       $lastpg = ceil($total / $displayPG); //最后一页，也是总页数
30.       $page = min($lastpg, $page);
31.       $prepg = $page - 1;                 //上一页
32.       $nextpg = ($page == $lastpg ? 0 : $page + 1); //下一页
33.       $firstCount = ($page - 1) * $displayPG;
34.       //开始分页导航条代码
35.       $pageNav = "
第 <B>" . ( $total ? ( $firstCount + 1 ) : 0) . "</B>-<B>" . min( $firstCount + $displayPG, $total ) . "</B> 条，共
<B> $total </B>条记录";
36.       //如果只有一页，则跳出函数
37.       if ($lastpg <= 1) return false;
38.       $pageNav .= " <a href=$url=1 >首页</a> ";
39.       if ($prepg) $pageNav .= " <a href=$url=$prepg >上页</a> "; else $pageNav .= " 上页 ";
40.       if ($nextpg) $pageNav .= " <a href=$url=$nextpg >下页</a> "; else $pageNav .= " 下页 ";
41.       $pageNav .= " <a href=$url=$lastpg >尾页</a> ";
42.       //下拉跳转列表，循环列出所有页码
43.       $pageNav .= " 到第 <select name = 'topage' size='1' style = 'font-size:12px' onchange = 'window.location=\"$url=\"+this.value'>\n";
44.       for ($i = 1; $i <= $lastpg; $i++) {
45.         if ($i == $page) $pageNav .= "<option value='$i' selected>$i</option>\n";
46.         else $pageNav .= "<option value='$i'>$i</option>\n";
47.       }
48.       $pageNav .= "</select> 页，共 $lastpg 页";
49.     }
50.   }
51.   ?>
```

上述代码的第 3 行使用了 function_exists()函数，该函数用于判断参数中指定的函数是否已经被
定义，如果已经被定义，就返回 true。这里使用这个函数的目的是检测"paging()"函数是否被重复

定义。第 8 行使用 global 来定义全局变量，这样，在函数内部定义的变量，在函数的外部也可以正常调用。

由于分页时会在 URL 中添加当前页码，且要保留原有的参数，因此，从第 18 行开始，系统对 URL 进行了处理。从第 35 行开始，制作了分页导航的链接，这样可以方便地实现单击相关链接进入不同的页面。

### 5.3.3 实现分页

有了上述的 page.php 文件，再实现分页就比较简单了。

按照下面的步骤进行操作，可快速实现数据分页。

（1）在 admin.php 中包含 page.php 文件。

（2）查询记录表的记录总数。

（3）设置每一页显示多少条记录。

（4）读取当前页码。

（5）引用分页函数。

（6）在 SQL 语句中加上 limit 关键字进行分页查询。

（7）在末尾加上分页链接。

下面是小王同学按照上述步骤完成的 admin.php 文件的核心代码。

```
1.    <?php
2.    include_once 'checkAdmin.php';
3.    ?>
4.    <!-- 此处略去部分代码 -->
5.    <div class="main">
6.      <?php
7.      include_once 'nav.php';
8.      include_once 'conn.php';
9.      include_once 'page.php';
10.     $sql = "select count(id) as total from info";   //使用聚合函数 count()统计记录总数
11.     $result = mysqli_query($conn, $sql);
12.     $info = mysqli_fetch_array($result);
13.     $total = $info['total'];                         //得到记录总数
14.     $perPage = 2;                                    //设置每一页显示多少条数据
15.     $page = $_GET['page'] ?? 1;                      //读取当前页码
16.     paging($total, $perPage);                        //引用分页函数
17.     $sql = "select * from info order by id desc limit $firstCount,$perPage";
18.     $result = mysqli_query($conn, $sql);
19.     ?>
20.     <table border="1" cellspacing="0" cellpadding="10" style="border-collapse: collapse" align="center" width="90%">
21.       <tr>
22.         <td>序号</td>
23.         <td>用户名</td>
24.         <td>性别</td>
25.         <td>信箱</td>
26.         <td>爱好</td>
27.         <td>是否管理员</td>
```

```
28.        <td>操作</td>
29.      </tr>
30.      <?php
31.      $i = ($page - 1) * $perPage + 1;
32.      while ($info = mysqli_fetch_array($result)) {
33.        ?>
34.        <tr>
35.          <td><?php echo $i; ?></td>
36.          <td><?php echo $info['username']; ?></td>
37.          <td><?php echo $info['sex'] ? '男' : '女'; ?></td>
38.          <td><?php echo $info['email']; ?></td>
39.          <td><?php echo $info['fav']; ?></td>
40.          <td><?php echo $info['admin'] ? '是' : '否'; ?></td>
41.          <td>删除会员 设置管理员</td>
42.        </tr>
43.        <?php
44.        $i++;
45.      }
46.      ?>
47.    </table>
48.    <?php
49.    echo $pageNav;
50.    ?>
51.  </div>
```

可以看到，在上述代码的第 9 行包含 page.php 文件。然后通过第 10 行查询当前数据表中的记录总数。

第 14 行用于设置每一页显示多少条数据，第 15 行用于读取当前页码。如果当前页面没有页码（比如，第一次进入 admin.php 页面时），就将$page 赋值为 1，表示第 1 页。第 16 行引用分页函数传递了两个参数，分别是记录总数（用于计算一共有多少页）和每一页的记录数。接下来的第 17 行实现正常查询数据，只是添加了 limit 关键字，用于限定返回记录数。这个语句中的两个变量是在 paging()函数中定义的（通过 global 将其设置为全局变量），这样，在 admin.php 文件中也可访问到 page.php 文件中函数内部定义的变量。

在第 49 行输出了页面导航工具条，这个变量（$pageNav）的内容是在 page.php 中定义的。这样就实现了数据分页，其效果如图 5.3.1 所示。

**会员注册管理系统**

当前登录者：admin 欢迎管理员登录　注销登录

**首页　会员注册　会员登录　个人资料修改　后台管理**

| 序号 | 用户名 | 性别 | 信箱 | 爱好 | 是否管理员 | 操作 |
|---|---|---|---|---|---|---|
| 1 | xxxADMIN | 女 | 269856@qq.com | 听音乐,玩游戏 | 否 | 删除会员 设置管理员 |
| 2 | superadmin | 女 | 566@qq.com | 听音乐,踢足球 | 否 | 删除会员 设置管理员 |

第 1-2 条，共 6 条记录 首页 上页 下页 尾页 到第 1▼ 页，共 3 页

图 5.3.1　数据分页效果

这里设置了每页显示 2 条记录，一共有 6 条记录，共 3 页。注意观察序号，在第 31 行中采用了一个简单的数学公式来计算，即"$i = ($page - 1) * $perPage + 1;"，通过用当前的页码减 1，再乘每一

页的数据条数，最后加 1，即可得到每一页开始的序号。

## 【知识储备】

### 1. SQL 查询中 count()函数的使用

在上述分页文件的代码中，第 10 行的数据查询语句用到了 count()函数，这个函数在 MySQL 中称为聚合函数。这个函数有以下几个基本用法。

（1）count(*): 返回表中的记录数（包括所有列），相当于统计表的行数（不会忽略列值为 NULL 的记录）。

（2）count(1): 忽略所有列，1 表示一个固定值，也可以用 count(2)、count(3)代替（不会忽略列值为 NULL 的记录）。

（3）count(列名): 返回指定列名的记录数，在统计结果时，会忽略列值为 NULL 的记录（不包括空字符串和 0），即列值为 NULL 的记录不统计在内。

（4）count(distinct 列名): 返回指定列名的不同值的记录数（相同的记录只统计 1 次），在统计结果时，会忽略列值为 NULL 的记录（不包括空字符串和 0），即列值为 NULL 的记录不统计在内。count(id) as total 表示获取记录总数后，以 total 的别名返回，所以在第 13 行中可以使用$info['total']来得到记录总数。

### 2. 变量作用域

在 PHP 中，变量是有作用域的。所谓变量作用域（Variable Scope），是指特定变量在代码中可以被访问到的位置。变量必须在其有效范围内使用，如果超出有效范围，那么变量会失去其意义。

PHP 中包含 3 种类型变量，分别是局部变量（Local Variable）、全局变量（Global Variable）、静态变量（Static Variable）。

（1）局部变量

请看下面的示例代码。

```
1.    function local_var()
2.    {
3.        $num = 45;  //局部变量
4.        echo "局部变量的值是" . $num;
5.    }
6.    local_var();
7.    echo $num;
```

local_var()函数中定义了变量$num，在调用这个函数时，可以在函数内部正常输出$num 的值（上述代码的第 4 行）。但在第 7 行直接调用这个变量则无法输出这个局部变量。因为对于局部变量而言，其作用域为函数内部这个局部区域，在函数外部无法访问函数内部的局部变量。

（2）全局变量

全局变量声明在函数外部，全局变量在函数外的程序任何地方都可用，但在函数内部无法使用。要在函数内部访问函数外部的全局变量，需要在函数内部通过关键字 global 来声明，一旦声明后，在函数内部就可以使用函数外部的全局变量了。当然，如果直接在函数内部使用 global 来声明一个变量，则也会将这个变量定义为全局变量。比如，page.php 文件中代码的第 8 行，"global $firstCount, $pageNav;"就定义了 2 个全局变量，这样，在 admin.php 中也就可以使用这 2 个全局变量了。定义全局变量除了用 global 声明以外，还可以使用$GLOBALS 全局数组来实现。看下面的示例代码。

```
1.    <?php
2.    $num1 = 5;        //全局变量
3.    $num2 = 13;       //全局变量
```

```
4.    function global_var()
5.    {
6.        $sum = $GLOBALS['num1'] + $GLOBALS['num2'];
7.        echo "全局变量求和结果".$sum;
8.    }
9.    global_var();
10.   ?>
```

上述代码在函数外部定义了两个全局变量，分别是$num1 和$num2，然后在函数内部使用$GLOBALS['num1']和$GLOBALS['num2']就可以直接访问函数外部的全局变量了。同理，如果直接在函数内部使用$GLOBALS 声明一个原本不存在的变量，那么也会自动创建一个全局变量。

（3）静态变量

PHP 程序的特点是，当函数执行完毕，内存会被释放，当然，函数中用到的所有变量都会自动销毁。引入静态变量后，当函数执行完毕，变量内存不会释放，所以静态变量只存在于函数中。看下面的示例代码。

```
1.    function static_var()
2.    {
3.        static $num1 = 3;        //静态变量
4.        $num2 = 6;               //非静态变量
5.        $num1++;
6.        $num2++;
7.        echo "静态".$num1."";
8.        echo "非静态".$num2."";
9.    }
10.   static_var();
11.   static_var();
```

函数内部使用 static 关键字定义了一个变量$num1，并将其赋值为 3，然后又定义了一个普通（局部）变量$num2。第一次调用这个函数时，将输出"静态 4 非静态 7"。第二次调用这个函数时，将输出"静态 5 非静态 7"。可以看到，静态变量第一次输出的值被保留，第二次输出被继续加 1。而非静态变量的值被还原为定义的值。

## 子任务 5.4　设置或取消管理员

### 【任务提出】

小王同学设计的判断是否是管理员的方法是在 info 数据表中新增一列，命名为 admin，如果其值为 1，则表示是管理员，如果其值为 0，则表示是普通用户。直接注册的用户都是普通用户。

设置或取消管理员

由于管理员无法自动注册，因此，需要在数据库中有一个预设的管理员。小王同学在数据表中预设了一个用户名为 admin 的管理员。为了方便管理，还需要实现能够将其他用户设置成管理员的功能，也就是设置管理员和取消管理员的功能。

在管理员查看会员列表时，如果当前用户是管理员，则在操作栏中显示"取消管理员"链接。如果当前用户不是管理员，则在操作栏中显示"设置管理员"链接。当然，在取消管理员时，不能把 admin 这个预设管理员给取消。

在设置或取消管理员时，涉及页面之间参数的传递方法。

## 【任务实施】

### 5.4.1　修改文件静态内容

根据子任务 2.1 的需求分析，小王同学修改了 admin.php 文件中"操作"这一栏的内容。

```
1.    <tr>
2.    <td><?php echo $i; ?></td>
3.    <td><?php echo $info['username']; ?></td>
4.    <td><?php echo $info['sex'] ? '男' : '女'; ?></td>
5.    <td><?php echo $info['email']; ?></td>
6.    <td><?php echo $info['fav']; ?></td>
7.    <td><?php echo $info['admin'] ? '是' : '否'; ?></td>
8.    <td>删除会员 <?php if ($info['admin']) { ?> <a href = "setAdmin.php?action=0&userID=<?php echo $info['id']; ?>">
9.        取消管理员</a> <?php } else { ?> <a href = "setAdmin.php?action=1&userID=<?php echo $info['id']; ?>">
10.        设置管理员</a><?php } ?></td>
11.   </tr>
```

可以看到，在上述代码的第 8 行增加了一个判断，如果$info['admin']为真，则显示"取消管理员"链接，否则，显示"设置管理员"链接。链接的目标文件是 setAdmin.php，并携带了两个参数。第一个参数是 action，其值是 0 或者 1，其中 0 表示取消管理员，1 表示设置管理员。第二个参数是 userID，表示需要设置的当前用户的 id。在 setAdmin.php 文件中，系统将读取这两个参数，并进行相应的操作。

### 5.4.2　制作 setAdmin.php 文件

完成了前端文件，接下来，小王同学新建文件 setAdmin.php，并完成了代码的编写。

```
1.    <?php
2.    include_once 'checkAdmin.php';
3.    $action = $_GET['action'];
4.    $id = $_GET['id'];
5.    if (is_numeric($action) && is_numeric($id)) {
6.      if ($action == 1 || $action == 0) {
7.        //说明是设置还是取消管理员
8.        $sql = "update info set admin = $action where id = $id";
9.      } else {
10.        echo "<script>alert('参数错误');history.back();</script>";
11.        exit;
12.      }
13.    include_once 'conn.php';
14.    $result = mysqli_query($conn, $sql);
15.    if ($action) {
16.        $msg = '设置管理员';
17.    } else {
18.        $msg = '取消管理员';
19.    }
20.    if ($result) {
```

```
21.        echo "<script> alert('{$msg}成功'); location.href = 'admin.php?id=5'; </script>";
22.    } else {
23.        echo "<script>alert('{$msg}失败');history.back();</script>";
24.    }
25.  } else {
26.    //说明 action 和（或）id 不是数字
27.    echo "<script>alert('参数错误');history.back();</script>";
28.  }
```

分析小王同学写好的代码。

（1）上述代码的第 2 行，通过 include_once 函数包含 checkAdmin.php 文件，其目的是验证当前是否为管理员登录状态，即进行权限判断。

（2）上述代码的第 3 行，读取前端页面通过地址栏传递过来的 action 参数。

（3）上述代码的第 4 行，读取前端页面通过地址栏传递过来的 id 参数。地址栏传参实际上就是使用表单的 GET 方式传参，因此，在后端页面使用$_GET 全局数组即可读取相应的参数。

（4）上述代码的第 5 行，小王同学对前端传递过来的参数做了简单验证，即判断$action 和$id 是否都是数字。因为按照前端页面的设计，这两个参数都是数字。其中$action 要么是 0，要么是 1，$id 是大于 0 的整型数字。is_numeric() 函数用于判断变量是否为数字或数字字符串，如果指定的变量是数字或数字字符串，则返回真，否则返回假。

（5）上述代码的第 6 行，判断$action 是否为 0 或 1，如果是，则使用 update 关键字更新数据表记录。更新时要使用 where 子句，只更新指定 id 的记录，具体的内容是更新 admin 这一列，将其值更新为$action 的值（前端传递的$action 参数刚好和后端数据库中的 admin 管理员标识相对应。如果前端设计的这个参数和 admin 管理员标识无法对应，则还需要进行转换）。如果没有 where 子句，则将整个数据表中的所有记录同步修改，这是非常可怕的事情，要特别小心。如果$action 不是 0 或 1，则说明参数是错误的，系统会弹窗提示，然后返回上一个页面。

（6）上述代码的第 15 行，判断$action 的真假。如果$action 的值是 1，则说明需要设置管理员，故设置一个变量$msg，将其赋值为"设置管理员"，否则就将其赋值成"取消管理员"。

（7）上述代码的第 20 行，判断更新数据表操作的返回值，如果返回值为 1，则说明更新成功，并弹窗提示。在弹窗提示时，小王同学使用了{$msg}的方式，使得直接在双引号字符串中显示变量。之所以加一对花括号，是为了让系统准确识别这个变量，以免变量名和前后的其他字符混淆。

### 5.4.3  避免删除管理员 admin

小王同学现在完成的程序已经能够设置或取消管理员了，但他突然想到一个问题，就是系统中的 admin 是预设的管理员。其他用户可以被设置成管理员，也可以被取消管理员，但如果在取消管理员时，不小心把 admin 给取消了，同时，其他管理员也都被取消了，也就是没有管理员了，这个系统就无法正常工作了。因此，在设置取消管理员功能时，绝对不能对 admin 进行取消管理员的操作，这样才能保证系统正常工作。想到这里，小王同学立即想到了一个办法，那就是在程序中添加一个判断条件。具体内容就是判断当前这一行数据的用户名是否等于 admin，如果用户名不等于 admin，则显示现在做好的这些内容。如果用户名等于 admin，表明当前用户是系统预设的管理员，则显示一个灰色的不带链接的"取消管理员"，这样自然就可以避免预设管理员被取消了。下面是小王同学修改后的 admin.php 的核心代码。

```
1.  <td>删除会员 <?php if ($info['username'] != 'admin') {
2.        if ($info['admin']) { ?><a href="setAdmin.php?action=0&userID=<?php echo $info['id']; ?>">取消管理员</a> <?php } else { ?> <a href = "setAdmin.php?action=1&userID=<?php echo $info['id']; ?>"> 设置管理员</a><?php }
```

```
3.      } else { ?>
4.        <span style="color: gray">取消管理员</span>
5.      <?php } ?>
6.    </td>
```

最终完成的设置（取消）管理员页面如图5.4.1所示。

### 会员注册管理系统

当前登录者：admin 欢迎管理员登录　　注销登录

**首页　会员注册　会员登录　个人资料修改　后台管理**

| 序号 | 用户名 | 性别 | 信箱 | 爱好 | 是否管理员 | 操作 |
|------|--------|------|------|------|-----------|------|
| 5 | 61058 | 女 | 269856@qq.com | 玩游戏,踢足球 | 否 | 删除会员 设置管理员 |
| 6 | admin | 男 | 269856@qq.com | 听音乐,玩游戏,踢足球 | 是 | 删除会员 取消管理员 |

第 5-6 条，共 6 条记录 首页 上页 下页 尾页 到第 3 ∨ 页，共 3 页

图 5.4.1　设置（取消）管理员页面

## 子任务 5.5　管理员删除用户

### 【任务提出】

管理员可以根据需要删除用户。同样的道理，管理员在删除用户时，也需要判断用户能否被删除，一是不能删除预设的 admin 管理员，二是不能将自己删除。同时，由于删除功能比较特殊，一旦删除，就不可撤销，因此，在删除时，要予以删除确认的提示。删除确认可以使用 JavaScript 中的 confirm() 函数来实现。

管理员删除用户

### 【任务实施】

### 5.5.1　修改前端页面

根据子任务 2.1 的需求分析，小王同学很快就完成了 admin.php 中删除会员功能相关代码的修改。

```
1.    <td><?php if ($info['username'] <> 'admin') { ?><a
2.      href="javascript:del(<?php echo $info['id']; ?>,'<?php echo $info['username']; ?>');">
3.        删除会员</a><?php } else {
4.      echo "<span style='color:gray'>删除会员</span> ";
5.    } ?> <?php if ($info['username'] != 'admin') {
6.      if ($info['admin']) { ?><a href="setAdmin.php?action=0&userID=<?php echo $info['id']; ?>">
7.        取消管理员</a><?php } else { ?><a
8.      href="setAdmin.php?action=1&userID=<?php echo $info['id']; ?>">
9.        设置管理员</a><?php }
10.   } else { ?>
11.     <span style="color: gray">取消管理员</span>
12.   <?php } ?>
13.   </td>
```

这里的内容看起来稍微有点复杂，主要原因是将 PHP 和 HTML 混合在一起书写。同时，可以注意到，小王同学在这里的代码写法和 5.4.3 小节的写法又略有不同。比如，在上述代码的第 1 行，小王同学使用"<>"来表示不等于，这个写法和上一节中的"!="其实是一个意思。在第 4 行，小王同学还直接使用 echo 语句输出了一句 HTML 代码。在第 2 行，他给"<a>"标签添加了一个 JavaScript 方法

del()，并携带了两个参数，第一个参数是用户 id，第二个参数是用户名。当单击"删除会员"链接时，会执行 JavaScript 方法 del()。

下面是小王同学写好的 del()方法的内容。

```
1.    <script>
2.    function del(id, name) {
3.      if (confirm('您确定要删除会员 ' + name + ' ?')) {
4.        location.href = 'del.php?id=' + id + '&username=' + name;
5.      }
6.    }
7.    </script>
```

可以看到，小王同学使用了 JavaScript 函数 confirm()弹出信息，并将用户名传递至弹出信息中，以便让用户确认。一旦确认，就跳转至 del.php 文件，并携带参数 id 和 username。

## 5.5.2　制作后端页面

完成了前端页面的制作，接下来就需要制作后端文件了，这个文件的代码比较简单，下面是小王同学完成的 del.php 文件的内容。

```
1.    <?php
2.    include_once 'checkAdmin.php';
3.    include_once 'conn.php';
4.    $id = $_GET['id'];
5.    $username = $_GET['username'];
6.    if (is_numeric($id)) {
7.      $sql = "delete from info where id = $id";
8.      $result = mysqli_query($conn, $sql);
9.      if ($result) {
10.       echo "<script>alert('删除会员 $username 成功'); location.href = 'admin.php?id=5'; </script>";
11.     } else {
12.       echo "<script>alert('删除会员 $username 失败'); history.back(); </script>";
13.     }
14.   } else {
15.     echo "<script>alert('参数错误');history.back();</script>";
16.   }
```

在上述代码的第 2 行，首先进行管理员权限的判断。在第 4 行读取前端页面传递过来的 id 参数。在第 5 行读取前端页面传递过来的 username 参数。在第 6 行判断 id 参数是否为数字。如果是数字，就使用 delete 关键字删除数据表记录。删除时，需要添加 where 子句进行筛选，只删除特定的记录。完成删除后，根据返回值判断删除操作是否成功。删除成功后，返回 admin.php 页面，并刷新页面内容，重新显示当前所有会员列表。返回时，为了保证导航栏中的当前栏目能正常显示，在跳转链接后面还添加了参数"id=5"。

## 【素养小贴士】

一个优秀的程序员应该养成哪些良好的习惯呢？

1. 写代码前应该先想好思路，再规划框架，最后才是局部实现。
2. 注重代码风格。
3. 注重代码执行效率。

4. 解决问题时，对于原理性的问题，不要面向搜索引擎编程。

5. 在执行一些风险操作时，一定要仔细检查，并做好二次确认。

## 子任务 5.6 管理员修改会员资料

### 【任务提出】

会员登录后，可以修改自己的个人资料。而管理员登录后，可以修改所有人的资料，包括密码等。既然都是修改资料，那么管理员修改其他用户的资料和登录用户修改自己的资料有没有什么区别和联系呢？

管理员修改会员资料

小王同学仔细梳理了一下逻辑，突然想明白了这个问题。这两种方式的基本功能都是一样的，都是先回显原有资料，并允许用户修改信息，然后在提交后更新资料。两者的区别在于，会员登录后，只能修改自己的资料。系统如何识别这个"自己"呢？通过 Session 中保存的用户信息查询资料，自然就可以查找到当前登录者自己的资料。那么管理员修改"别人"的资料，这个"别人"到底是如何识别的呢？那就是在管理员单击资料修改时，传递一个参数，通过此参数查询要修改的用户的资料。最后在更新资料时，也是同样的原理。

### 【任务实施】

#### 5.6.1 添加资料修改链接

想明白了操作逻辑，小王同学就开始动手编写程序了。他首先修改了 admin.php 文件，在操作栏中添加了一个"资料修改"的链接。

admin.php 文件中操作栏的相关代码如下。

```
1.    <table border="1" cellspacing="0" cellpadding="10" style="border-collapse: collapse" align="center" width="90%">
2.        <tr>
3.            <td>序号</td>
4.            <td>用户名</td>
5.            <td>性别</td>
6.            <td>信箱</td>
7.            <td>爱好</td>
8.            <td>是否管理员</td>
9.            <td>操作</td>
10.       </tr>
11.    <?php
12.        $i = ($page - 1) * $perPage + 1;
13.        while ($info = mysqli_fetch_array($result)) {
14.       ?>
15.        <tr>
16.            <td><?php echo $i; ?></td>
17.            <td><?php echo $info['username']; ?></td>
18.            <td><?php echo $info['sex'] ? '男' : '女'; ?></td>
19.            <td><?php echo $info['email']; ?></td>
20.            <td><?php echo $info['fav']; ?></td>
```

```
21.          <td><?php echo $info['admin'] ? '是' : '否'; ?></td>
22.          <td>
23.            <a href="modify.php?id=4&username=<?php echo $info['username']; ?>">资料修改</a>
24.          <?php if ($info['username'] <> 'admin') { ?>
25.            <a href = "javascript:del(<?php echo $info['id'];?>, '<?php echo $info['username'];?>');">
删除会员</a><?php } else {
26.            echo "<span style='color:gray'>删除会员</span> ";
27.          } ?> <?php if ($info['username'] != 'admin') {
28.            if ($info['admin']) { ?><a href="setAdmin.php?action=0&userID=<?php echo $info
['id']; ?>">取消管理员</a><?php } else { ?><a href="setAdmin.php?action=1&userID=<?php echo $info['id']; ?>">
29.                设置管理员</a><?php }
30.          } else { ?>
31.            <span style="color: gray">取消管理员</span>
32.          <?php } ?>
33.        </td>
34.      </tr>
35.      <?php
36.        $i++;
37.      }
38.    ?>
39.  </table>
```

可以看到，在上述代码的第 23 行，"资料修改"链接到了 modify.php 文件，并传递了参数"id=4"，这个参数用于显示当前栏目。然后传递了 username 参数，这个参数用于在 modify.php 文件中筛选数据表记录。

## 5.6.2　修改 modify.php 文件

接下来，小干同学打开 modify.php 文件。在这个文件中，原来是通过 Session 修改当前用户的资料的，现在则需要通过地址栏传递的 username 参数来告知程序应该修改哪个用户的资料。显然，原来修改个人资料只需要验证是否有用户登录即可，而现在修改其他用户的资料，必须验证是否为管理员登录。否则，这种修改信息的方式一旦被普通用户知晓，他们就可以在地址栏随意输入其他人的用户名，从而达到越权修改其他用户资料的目的。

下面是小王同学完成的 modify.php 文件的核心代码。

```
1.    <?php
2.    session_start();
3.    ?>
4.    <!-- 这里省略部分代码 -->
5.    <div class="main">
6.      <?php
7.      include_once 'nav.php';
8.      include_once 'conn.php';
9.      $username = $_GET['username'] ?? '';
10.     if ($username) {//说明有 username 参数，是管理员在修改别人的资料
11.       //需要验证管理员权限
12.       include_once 'checkAdmin.php';
13.       $sql = "select * from info where username = '$username'";
14.     } else {//说明是会员登录以后修改自己的信息
```

```
15.        include_once 'checkLogin.php';
16.        $sql = "select * from info where username = '" . $_SESSION['loggedUsername'] . "'";
17.    }
18.    $result = mysqli_query($conn, $sql);
19.    if (mysqli_num_rows($result)) {
20.        $info = mysqli_fetch_array($result);
21.        $fav = explode(",", $info['fav']);
22.    } else {
23.        die("未找到有效用户！");
24.    }
25.    ?>
26.    <!-- 这里省略了表单相关的代码，其内容同前面的会员个人资料修改代码-->
27.    </div>
28.    <!-- 这里省略 JavaScript 代码-->
```

可以看到，小王同学在上述代码的第9行读取地址栏传递过来的 username 参数。在第 10 行判断是否有 username 参数。如果有此参数，则说明是管理员在修改其他人的资料，因此，在第 12 行验证管理员权限，并在第 13 行查询该用户的资料。如果没有此参数，则说明是用户在修改自己的资料，然后在第 15 行中验证普通用户的登录权限，并在第 16 行中通过 Session 中保存的用户名查询个人资料。查询到资料后，接下来就是在表单中进行资料回显了。这里的内容和会员修改个人资料的内容完全一样。最后单击"提交"按钮，跳转至 postModify.php 文件，其中的内容和以前的内容也是完全一样的，不用做任何更改。

## 【任务小结】

在本任务中，主要是完成了管理员相关功能的实现，包括管理员的登录、查看所有会员列表、数据分页、设置或取消管理员、删除用户、修改会员资料。管理员功能和普通用户功能的区别就是，需要通过 Session 中保存的标识符来识别是否为管理员。

## 【巩固练习】

### 一、单选题

1. 下列说法正确的是（　　）。
   A. 数组的索引必须为数字，且从"0"开始
   B. 数组的索引可以是字符串
   C. 数组中的元素类型必须一致
   D. 数组的索引必须是连续的

2. 关于 exit() 与 die() 的说法正确的是（　　）。
   A. 当 exit() 函数执行后会停止执行下面的脚本，而 die() 无法做到
   B. 当 die() 函数执行后会停止执行下面的脚本，而 exit() 无法做到
   C. 使用 die() 函数的地方也可以使用 exit() 函数替换
   D. die() 函数和 exit() 函数没有区别

3. PHP 中输出拼接字符串正确的是（　　）。
   A. echo $a+"hello"
   B. echo a + a+a+b
   C. echo $a."hello"
   D. echo '{$a}hello'

4. 在用浏览器查看网页时出现 404 错误可能的原因是（　　）。
   A. 页面源代码错误 500
   B. 访问的网页文件不存在
   C. 与数据库连接错误
   D. 权限不足

5. 下列说法不正确的是（　　）。
   A. list()函数可以写在等号左侧
   B. each()函数可以返回数组中的下一个元素
   C. foreach()遍历数组时可以同时遍历 key 和 value
   D. for 循环能够遍历关联数组
6. PHP 中声明变量的方法是（　　）。
   A. 采用$开头，后面跟变量名
   B. 采用 var 开头，后面跟变量名
   C. 采用 declare 开头，后面跟变量名
   D. 直接写出变量名就可以
7. 下列属于 Apache 的配置文件的是（　　）。
   A. php.ini　　　　　　B. httpd.conf　　　　C. apache.exe　　　　D. mysql.exe
8. phpinfo()函数的功能是（　　）。
   A. 查看 PHP 服务器的配置信息　　　　B. 输出变量
   C. 定义函数　　　　　　　　　　　　D. 跳转到网页

## 二、多选题

1. 下列属于 PHP 的配置文件的是（　　）。
   A. php.exe　　　　　　B. php.ini　　　　　　C. php_mysql.dll　　　D. php_mysqli.dll
2. 下列关于 margin 值描述正确的是（　　）。
   A. 当 margin 给一个值时，指的是四个方向
   B. 当 margin 给两个值时，指的是左右、上下
   C. 当 margin 给三个值时，指的是上、左右、下
   D. 当 margin 给四个值时，指的是上、下、左、右
3. 下列说法中正确的是（　　）。
   A. 不是每个载入浏览器的 HTML 文档都会成为 Document 对象
   B. Document 对象使我们可以从脚本中对 HTML 页面中的所有元素进行访问
   C. Document 对象是 Window 对象的一部分，可通过 window.document 属性对其进行访问
   D. Document 对象中的 title 属性可以修改网页的标题
4. 下列不属于 JavaScript 中 Document 对象的方法是（　　）。
   A. getElementById　　　　　　　　B. getElementId
   C. getElementsByTagName　　　　　D. getElementName
5. 以下属于 CSS3 新增属性的是（　　）。
   A. border-radius　　　　　　　　　B. text-shadow
   C. background-position　　　　　　D. font-family
6. 下列关于 setInterval()含义描述错误的是（　　）。
   A. 设置 setInterval()，通常只能让指定函数运行一次
   B. setInterval()的时间单位为 s
   C. setInterval()按照指定的周期调用函数或表达式
   D. setInterval()与 setTimeout()是相同的方法，没有任何差异

# 任务6
# 会员管理系统项目优化

06

## 情景导入

小王同学制作的会员管理系统，其基本功能已经实现。初次接触PHP，通过一段时间的学习后，小王同学完成了第一个项目的制作，他感觉非常有成就感。在一次社团活动中，小王同学结识了一位高年级的学长加老乡，小王同学就和这位学长多聊了一下。聊到程序设计时，他还不忘给学长展示了已经完成的会员管理系统。学长看完后，提出了两条建议。第一条建议是，现在异步操作已经成为常态，而现在小王同学的会员管理系统还未使用到异步操作技术。第二条建议是，为了防止机器人注册或登录，需要使用验证码来保证系统的安全。小王同学觉得很有道理，当即决定优化自己做好的系统。

## 职业能力目标及素养目标

- 能使用前端框架jQuery完成DOM节点的选择。
- 能使用前端框架jQuery中封装的AJAX进行异步数据请求。
- 能在PHP程序中添加验证码功能，并检查验证码输入是否正确。

- 了解保障网络安全的重要性。

## 子任务6.1 优化跳转目标页面

### 【任务提出】

良好的导航对于系统的重要性不言而喻。现在的会员管理系统的跳转逻辑是，修改完资料后会跳转至首页。如果是普通用户修改个人资料，则资料修改成功后，跳转到首页是没问题的。但如果管理员在管理原页面单击"资料修改"跳转至资料修改页面，修改完成后还是跳转到首页就不太合理了，此时，应该跳转到管理员页面才合适，而且管理员页面还包含分页参数，最好能够实现从哪一页跳转到另一个页面，当再次跳转回来时，仍然停留在这一页，这样就比较合理了。

优化跳转目标页面

### 【任务实施】

#### 6.1.1 文件跳转时添加来源参数

小王同学仔细想了一下，这个跳转逻辑优化思路实际上就是从哪里来的，回到哪里去。那么很显然，只需要定义一个变量，使其保存页面来源即可。因此，他决定在进入 modify.php 页面时，添加一个参数，表明其页面来源。资料修改完成后，通过这个页面来源参数再跳转回去即可。

除了页面来源参数，另外还需要定义一个变量来保存当前的页码信息，以便跳转回去时能自动进入原来的页面。

进入资料修改页面有两种途径。第一种途径是，用户登录后在导航栏单击"个人资料修改"链接。第二种途径是，管理员在管理员页面的会员列表的操作栏中单击"资料修改"。为了区分这两种途径，需要分别在跳转链接上添加不同的参数。想明白了跳转逻辑，再进行代码的编写就比较容易了。

（1）修改 nav.php 文件。

```
1.    <h2>
2.    <a href="index.php?id=1" <?php if($id == 1){?>class="current"<?php }?>>首页</a>
3.    <a href="signup.php?id=2" <?php if($id == 2){?>class="current"<?php }?>>会员注册</a>
4.    <a href="login.php?id=3" <?php if($id == 3){?>class="current"<?php }?>>会员登录</a>
5.    <a href="modify.php?id=4&source=member" <?php if($id == 4){?>class="current"<?php }?>>
个人资料修改</a>
6.    <a href="admin.php?id=5" <?php if($id == 5){?>class="current"<?php }?>>后台管理</a>
7.    </h2>
```

（2）可以看到，小王同学在上述代码的第 5 行中，给"个人资料修改"链接添加了一个参数 source，其值为"member"，表示单击导航栏中的"个人资料修改"是普通用户的操作。

（3）修改 admin.php 文件中的"资料修改"链接代码。

```
1.    <a href="modify.php?id=4&username=<?php echo $info['username']; ?>&source=admin&page=
<?php echo $page; ?>">资料修改</a>
```

（4）在这里，小王同学同样添加了一个 source 参数，但其值是"admin"，表示单击"资料修改"是管理员的操作。同时，还添加了一个 page 参数，把当前所在页面的页码值也一并传递过去，方便资料修改后，继续回到当前页面。

通过前面的项目制作，小王同学已经掌握了一种在页面之间传递参数的方法，那就是通过地址栏传递参数。但他也明显感受到了地址栏传递参数的缺点，那就是所有参数直接暴露在地址栏中，很容易被人为篡改。通过查询资料得知，在页面间传递参数还有一种典型的方法，那就是在表单中添加隐藏域，这样添加的参数就和普通的表单域参数一样，可以通过 POST 方式安全地传递到后端。因此，他决定在这一次实现跳转逻辑优化的功能时，使用隐藏域的方式来传递参数。

（5）修改 modify.php 文件。

```
1.    <div class="main">
2.    <?php
3.    include_once 'nav.php';
4.    include_once 'conn.php';
5.    $source = $_GET['source'] ?? '';
6.    $page = $_GET['page'] ?? '';
7.    if (!$source) {
8.      echo "<script>alert('页面来源错误！');location.href = 'index.php'; </script>";
9.      exit;
10.   }
11.   if ($page) {
12.     if (!is_numeric($page)) {
13.       echo "<script>alert('参数错误'); location.href = 'index.php'; </script>";
14.       exit;
```

```
15.          }
16.      }
17.      //限于篇幅，此处略去部分代码
18.      ?>
19.  </div>
```

（6）可以看到，上述代码的第 5 行和第 6 行用于读取 source 参数和 page 参数。根据现在修改好的 nav.php 文件和 admin.php 文件，可以明确，正常跳转到 modify.php 文件应该有 source 参数，其值要么是"member"，要么是"admin"。如果其值并非二者之一，则说明 source 参数是错误的，在第 8 行给出错误提示，然后返回到首页。第 11 行判断是否有 page 参数。这个参数要么没有（直接单击导航栏的"个人资料修改"），要么是一个具体的数字页码（管理员单击操作栏中的"资料修改"）。因此，在有 page 参数的情况下，通过第 12 行判断 page 是否是数字格式，否则也会弹窗提示"参数错误"，然后跳转至首页。在后面的表单中，小王同学添加了两个隐藏域，用于存放前面读取到的 source 和 page 参数。限于篇幅，请扫码查看 modify.php 文件的完整内容。

完整代码

### 6.1.2　读取来源参数，并跳转至目标页面

最后，小王同学按照子任务 2.1 的需求分析，修改了 postModify.php 文件，下面是他完成的最终代码。

```
1.   <?php
2.   $username = trim($_POST['username']);
3.   $pw = trim($_POST['pw']);
4.   $cpw = trim($_POST['cpw']);
5.   $sex = $_POST['sex'];
6.   $email = $_POST['email'];
7.   $fav = @implode(",", $_POST['fav']);
8.   $source = $_POST['source'];
9.   $page = $_POST['page'];
10.  //限于篇幅，此处略去数据验证的部分代码
11.  include_once 'conn.php';
12.  if ($pw) { //说明有填写密码，要更新密码
13.      $sql = "update info set pw = '" . md5($pw) . "',email = '$email',sex = '$sex', fav = '$fav' where
username = '$username'";
14.      $url = 'logout.php';
15.  } else {
16.      $sql = "update info set email = '$email',sex = '$sex', fav = '$fav' where username = '$username'";
17.      $url = 'index.php';
18.  }
19.  if ($source == 'admin') {
20.      $url = 'admin.php?id=5&page=' . $page;
21.  }
22.  $result = mysqli_query($conn, $sql);
23.  if ($result) {
24.      echo "<script>alert('更新个人资料成功！'); location.href = '$url'; </script>";
25.  } else {
26.      echo "<script>alert('更新个人资料失败！');history.back();</script>";
27.  }
```

可以看到，在上述代码的第 8 行和第 9 行，分别读取了 source 和 page 参数。这两个参数就存放在 modify.php 文件添加的隐藏域中，隐藏域和普通的表单域在使用方法上没有任何差别，唯一的差别仅仅是隐藏域在前端页面中不会显示出来而已。在第 19 行，判断 source 的值是否为 admin，如果是 admin，则说明是管理员修改会员资料，将"$url"赋值为 admin.php，并加上 id 参数和 page 参数，否则根据是否修改密码，跳转至注销页面和首页。postModify.php 文件的完整代码请扫码查看。

完整代码

## 子任务 6.2　注册时使用 AJAX 验证用户名是否有效

### 【任务提出】

注册时使用 Ajax 验证
用户名是否有效

小王同学设计的会员管理系统要求每一位用户的用户名唯一。因此，在用户注册时需要先查询数据库中，当前用户名是否已经被占用了。如果未被占用，则继续写入数据库，如果已经被占用，则弹出提示框，返回上一个页面，要求用户修改用户名。这样做虽然没什么问题，但用户的体验感不是太好。因为从后端返回前端页面时，在前端页面中填写的用户名、信箱、密码等都被清空了，还需要重新输入，这样的操作模式会给用户带来极大的不便。如果在用户输入用户名以后，页面不用跳转和刷新，系统就可以自动判断当前用户名是否有效，并给出相应的提示，这种方式会使用户体验感好很多。

实现这种良好的用户体验的最佳方式是使用异步方式，在输入完用户名后，到数据库中查询用户名是否有效，然后给出提示。

### 【任务实施】

#### 6.2.1　理解异步

什么是异步呢？异步（Asynchronization）是相对于同步（Synchronization）而言的。

（1）同步：浏览器端提交请求 → 服务器处理 → 处理完毕返回。其间浏览器端不能干任何事。

（2）异步：浏览器端的请求通过事件触发 → 服务器处理（这时浏览器端仍然可以做其他事情）→ 处理完毕，通过回调等方式完成结果处理。

下面举一个生活中的实例，通过这个实例能很容易地理解同步和异步的区别。

小张同学邀请小李同学一起去吃饭。如果小张同学采用打电话的方式通知小李同学，他就会一直打电话，直至小李同学接听电话，答应和他一起去吃饭，这就是同步操作（在小李同学接听电话前，小张同学不能做其他事）。如果小张同学采用发短信的方式通知小李同学，他就可以在发送短信后，继续做其他的事情，待小李同学看到短信并回复（就相当于异步操作中的成功回调）后，在约定的时间和地点去和小李同学吃饭即可。

AJAX 就是一种典型的异步请求技术。AJAX（Asynchronous JavaScript And XML）翻译成中文就是"异步 JavaScript 和 XML"技术，即使用 JavaScript 语言与服务器进行异步交互，传输的数据为 XML（当然，传输的数据不只是 XML，现在更多使用的是 JSON 数据）。

AJAX 不是一种新的编程语言，而是一种使用现有标准的新方法。

AJAX 最大的优点是在不重新加载整个页面的情况下，可以与服务器交换数据并更新部分网页内容（这一特点给用户的感受是在不知不觉中完成请求和响应过程）。

### 6.2.2　初识 jQuery

在 Web 页面中，使用 AJAX 的一个比较方便的方法是使用 jQuery 中封装好的 AJAX 操作。

jQuery 是一个快速、简洁的 JavaScript 框架，于 2006 年 1 月由约翰·雷西格（John Resig）发布。jQuery 设计的宗旨是"Write Less, Do More"，即倡导写更少的代码，做更多的事情。它封装了 JavaScript 中常用的一些功能代码，提供了一种简便的 JavaScript 设计模式，优化了 HTML 文档操作、事件处理、动画设计和 AJAX 交互。

jQuery 的核心特性可以总结为：具有独特的链式语法和短小清晰的多功能接口；具有高效灵活的 CSS 选择器，并且可对 CSS 选择器进行扩展；拥有便捷的插件扩展机制和丰富的插件。jQuery 可兼容各种主流浏览器。

jQuery 是一种非常优秀的前端框架，在网络上可以找到很多的使用教程。jQuery 自 2006 年诞生以来，一共发行了 1.x、2.x、3.x 这 3 个大版本。而在这 3 个大版本下又细分了许多小版本。这 3 个大版本的简单区别如下。

**1. IE 的支持情况比较**

（1）情况分析

1.x 版本：支持 IE 6、IE 7、IE 8。

2.x、3.x 版本：只支持 IE 9 及以上的版本。

（2）选择建议

如果需要兼容 IE 6、IE 7、IE 8，则只能选择 1.x 版本。

如果不需要兼容 IE 6、IE 7、IE 8，则可以选择 2.x、3.x 版本。因为 1.x 版本中有大部分代码是针对"旧"浏览器做的兼容，所以增加了运行的负担，影响了运行效率。

**2. 插件的支持情况比较**

（1）情况分析

jQuery 的版本都是不向后兼容的，导致基于 jQuery 开发的插件会有兼容性问题。也就是说，当新版本的 jQuery 推出后，原有的插件可能无法正常使用，需要插件作者重新开发新版本。

（2）选择建议

为了保证与各种插件有更好的兼容性，可以选择 1.x 版本。

**3. 新特性比较**

（1）2.x 版本相较于 1.x 版本没有增加什么新特性，主要是去除了对 IE 6、IE 7、IE 8 的支持，从而提升了性能，减小了体积。

（2）3.x 版本相较于之前的版本，增加了许多新特性，也改变了一些以往的特性，具体内容可以查阅网络上的相关资料。

### 6.2.3　引入 jQuery 库文件

了解 jQuery 的基本情况后，小王同学准备开始使用 jQuery 了。使用 jQuery 的第一步是引入 jQuery 库文件。为了方便，小王同学直接引用了在线的 jQuery 库文件，并且选择了 1.9.1 版本。具体的代码如下。

```
1.    <script src="https://libs.bai**.com/jquery/1.9.1/jquery.min.js"></script>
```

引用的位置可以在</body>标签之前。

### 6.2.4　在表单中添加事件

下面是小王同学修改后的用户注册表单的代码。

```
1.    <tr>
2.      <td align="right">用户名</td>
3.      <td align="left"><input name="username" onblur="checkUsername()">
4.        <span class="red">*</span> <span id="usernameMsg"></span>
5.      </td>
6.    </tr>
```

可以看到，在上述代码的第 3 行中，小王同学添加了一个 onblur 事件，当用户名控件失去焦点时，执行 JavaScript 方法 checkUsername()。很显然，接下来会在这个方法中用 AJAX 方式去后端调用接口判断当前用户名是否有效。在红色 "*" 的后面还添加了一个 id 为 usernameMsg 的<span>标签，这个标签的内容将在 AJAX 方法中添加，用于显示当前用户名是否有效的文字提示。

### 6.2.5 实现方法 checkUsername()

用户输入用户名后，进入密码等文本框时，也就是用户名控件失去焦点时，会自动执行 JavaScript 方法 checkUsername()。下面是小王同学完成的检验用户名是否有效的代码。

```
1.    function checkUsername() {
2.      let username = document.getElementsByName('username')[0].value.trim();
3.      let usernameReg = /^[a-zA-Z0-9]{3,10}$/;
4.      if (username.length > 0) {
5.        if (!usernameReg.test(username)) {
6.          alert('用户名必填，且只能由大小写字母和数字构成，长度为 3~10 个字符！');
7.          $("#usernameMsg").text('');
8.          document.getElementsByName('username')[0].value = '';
9.          document.getElementsByName('username')[0].focus();
10.         return false;
11.       }
12.     }
13.   }
```

上述代码第 2 行的作用是读取用户填写的用户名。第 3 行代码设置用户名的正则表达式验证规则。第 4 行代码判断用户是否填写了用户名。如果填写了用户名，则在第 5 行中用刚才的正则表达式对用户填写的用户名进行测试。如果测试未通过，则弹窗提示，然后将 id 为 usernameMsg 的<span>标签内部的内容设置为空。之所以要将其内容设置为空，是因为，当用户输入一个已经存在的用户名后，这里会提示 "此用户名不可用"；当用户输入一个不存在的用户名后，这里会提示 "此用户名可用"；当用户填写错误（系统会自动清空错误的内容），或用户主动清空用户名后，这里就不应该再显示可用或不可用的内容，因此，要把内容设置为空。第 7 行是 jQuery 的具体使用，其中 "$" 表示 jQuery 对象，后面的 "#usernameMsg" 参数表示 ID 选择器（jQuery 选择器的具体使用请查阅相关资料）。第 8 行用于清空当前填写的不正确的用户名，第 9 行用于重新将焦点置入用户名控件，以方便用户重新输入新的用户名。

### 6.2.6 使用 jQuery 中封装的 AJAX

通过查阅相关资料，小王同学已经基本上搞懂了 jQuery 中 AJAX 的使用方式，因此，他把前面完成的 checkUsername()方法又进行了补充。

```
1.    function checkUsername() {
2.      let username = document.getElementsByName('username')[0].value.trim();
3.      let usernameReg = /^[a-zA-Z0-9]{3,10}$/;
```

```
4.        if (username.length > 0) {
5.            if (!usernameReg.test(username)) {
6.                alert('用户名必填，且只能由大小写字母和数字构成，长度为3~10个字符！');
7.                $("#usernameMsg").text('');
8.                document.getElementsByName('username')[0].value = '';
9.                document.getElementsByName('username')[0].focus();
10.               return false;
11.           }
12.           $.ajax({
13.               url: "checkUsername.php",
14.               type: 'post',
15.               dataType: 'json',
16.               data: {username: username},
17.               success: function (data) {
18.                   if (data.code == 0) {
19.                       //表明不可用
20.                       $("#usernameMsg").text(data.msg).removeClass('black').addClass('green');
21.                   } else if (data.code == 1) {
22.                       //表明可用
23.                       $("#usernameMsg").text(data.msg).removeClass('green').addClass('black');
24.                   }
25.               },
26.               error: function () {
27.                   alert('网络错误');
28.               }
29.           })
30.       }
31.   }
```

从上述代码的第 12 行开始就是 AJAX 进行异步通信来判断用户名是否可用的核心代码。

jQuery 封装的 AJAX 操作可以携带多个参数，具体的内容可以参考网络上的相关资料。

小王同学在上面的程序中使用了以下参数。

（1）url：表示异步操作和后端通信的目标文件，这里使用的是 checkUsername.php，其作用相当于表单中 action 属性指定的目标文件。

（2）type：表示程序提交数据的方式，和表单的 method 属性一样，这里使用的是 POST 方式提交。

（3）dataType：表示设置后端程序数据返回的格式，一般都会使用 JSON 格式，便于对返回内容的解析。

（4）data：表示前端向后端传递的参数，该参数可以用 JSON 对象的格式添加。此处的参数名是 username，值是获取的用户填写的用户名。

（5）success：表示异步通信程序执行成功后的回调函数，函数中的参数 data 是后端返回的数据。在后端中，系统会返回一个 code 参数。如果当前用户名不可用，则后端返回的 code 值为 0，否则为 1。在第 18 行对后端返回的 code 值进行判断，如果 code 值为 0，则在第 20 行将 id 为 usernameMsg 的<span>标签中的文字设置成后端返回的 msg，同时，使用 removeClass()方法移除 CSS 类 black，并使用 addClass()方法添加 CSS 类 green（也就是使用绿色来显示用户名可用的提示信息）。如果 code 的值为 1，则移除 CSS 类 green，添加 CSS 类 black（也就是使用黑色来显示用户名不可用的提示信息）。这两个类的内容很简单，就是设置文字颜色为 CSS 类名称对应的颜色，代码如下。

```
1.    .green { color: green }
2.    .black { color: black }
```

（6）error：表示异步通信程序执行出错后的回调函数，当出错后，就弹窗提示网络错误。

## 6.2.7　制作 AJAX 后端文件

前端文件完成后，接下来完成后端文件的制作。后端文件和普通的 PHP 文件有点不同，其输出内容必须按照 JSON 格式来输出，因为前端 AJAX 通信中设置了 dataType 为 "json"。下面为后端文件 checkUsername.php 的完整代码。

```php
1.    <?php
2.    include_once 'conn.php';
3.    $username = $_POST['username'];
4.    $a = array();
5.    if(empty($username)){
6.        $a['code'] = 0;
7.        $a['msg'] = '用户名不能为空';
8.    }
9.    else{
10.       $sql = "select 1 from info where username = '$username'";
11.       $result = mysqli_query($conn,$sql);
12.       if(mysqli_num_rows($result)){
13.           //找到了此用户名，则说明此用户名不可用
14.           $a['code'] = 0;
15.           $a['msg'] = '此用户名不可用';
16.       }
17.       else{
18.           $a['code'] = 1;
19.           $a['msg'] = '此用户名可用';
20.       }
21.   }
22.   echo json_encode($a);
```

AJAX 通信的后端文件的内容和普通的 PHP 文件有一个最大的区别，那就是任何输出都要用 JSON 格式输出，而不能直接用 echo 等方式输出。

由于前端使用的类型（type）是 "post"，因此，在上述代码的第 3 行，必须使用$_POST 读取前端传递过来的 username 参数。第 4 行用于初始化数据，创建了一个空数组$a。在第 5 行判断用户是否填写了 username 参数。如果未填写，就给$a 数组赋值，其中使用了两个参数，分别是 code 和 msg，也就是关联数组，然后分别为其赋值。这里给 code 赋值为 0，当后端返回 code 值为 0 时，在前端会弹窗显示此时对应的 msg 错误提示信息。

第 10 行用于实现到数据表中查询当前用户名。这里的 select 查询的列不是数据表中的某个具体列，而是给定的 1，如果查询到数据，就会返回 1。这是因为，这里只需要判断有没有记录，并不关心查询到后返回什么内容，返回的内容本身也不会有任何地方能使用到。

第 12 行用于判断结果集中的行数是否为真。如果为真，则说明不为 0，也就是查询到了数据，故在第 14 行给 code 赋值为 0，并在 15 行给 msg 赋值为 "此用户名不可用"，否则给 code 赋值为 1，并给 msg 赋值为 "此用户名可用"。

最后在第 22 行使用 json_encode()函数来输出内容。json_encode()函数的作用是对变量进行 JSON 编码，以对象的形式将数组$a 输出，前端接收到这个对象后，可以很方便地进行数据解析。与此相对应的还有一个 json_decode()函数，其作用是对 JSON 对象进行解码，可以理解为 json_encode()函数的逆运算。

完成了上述代码，小王同学开始测试程序。由于系统中已经有一个用户名是 admin 的用户了，如果输入这个用户名来注册，则当鼠标光标离开用户名控件时，在用户名控件后面显示绿色的"此用户名不可用"的提示信息，如图 6.2.1 所示。

在用户名控件中输入 admin1，确保是一个新的未被使用过的用户名，当再次失去焦点时，会在用户名控件后面显示黑色的"此用户名可用"的提示，如图 6.2.2 所示。

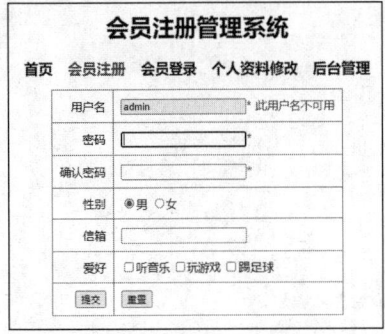

图 6.2.1　用户名不可用的效果图

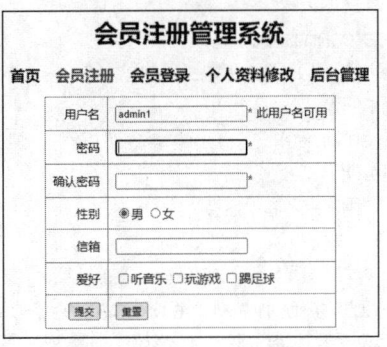

图 6.2.2　用户名可用的效果图

扫码看彩图

### 6.2.8　在 Chrome 浏览器中调试网络通信

执行异步通信操作时，程序的调试会显得不便。但我们常用的 Chrome 浏览器集成了关于网络通信调试的方法。

（1）按"F12"键，可以打开或关闭浏览器"开发者工具"。在开发者工具中单击上面"网络"选项卡，然后把鼠标光标移至用户名文本框中，再单击其他地方让用户名控件失去焦点，此时，可以清楚地看到在"网络"面板中出现一条网络请求，如图 6.2.3 所示。在名称一栏将显示具体请求的目标网址，并显示状态、类型等。这个状态默认是请求成功后返回的 200。如果请求的文件不存在，则返回 404。具体的 HTTP 状态码有很多，大家可以查询相关资料进一步了解。

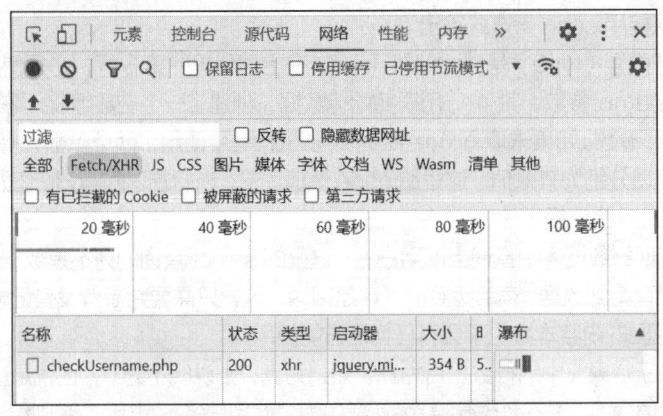

图 6.2.3　在开发者工具中查看网络请求

（2）在查看网络请求时，默认会显示请求图片、JavaScript 文件、CSS 文件等所有的网络请求，而我们在使用 AJAX 时，只关心异步请求后端接口文件的情况，因此，我们可以单击"过滤"选项中的"Fetch/XHR"进行网络请求的过滤显示。

（3）在网络请求面板中单击"checkUsername.php"文件，在右边会显示这一次网络请求的详情，图 6.2.4 中显示的是"预览"选项卡中的内容，其中会显示后端文件返回的结果。可以看到，这里返回的是一个 JSON 对象，其中包括 code 和 msg 两个属性。

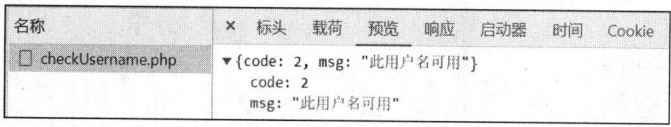

图 6.2.4　查看网络请求详情

（4）单击"标头"选项卡，可以查看这一次网络请求的响应标志头、请求标志头等详情，当访问后端文件出现问题时，这个选项卡中的内容可以帮助我们查询请求的各种标志头等信息，有利于判断问题之所在。在"载荷"选项卡中可以看到前端传递给后端的具体参数。更多相关内容请查阅相关资料进一步了解。

使用异步请求进行网络访问是使用率非常高的一种方式，大家一定要熟练掌握这些内容。

## 子任务 6.3　beforeSend 的使用

### 【任务提出】

使用 AJAX 方式的优势很明显，即在页面不刷新的情况下，可以直接更新页面内容，使得用户体验更好。但由于不是同步操作，所以如果网络较慢等情况导致更新延迟，用户体验就会大打折扣。为了解决这个问题，AJAX 提供了一个 beforeSend 回调函数，在发起请求时，可以在页面中显示加载中（loading）图标，给用户明确的提示，这样用户体验会更好。

beforeSend 的使用

当用户名文本框失去焦点时，执行 AJAX 程序，向后端发起请求。这个请求发起后要后端程序执行结束，并返回结果以后，前端页面才会执行相应的更新。在使用 jQuery 的 AJAX 时，可以在 complete、success、error 这 3 个回调函数中进行处理，也就是说，当后端程序执行完毕，并将结果返回给前端后，complete 回调一定会执行。如果执行成功，则还会执行 success 回调，如果执行失败，则执行 error 回调。在发起请求之前，执行 beforeSend 回调。因此，可以在 beforeSend 中显示一个加载中图标，在 complete、success、error 中隐藏加载中图标。

### 【任务实施】

### 6.3.1　准备 loading 图标

首先，可以到网上下载一个合适的 loading 动画图标，并放至项目中。然后修改用户名文本框的代码如下。

```
1.    <tr>
2.       <td align="right">用户名</td>
3.       <td align="left">
4.          <input name="username" onblur="checkUsername()">
5.          <span class="red">*</span>
```

```
6.          <img id="loading" src="img/loading.gif">
7.          <span id="usernameMsg"></span>
8.       </td>
9.     </tr>
```

也就是在用户名后面添加一张图片，即刚才下载的 loading.gif，再添加一个 id，其值为"loading"。很明显，这个动画图标在平时是不能显示的，因此，需要在 CSS 中添加如下样式。

```
1.    #loading {
2.       width: 80px;
3.       display: none
4.    }
```

这个样式设置了动画图标的宽度为 80px，并进行了隐藏。

当使用 AJAX 进行通信时，在 beforeSend 回调中显示这个动画图标，在 complete 回调中再次隐藏这个动画图标。

## 6.3.2 修改 AJAX 通信代码

修改后的 AJAX 通信代码如下。

```
1.    $.ajax({
2.       url: "checkUsername.php",
3.       type: 'post',
4.       dataType: 'json',
5.       data: {username: username},
6.       beforeSend: function () {
7.          $("#usernameMsg").text('');
8.          $("#loading").show();
9.       },
10.      success: function (data) {
11.         $("#loading").hide();
12.         if (data.code == 0) {
13.            //表明不可用
14.            $("#usernameMsg").text(data.msg).removeClass('black').addClass('green');
15.         } else if (data.code == 1) {
16.            //表明可用
17.            $("#usernameMsg").text(data.msg).removeClass('green').addClass('black');
18.         }
19.      },
20.      error: function () {
21.         $("#loading").hide();
22.         alert('网络错误');
23.      }
24.   })
```

上述代码的第 6 行实现 AJAX 通信的 beforeSend 回调，其内容是清除提示信息，并显示动画图标。在第 11 行和第 21 行添加隐藏动画图标的代码。如果使用 complete 回调，就可以只添加一次 $("#loading").hide()，因为不管 AJAX 执行成功还是失败，complete 回调都会执行。

由于现在的这个后端请求内容很简单，正常情况下，所花的时间应该很短，所以，可能这个动画效果会非常不明显。要测试这个效果，可以在后端文件中，在 json_encode() 输出前人为添加一个延时程序，比如"sleep(3)"，表示暂停 3s。这样，前端就可以看到动画图标的动画效果，表示正在进行后端请求。请求成功（或失败）后，动画图标会自动消失。

## 子任务 6.4 登录时使用 AJAX 判断用户名是否有效

### 【任务提出】

登录时使用 AJAX
判断用户名是否有效

小王同学在注册会员时，使用了 AJAX 技术，通过异步的方式在提交信息之前，就预判了用户名是否有效，对比前面完成的程序，操作体验确实提高了不少，优势非常明显。为了进一步改善用户体验，他决定在登录时也采用 AJAX 来提前判断用户名是否正确。

使用方式和注册时的相同。在用户名控件上添加 onblur 事件，待用户输入用户名后，去后端查询此用户名是否有效。如果有效，就在用户名控件后面添加用户名有效的提示（一张"√"的图片）。如果无效，就在用户名控件后面添加用户名无效的提示（一张"×"的图片），同时将焦点自动移至用户名文本框，以便用户可以修改内容。

### 【任务实施】

#### 6.4.1 修改 login.php 文件

完整代码

根据子任务 2.1 的需求分析，小王同学很快完成了采用 AJAX 技术的登录页面制作，下面是他完成的 login.php 文件的核心代码，完整的代码请扫码查看。

```
1.    <!-- 表单相关代码 -->
2.    <form action="postLogin.php" method="post" onsubmit="return check()">
3.      <table align="center" border="1" style="border-collapse:collapse" cellpadding="10" cellspacing="0">
4.        <tr>
5.          <td align="right">用户名</td>
6.          <td align="left"><input name="username" id="username" onblur="checkUsername()"><span
7.            class="red">*</span><img src="img/x0.jpg" id="x0" class="none">
8.            <img src="img/x1.jpg" id="x1" class="none"></td>
9.        </tr>
10.       <tr>
11.         <td align="right">密码</td>
12.         <td align="left">
13.           <input type="password" name="pw">
14.           <span class="red">*</span>
15.         </td>
16.       </tr>
17.       <tr>
18.         <td align="right"><input type="submit" value="提交"></td>
19.         <td align="left">
20.           <input type="reset" value="重置">
21.         </td>
22.       </tr>
23.     </table>
```

```
24.    </form>
25.
26.    <!-- AJAX 请求的相关代码 -->
27.    function checkUsername() {
28.       let username = $("#username").val().trim();
29.       if (username.length == 0) {
30.          $("#x0").hide();
31.          $("#x1").hide();
32.
33.       } else {
34.          let usernameReg = /^[a-zA-Z0-9]{3,10}$/;
35.          if (!usernameReg.test(username)) {
36.             alert('用户名只能由大小写字母和数字构成，长度为 3～10 个字符！');
37.             return;
38.          }
39.          $.ajax({
40.             url: 'checkUsername.php',
41.             type: "post",
42.             dataType: 'json',
43.             data: {username: username},
44.             success: function (d) {
45.                if (d.code == 0) {
46.                   //表明用户名正确
47.                   $("#x0").hide();
48.                   $("#x1").show();
49.                } else if (d.code == 2) {
50.                   //说明用户名不正确
51.                   $("#x0").show();
52.                   $("#x1").hide();
53.                }
54.             },
55.             error: function () {
56.                $("#x0").hide();
57.                $("#x1").hide();
58.             }
59.          })
60.       }
61.    }
```

可以看到，小王同学在上述代码的第 6 行给用户名控件添加一个 id，然后在第 28 行使用 jQuery 的
ID 选择器来获取用户名。同时，在第 7 行和第 8 行添加两张图片（就是前面所说的“√”和“×”图片，
当然也可以换成其他图片），图片都添加了 class 类 none，即将图片隐藏，同时设置不同的 id，以便控
制其显示和隐藏。在第 47 和第 48 行，以及第 51 和第 52 行，会根据后端返回的结果，相应地显示其
中一张图片。在第 29 行，小王同学做了一个判断，如果用户没有填写用户名，则把两张图片均隐藏。

由于登录和注册时 AJAX 通信后端文件的原理一样，所以，小王同学在登录过程中异步检测用户名
是否有效时，还是直接使用了注册时制作的 checkUsername.php，只是在逻辑上有所区别。在后端文
件中，返回的 code 值为 0 时，表示在数据表中找到了当前用户名，返回 1 表示在数据表中未找到当前

用户名。因此，小王同学在第 45 行判断当 code 值为 0 时，用户名可用，这里的用户名可用和不可用的逻辑和用户注册时的逻辑刚好相反。

### 6.4.2 显示异步登录的效果

完成相关代码后，小王同学测试了最终的结果。图 6.4.1 所示是输入正常的用户名后，异步查询显示 "√" 的结果。图 6.4.2 所示是输入不存在的用户名后，异步查询显示 "×" 的结果。

图 6.4.1　输入用户名正确

图 6.4.2　输入用户名错误

## 子任务 6.5　验证码的使用

### 【任务提出】

小王同学在上次的社团活动中，通过和学长交流，深刻理解了在项目中使用验证码的好处。因此，他需要迅速在项目中添加验证码，以提高系统的安全性。

验证码的使用

### 【知识储备】

#### 1. 验证码简介

什么是验证码？验证码 CAPTCHA 是 "Completely Automated Public Turing test to tell Computers and Humans Apart"（全自动区分计算机和人类的图灵测试）的缩写，是一种区分用户是计算机还是人的公共全自动程序。验证码这个词最早于 2002 年由美国卡内基梅隆大学的路易斯·冯·安（Luis von Ahn）等人提出。卡内基梅隆大学曾试图申请此词为注册商标，但该申请于 2008 年 4 月 21 日被拒绝。一种常用的 CAPTCHA 是让用户输入一张扭曲变形的图片上显示的文字或数字，使图片扭曲变形是为了避免被光学字符识别（Optical Character Recognition，OCR）之类的计算机程序自动辨识出图片上的文字、数字而失去效果。由于这个测试是由计算机来考验人类，而不是像标准图灵测试中那样由人类来考验计算机，所以人们有时称 CAPTCHA 是一种反向图灵测试。

#### 2. 验证码的类型

常见的验证码类型有图像类型、语音类型、视频类型、短信类型等。图 6.5.1 所示为一个典型的图像类型的验证码。

#### 3. 验证码的作用

验证码到底有什么作用呢？

（1）防止恶意破解密码。例如，一些黑客为了获取用户信息，通过不同的手段向服务器发送数据，猜测用户的信息。

（2）防止恶意刷票、论坛 "灌水"。以论坛为例，可能会存在某些用户连续不停地发布一些无意义的

图 6.5.1　图像类型的验证码

帖子。使用验证码可以降低用户发布的频率，同时可以避免使用机器人发帖。结合程序其他功能的限制，可以防止恶意刷票和论坛"灌水"。

（3）防止恶意请求。例如，用户提交一个表单信息，通过不断向后台请求数据信息造成服务器资源浪费，以及恶意攻击。

（4）提高趣味性。如果能在网站中设计一些有趣的验证码方式，则也能在一定程度上提高用户对网站的喜爱程度。

（5）获取用户信息。这一点在目前的网站中已经屡见不鲜了。例如，我们注册一个网站的账号，需要通过手机验证码才可以注册成功。

## 【任务实施】

### 6.5.1　安装 GD 库

通过学习，小王同学已经基本搞清楚了验证码的原理以及使用方法，接下来准备在项目中添加验证码。

要在 PHP 中使用验证码，必须先保证 PHP 的 GD 扩展库（简称 GD 库）已经打开。GD 库（也可以称为 GD2 函数库）是一个开源的用于创建图像的函数库，该函数库由 C 语言编写，可以在 Perl、PHP 等多种语言中使用。GD 库提供了一系列用来处理图片的 API，使用 GD 库可以处理图片、生成图片，也可以给图片加水印等。

安装 PHP 以后，默认已经包含很多的扩展。通过安装扩展可以实现更多的功能。

以小皮面板为例，安装好小皮面板以后，在"D:\phpstudy_pro\Extensions\php\php7.3.4nts\ext"目录下存放了 PHP 的各种扩展文件，如图 6.5.2 所示。要安装新的扩展，只需要将扩展文件（DLL 文件）复制到这个目录中，然后在 php.ini 文件中添加即可。要开启或关闭小皮面板自带的扩展，打开小皮面板的"网站"面板，然后在具体的某一个网站上单击"管理"→"php 扩展"命令，再选择某个扩展进行管理即可，如图 6.5.3 所示。图 6.5.3 中的"gd2"就是 PHP 的 GD 库，对应的文件是 php_gd2.dll。此时，如果打开小皮面板的"设置"→"配置文件"→"php.ini"，然后在其中搜索"gd2"，就可以看到"extension = gd2"，这表示已经开启了 GD 库。要关闭某个扩展，只需要在这一行前面添加一个分号（表示注释）即可，如图 6.5.4 所示。

图 6.5.2　PHP 扩展

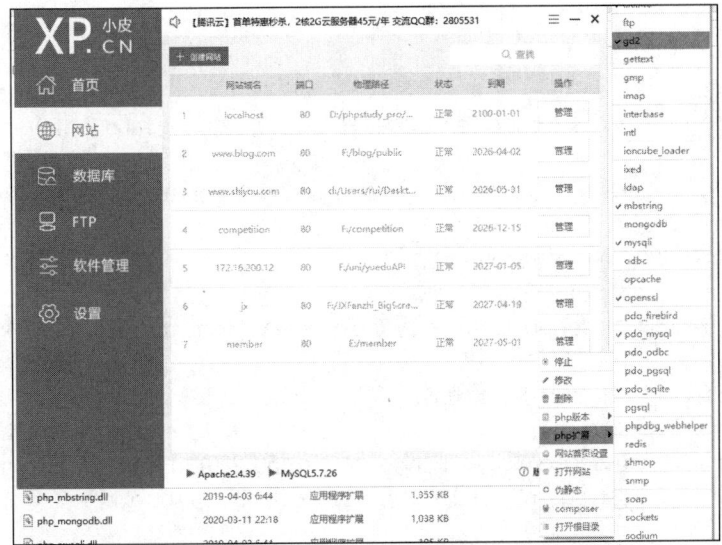

图 6.5.3　在小皮面板的网站中开启或关闭 PHP 扩展

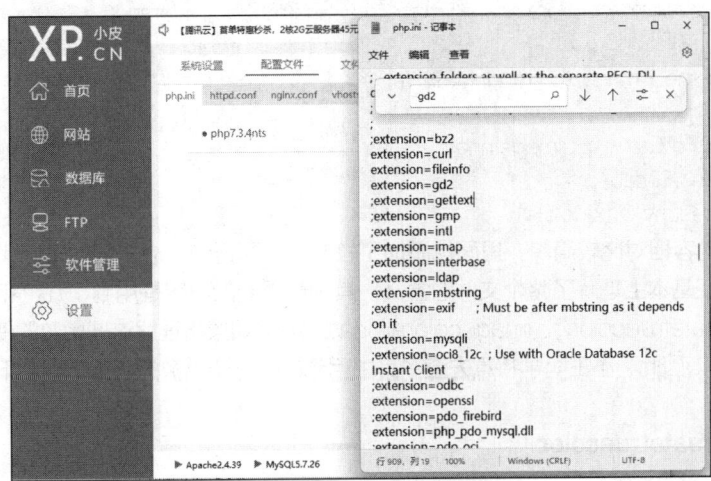

图 6.5.4　PHP 开启和关闭扩展

## 6.5.2　在 PHP 中使用验证码

　　小王同学在查阅资料时发现，PHP 中的验证码太多了，各种类型的都有，还有一些是写好的验证码类（采用面向对象的方式编写的）都是可以直接使用的。由于还没有时间来学习面向对象的程序设计，因此，小王同学也看不懂这些复杂的验证码。经过多方筛选，他最后选定如下的 code.php 文件来生成验证码，其完整代码如下。

```
1.    <?php
2.    session_start();
3.    $image = imagecreatetruecolor(100, 30);                          //1.创建黑色画布
4.    $bgcolor = imagecolorallocate($image, 255, 255, 255);            //2.为画布定义（背景）颜色
5.    imagefill($image, 0, 0, $bgcolor);                              //3.填充颜色
6.    $content = "ABCDEFGHJKLMNPRSTUVWXYZabcdefghjkmnpqrstuvwxyz123456789";
                                                                      //4.定义验证码的内容
```

```
7.      $captcha = "";
8.      for ($i = 0; $i < 4; $i++) {                                                    //验证码长度为 4 个字符
9.          $fontsize = 10;                                                             // 字体大小
10.         $fontcolor = imagecolorallocate($image, mt_rand(0, 120), mt_rand(0, 120), mt_rand(0, 120));
                                                                                        // 字体颜色
11.         $fontcontent = substr($content, mt_rand(0, strlen($content)), 1);           // 设置字体内容
12.         $captcha .= $fontcontent;
13.         $x = ($i * 100 / 4) + mt_rand(5, 10);                                        // 显示的坐标
14.         $y = mt_rand(5, 10);
15.         imagestring($image, $fontsize, $x, $y, $fontcontent, $fontcolor);           // 填充内容到画布中
16.     }
17.     $_SESSION["captcha"] = $captcha;
18.     for ($i = 0; $i < 200; $i++) {                                                  //5.设置背景干扰元素
19.         $pointcolor = imagecolorallocate($image, mt_rand(50, 200), mt_rand(50, 200), mt_rand(50, 200));
20.         imagesetpixel($image, mt_rand(1, 99), mt_rand(1, 29), $pointcolor);
21.     }
22.     for ($i = 0; $i < 3; $i++) {
23.         $linecolor = imagecolorallocate($image, mt_rand(50, 200), mt_rand(50, 200), mt_rand(50, 200));
                                                                                        //6. 设置干扰线
24.         imageline($image, mt_rand(1, 99), mt_rand(1, 29), mt_rand(1, 99), mt_rand(1, 29), $linecolor);
25.     }
26.     header('content-type:image/png');                                               //7.向浏览器输出图片头信息
27.     imagepng($image);                                                               //8.输出图片到浏览器
28.     imagedestroy($image);                                                           //9.销毁图片
```

这个文件的内容相对比较简单，里面也添加了较多的注释语句，小王同学按照代码顺序，一行一行地读下来，已经基本上理解了整个文件的含义。其中最重要的内容是用到了几个和图形相关的库函数，如 imagecreatetruecolor()、imagecolorallocate()等。如果不理解这些函数的使用，就无法理解 PHP 中的验证码。因此，小王同学特意去查了其中用到的每一个函数的相关内容，下面是他查找到的相关内容。

### 1. imagecreatetruecolor

作用：新建真彩色图像。

语法：resource imagecreatetruecolor($width, $height)。

参数：该函数接收以下两个参数。

$width：用于设置图像的宽度。

$height：用于设置图像的高度。

返回值：如果成功，则返回图像资源标识符；如果错误，则返回 FALSE。

### 2. imagecolorallocate

作用：为图像分配颜色。

语法：int imagecolorallocate ($image, $red, $green, $blue)。

参数：该函数接收以下 4 个参数。

$image：由图像创建函数（如 imagecreatetruecolor()）返回的 GdImage 对象。

$red：用于设置红色分量的值。

$green：用于设置绿色分量的值。

$blue：用于设置蓝色分量的值。这 3 个参数的值是 0～255 的整数或者 0x00～0xFF 的十六进制数。

返回值：如果成功，则返回颜色标识符；如果错误，则返回 FALSE。

### 3. imagefill

作用：以给定的坐标（如图像的左上角坐标(0,0)）开始用指定的颜色填充图像。

语法：bool imagefill($image, $x, $y, $color)。

参数：该函数接收以下 4 个参数。

$image：由图像创建函数（如 imagecreatetruecolor()）返回的 GdImage 对象。

$x：用于设置起点的 x 坐标。

$y：用于设置起点的 y 坐标。

$color：设置图像的颜色。此参数是由 imagecolorallocate()函数创建的颜色标识符。

返回值：如果成功，则返回 TRUE；如果失败，则返回 FALSE。

### 4. imagestring

作用：在指定的坐标绘制字符串。

语法：bool imagestring($image, $font, $x, $y, $string, $color)。

参数：该函数接收以下 6 个参数。

$image：由 imagecreatetruecolor()函数创建的空白图像。

$font：用于设置字体大小。使用 Latin-2 编码的内置字体可以是 1、2、3、4、5（更大的数字对应更大的字体）或使用 imageloadfont()函数注册的其他字体标识符。

$x：用于保存左上角的 x 坐标。

$y：用于保留左上角的 y 坐标。

$string：用于保存要写入的字符串。

$color：设置图像的颜色。此参数是由 imagecolorallocate()函数创建的颜色标识符。

返回值：如果成功，则返回 TRUE；如果失败，则返回 FALSE。

### 5. imagesetpixel

作用：在指定的坐标绘制像素。

语法：bool imagesetpixel(resource $image, int $x, int $y, int $color)。

参数：该函数接收以下 4 个参数。

$image：由 imagecreatetruecolor()函数创建的空白图像。

$x：用于保存像素的 x 坐标。

$y：用于保存像素的 y 坐标。

$color：此参数是由 imagecolorallocate()函数创建的颜色标识符。

返回值：如果成功，则返回 TRUE；如果失败，则返回 FALSE。

### 6. imageline

作用：在指定的两个点之间绘制直线。

语法：bool imageline(resource $image, int $x1, int $y1, int $x2, int $y2, int $color)。

参数：该函数接收以下 6 个参数。

$image：由 imagecreatetruecolor()函数创建的空白图像。

$x1：指定直线起始点的 x 坐标。

$y1：指定直线起始点的 y 坐标。

$x2：指定直线结束点的 x 坐标。

$y2：指定直线结束点的 y 坐标。

$color：此参数是由 imagecolorallocate()函数创建的颜色标识符。

返回值：如果成功，则返回 TRUE；如果失败，则返回 FALSE。

### 7. imagepng

作用：将 PNG 图片输出到浏览器或文件中。

语法：bool imagepng(resource $image, int $to, int $quality, int $filters)。

参数：该函数接收以下 4 个参数。

$image：指定要处理的图像资源。

$to：指定将文件保存到的路径。如果未设置或为 null，则直接输出原始图像流。

$quality：指定图像的质量。质量等级从 0（不压缩）~9。默认值为-1，表示使用 zlib 压缩。

$filters：指定要应用于图像的过滤器，有助于减小图像大小。它是位掩码字段，可以设置为任意 PNG_FILTER_XXX 常量的组合。PNG_NO_FILTER 或 PNG_ALL_FILTERS 也可分别用于禁用或激活所有过滤器。默认值为-1，表示禁用过滤。

返回值：如果成功，则返回 TRUE；如果失败，则返回 FALSE。

### 8. imagedestroy

作用：销毁图像并释放与该图像关联的任何内存。

语法：bool imagedestroy(resource $image)。

参数：该函数接收以下一个参数。

$image：由 imagecreatetruecolor()函数创建的图像资源。

返回值：如果成功，则返回 TRUE；如果失败，则返回 FALSE。

有了以上的函数功能介绍，理解这个验证码生成程序就非常容易了。

从 code.php 文件的第 26 行可以看出，code.php 文件的输出内容是 PNG 格式的图片。这里使用到了 PHP 中的 header()函数。header()函数向客户端发送原始的 HTTP 报头，但必须认识到，一定要在任何实际的输出被发送之前调用 header()函数，这和前面使用到的 session_start()函数一样（在 PHP 4.0 以及更高的版本中，可以使用输出缓存来解决此问题）。此函数的语法规则如下。

```
Header(string,replace,http_response_code)
```

其参数详情如表 6.5.1 所示。

表 6.5.1　header()函数参数详情

| 参数 | 描述 |
| --- | --- |
| string | 必需。规定要发送的报头字符串 |
| replace | 可选。指示该报头是否替换之前的报头，或是否添加第二个报头。默认是 true（替换），可设为 false（允许相同类型的多个报头） |
| http_response_code | 可选。把 HTTP 响应代码强制设为指定的值。（PHP 4.0 以及更高版本可用） |

第 27 行使用 imagepng()函数向浏览器输出了验证码图片。因此，我们只需要在前端使用<img>标签，并在 src 中引用这个 code.php 文件即可显示验证码图片了。

在 login.php 文件中的密码后面添加下面一段代码。

```
1.    <tr>
2.        <td align="right">验证码</td>
3.        <td align="left">
4.          <input name="code" placeholder="请输入图片中的验证码"><img style="cursor: pointer" src="code.php" onclick="this.src='code.php?'+new Date().getTime();" width="200" height="70">
5.        <span class="red">*</span>
6.      </td>
7.    </tr>
```

添加一个文本输入控件,其 name 属性的值是 code,然后用<img>标签显示一张验证码图片。单击图片时,重复调用 code.php 文件以刷新验证码。为了防止缓存导致验证码不更新,可以在调用 code.php 文件时,在后面添加一个时间参数,这样就可强制刷新了。整张验证码图片的宽度设置为 200px,高度设置为 70px。

由于添加了验证码图片,因此还需要修改 login.php 文件的提交逻辑。在 check()方法中验证数据合法性及安全性时,添加如下代码用于判断验证码是否填写。当然需要注意的是,这里的验证规则要和 code.php 文件中第 6 行和第 8 行的规则保持一致。

```
1.    let code = document.getElementsByName('code')[0].value.trim();
2.    let codeReg = /^[a-zA-Z0-9]{4}$/;
3.    if(!codeReg.test(code)){
4.        alert('验证码必填,且只能由大小写字母和数字构成,长度为4个字符!');
5.        return false;
6.    }
```

### 6.5.3　判断验证码是否填写正确

小王同学测试了前端验证码的显示,测试结果完全正确,顺利显示了验证码,并且单击验证码图片,会自动更新一张新的验证码图片。最后他修改了 postLogin.php 文件,添加了如下代码,以判断用户填写的验证码是否正确。

```
1.    //判断验证码是否正确
2.    $code = $_POST['code'];
3.    if(strtolower($_SESSION['captcha']) == strtolower($code)){
4.        $_SESSION['captcha'] = '';
5.    }
6.    else{
7.        $_SESSION['captcha'] = '';
8.        echo "<script>alert('验证码错误'); location.href='login.php?id=3';</script>";
9.        exit;
10.   }
```

可以看到,他使用 if 表达式来判断用户输入的验证码和 Session 中保存的验证码是否相同。人们在输入验证码时,一般都不会区分大小写,因此,为了能够准确识别用户输入的验证码,避免大小写的干扰,小王同学在第 3 行使用 strtolower()函数,把 Session 中的验证码和用户输入的验证码都转换成了小写,再判断两者是否相同。意思就是,用户在输入验证码时,不用管图片中显示的验证码是大写还是小写,任意输入大写或小写,系统均可正确识别。

图 6.5.5 所示是小王同学最后测试的结果。

图 6.5.5　图形验证码

## 【素养小贴士】

网络安全和信息化是事关国家安全和国家发展、事关广大人民群众工作和生活的重大战略问题。当今世界，信息技术革命日新月异，对国际政治、经济、文化、社会、军事等领域的发展产生了深刻影响。维护网络安全是全社会的责任，维护网络安全不仅需要政府、企业、社会组织，更需要广大网民的参与。

作为程序员，会开发出各种软件和系统，要从学习之初就培养网络安全意识。不安全的代码会带来时间和金钱上的浪费。

现在学习的验证码实际上就是网络安全中的一个基础环节，可以提高开发的系统的"抵抗力"。

## 【任务小结】

本任务的主要内容是优化会员管理系统的功能，核心内容是引入 jQuery 中封装的 AJAX 实现异步操作。合理使用异步技术可以大大提高用户的体验感。同时，为了提高系统的安全性，还使用到了验证码。验证码是绝大多数系统都会使用到的技术，极具实用价值。

## 【巩固练习】

### 一、单选题

1. CSS 指的是（    ）。
   A. Computer Style Sheets
   B. Cascading Style Sheets
   C. Creative Style Sheets
   D. Colorful Style Sheets

2. 在以下 HTML 代码中，正确引用外部样式表的方法是（    ）。
   A. <style src="mystyle.css">
   B. <link rel="stylesheet" type="text/css" href="mystyle.css">
   C. <stylesheet>mystyle.css</stylesheet>
   D. <style rel="stylesheet" type="text/css" src="mystyle.css">

3. 在 HTML 文档中，引用外部样式表的正确位置是（    ）。
   A. 文档的末尾　　B. 文档的顶部　　C. <body>部分　　D. <head>部分

4. 用于定义内部样式表的 HTML 标签是（    ）。
   A. <style>　　B. <script>　　C. <css>　　D. <link>

5. 可用来定义内联样式的 HTML 属性是（    ）。
   A. font　　B. class　　C. styles　　D. style

6. 下列选项中，正确的 CSS 语法是（    ）。
   A. body:color=black
   B. {body:color=black(body)}
   C. body {color: black}
   D. {body;color:black}

7. 在 CSS 文件中插入注释的方法是（    ）。
   A. // this is a comment
   B. // this is a comment //
   C. /* this is a comment */
   D. ' this is a comment

8. 可用于改变背景颜色的属性是（    ）。
   A. bgcolor:
   B. background-color:
   C. color:
   D. color-bg:

9. 为所有<h1>元素添加背景颜色的方法是（    ）。
   A. h1.all {background-color:#FFFFFF}

  B. h1 {background-color:#FFFFFF}

  C. all.h1 {background-color:#FFFFFF}

  D. .h1 {background-color:#FFFFFF}

10. 改变某个元素的文本颜色的方法是（  ）。

  A. text-color:    B. fgcolor:    C. color:    D. text-color=

11. PHP 是一种跨平台、（  ）的网页脚本语言。

  A. 可视化     B. 客户端    C. 面向过程    D. 服务器端

12. PHP 网站可称为（  ）。

  A. 桌面应用程序  B. PHP 应用程序  C. Web 应用程序  D. 网络应用程序

13. MySQL 数据库的数据模型属于（  ）。

  A. 层次模型    B. 网状模型    C. 关系模型    D. 面向对象模型

## 二、多选题

1. 阅读下面的程序，能弹出"新学期"的 jQuery 代码是（  ）。

```
1.   <div id="new">
2.      <h3 class="top" name="header1">新学期</h3>
3.   </div>
```

  A. alert($("[name='header1']").text());

  B. alert($('[name=header1]').text());

  C. alert($('#top').text());

  D. alert($('.top').text());

2. 以下 CSS 属性使用正确的是（  ）。

  A. color: red;        B. color: #245123

  C. color: #234kew     D. color: #red

3. 阅读下面的程序，正确的说法是（  ）。

```
1.   var name="Jack";
2.   alert(name);
3.   var name="Ben';
4.   alert(name);
5.   var name;
6.   alert(name);
```

  A. 第一个弹窗显示 Jack    B. 第二个弹窗显示 Ben

  C. 第三个弹窗显示 name    D. 第三个弹窗显示 Ben

4. 下列关于 HTML5 的标签默认值描述正确的是（  ）。

  A. 同一个标签，在不同的浏览器中，默认的内外边距有可能不同

  B. button、textarea、input、select 的默认值是 display:inline-block

  C. <hr>标签的默认值是 border:1px inset

  D. 所有标签都有结束标签

5. 下列关于浮动（float）的说法错误的是（  ）。

  A. 浮动使元素脱离文档普通流，漂浮在普通流之下

  B. 浮动会产生块级框，而不管元素本身是什么

  C. 永远只能向左浮动

  D. 不可以通过伪类清除浮动

6. 下列说法错误的是（　　）。

    A. &lt;title&gt;标签应当嵌套在&lt;body&gt;标签中使用

    B. 一个 HTML 标签只能设置一个 class 属性

    C. 一个 id 可以在多个元素中使用

    D. 指定多个属性时不用区分顺序

7. 关于 alert，正确的说法是（　　）。

    A. alert 会弹出一个带有信息的弹窗

    B. alert 不会影响页面中的其他代码执行

    C. 通常鼓励开发者频繁使用 alert，可以引导用户操作网页

    D. alert 只能显示纯文本

8. 下列元素中属于块级元素的是（　　）。

    A. span            B. ol            C. div            D. h1

9. 关于 jQuery 的选择器，下列描述错误的是（　　）。

    A. $(div span)表示匹配所有后代元素

    B. $('#div')表示选中所有&lt;div&gt;标签

    C. $('div + next')表示匹配紧接在 div 元素后的 next 元素

    D. $('.box')只可能选中一个元素

10. 下列 CSS 属性值中，不属于 text-decoration 属性的有（　　）。

    A. none            B. underline        C. double-overline   D. hidden

# 项目2 在线投票系统

# 任务7
# 项目开发前的准备工作

**07**

## 情景导入

小王同学通过自己的努力，已经顺利完成了一个完整项目的开发。通过第一个项目的开发，他感觉收获很大，对接下来的学习也充满了信心。

为了巩固学习成果，他决定再接再厉，继续深化，准备进行第二个项目的开发。

联想到班级里经常有需要投票表决的事项，比如优秀学生干部的评选；春游时，同学们给出了 3 个目的地，需要大家投票表决最终去哪个目的地等。以前的投票表决需要大家集中到一起，由每位同学投票表决，还要有专人来统计结果，非常麻烦，费时费力。在学习了 PHP 程序编写后，小王同学想，干脆做一个在线投票系统，以后需要投票表决时，大家登录系统，直接在网站里投票就行了，系统还能自动统计结果，非常方便。

## 职业能力目标及素养目标

- 能通过 PhpStorm 熟练掌握版本控制和代码托管的方法。
- 具备根据需求完成 MySQL 数据库设计的能力。
- 深入理解 MySQL 数据库中的主键、外键的作用。

- 了解职业素养对一个职业人的重要性。
- 了解学习方法的重要性。

## 子任务 7.1　项目介绍

### 【任务提出】

小王同学已经决定了要做一个在线投票系统，加上他本身很喜欢汽车，因此，他决定先做一个"我最爱的车辆投票"系统，这个系统做好了，也可以很方便地修改成其他投票系统。

通过第一个项目的制作，他已经大致弄清楚了程序设计的流程和方法，因此，他首先要完成这个项目的需求分析，并完成项目的详细设计。

### 7.1.1　项目基本需求分析

（1）游客可以查看投票项目，以及各项目的当前得票数。
（2）游客可以注册成为会员。
（3）游客注册后可以登录本系统。
（4）登录系统后，可以单击车辆图片实现投票。
（5）管理员可以登录后台管理系统查看车辆列表。
（6）管理员可以通过列表查看所有投票项目的得票情况。
（7）管理员可以管理各个投票项目（包括新增、删除、编辑）。
（8）管理员可以通过图表的形式查看各项目的得票情况。

### 7.1.2　项目详细设计

（1）整合会员管理系统。
（2）会员登录后，单击列表中的项目进行投票。投票后，票数立即变化，显示新的票数。
（3）只有登录用户可以投票，未登录用户单击投票项目时，弹出需要登录的提示。
（4）限制同一名用户一天只能给一个投票对象投 5 票。
（5）限制同一名用户一天只能给 3 个投票对象投票。
（6）投票时要输入验证码，以防止机器或程序刷票。
（7）每个投票对象之间至少要间隔 1min 才能重复投票。
（8）一个 IP 地址一天只能给一个投票对象投 5 票。
（9）投票采用 AJAX 无刷新技术，前端页面无须刷新。
（10）管理员登录后，进入管理页面，通过列表查看所有投票项目的得票情况。
（11）管理员登录后，可以管理所有投票项目，包括编辑和删除已有项目、添加新的投票项目。
（12）管理员可以通过图表的形式查看投票项目得票情况，图表以柱状图的形式呈现。

### 7.1.3　项目展示

（1）图 7.1.1 所示为项目首页。

图 7.1.1　项目首页

（2）图 7.1.2 所示为管理员登录后的首页。

图 7.1.2　管理员登录后的首页

（3）图 7.1.3 所示为投票时输入验证码的页面。

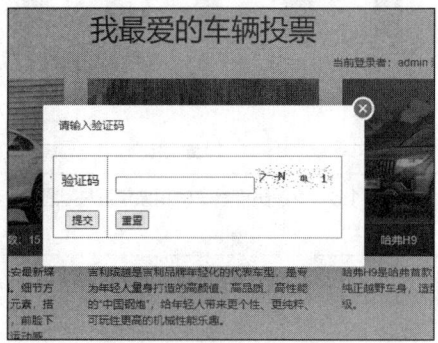

图 7.1.3　投票时输入验证码

（4）图 7.1.4 所示为管理员进行车辆管理的页面。

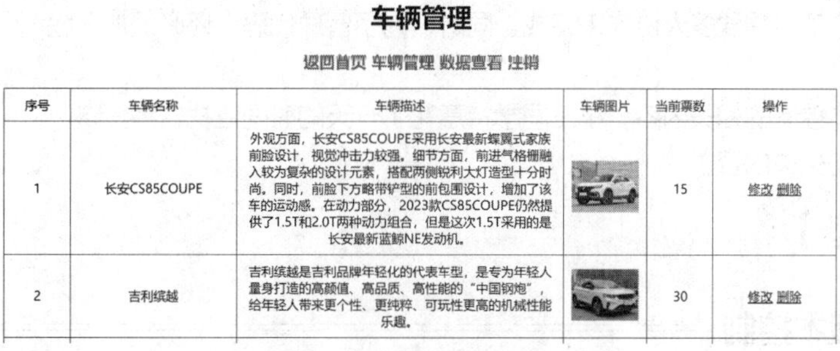

**车辆管理**

返回首页 车辆管理 数据查看 注销

| 序号 | 车辆名称 | 车辆描述 | 车辆图片 | 当前票数 | 操作 |
|---|---|---|---|---|---|
| 1 | 长安CS85COUPE | 外观方面，长安CS85COUPE采用长安最新蝶翼式家族前脸设计，视觉冲击力较强。细节方面，前进气格栅融入较为复杂的设计元素，搭配两侧锐利大灯造型十分时尚。同时，前脸下方搭带铲型的前包围设计，增加了该车的运动感。在动力部分，2023款CS85COUPE仍然提供了1.5T和2.0T两种动力组合，但是这次1.5T采用的是长安最新蓝鲸NE发动机。 |  | 15 | 修改 删除 |
| 2 | 吉利缤越 | 吉利缤越是吉利品牌年轻化的代表车型，是专为年轻人量身打造的高颜值、高品质、高性能的"中国钢炮"，给年轻人带来更个性、更纯粹、可玩性更高的机械性能乐趣。 |  | 30 | 修改 删除 |

图 7.1.4　管理员进行车辆管理

（5）图 7.1.5 所示为管理员添加车辆时的页面。

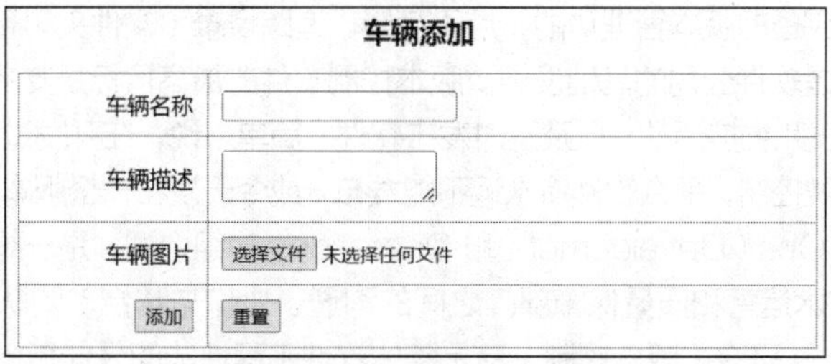

**车辆添加**

| 车辆名称 | |
|---|---|
| 车辆描述 | |
| 车辆图片 | 选择文件　未选择任何文件 |

添加　重置

图 7.1.5　管理员添加车辆

（6）图 7.1.6 展示了管理员查看车辆得票情况柱状图页面。

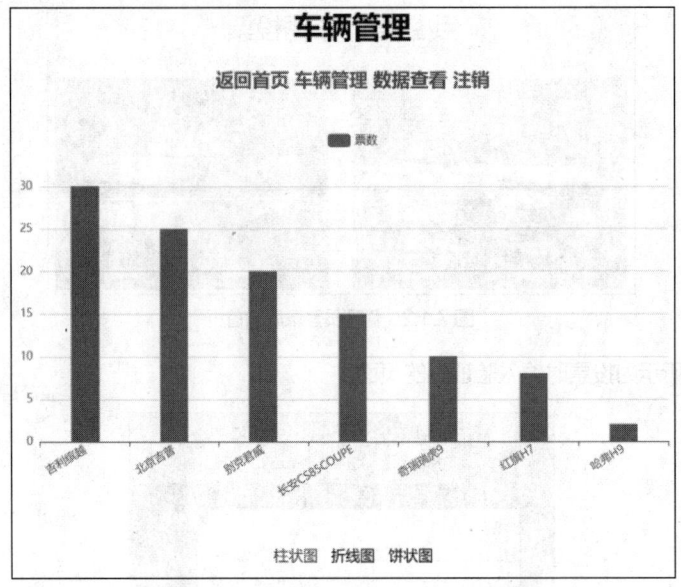

图 7.1.6　管理员查看车辆得票情况柱状图

## 子任务 7.2　版本控制与代码托管

### 【任务提出】

版本控制与代码托管

小王同学通过和老师交流，了解了在真实的企业中程序员工作的方式。最基本的一点就是，一个项目需要多人协作来完成。同时，为了管理代码，还必须加入版本控制。

为了了解版本控制的相关内容，小王同学特意花了一天的时间查找各种资料。下面是他查找到的相关内容。

### 【知识储备】

#### 7.2.1　版本控制

版本控制存在多个不同的名称，如源代码控制、版本历史和版本控制系统（Version Control System，VCS）。不管怎么称呼它，版本控制实质就是一种用于存储和追踪项目随时间变化情况的系统或工具。

版本控制软件提供完备的版本管理功能，用于存储、追踪目录（文件夹）和文件的修改历史，是软件开发者的必备工具，是软件公司的基础设施。版本控制软件的最高目标是支持软件公司的配置管理活动、追踪多个版本的开发和维护活动，以及及时发布软件。简单来说，在开发过程中会不断发现新需求，不断发现 bug，如果不做控制，那么软件将永远不能发布，或今天发布一个版本，明天又发布一个版本。

版本控制对于 DevOps（Development 和 Operations 的组合词，是一组过程、方法与系统的统称，用于促进开发、技术运营和质量保障部门之间的沟通、协作与整合）团队的成功起着核心作用。根据 2022 年度 DevOps 研究，版本控制一直是整体软件工程性能的最佳指标之一，使用版本控制有以下优势。

### 1. 更快、更简单地发现错误

据统计，在软件编程中，查找 bug 和解决 bug 所花费的时间可能会高达整个编码时间的 95%。查找和解决 bug 导致的时间浪费和挫折感，对软件工程师的教训是非常深刻的。由于对项目所做更改的持续和详细跟踪，版本控制可以即时洞察可能出错的地方。有时，bug 可能需要更长的时间才能被发现。值得庆幸的是，在这些情况下，版本控制也是无价的。版本控制不仅可以让您很好地了解引入错误的时间和地点，还可以立即恢复到项目的先前功能版本。这意味着当所有方法都失败时，可以使用还原功能以确保有一个可行的启动点来再次开发新功能，而不必废弃整个项目，也不会丢失太多工作成果。

### 2. 并行开发

由于编程的性质特殊，在同一个项目中与其他编码人员一起工作有时可能并不顺利。当每个团队成员都不知道更改时，依赖性（当程序的某些部分依赖于程序的其他部分才能正常运行时）会造成巨大的麻烦。尽管链接新的更改通常是一个相当简单的过程，但不了解这些更改可能导致创建新的错误，尽管代码本身没有实际错误。如果使用版本控制工具，就可以创建分支，以确保一名程序员所做的更改不会受到当时另一名程序员工作的影响。此外，版本控制系统允许在每次更改时提供注释。当需要将工作合并在一起时，每位程序员所做的有据可查的更改，使得集成得到了简化。

### 3. 提高最终产品的可靠性

版本控制会对每次部署的质量和可靠性产生直接影响。由于增加了更改的可见性，以及为每次修改提供了上下文，版本控制系统使得与他人的合作变得更加简单和有效。沟通是团队合作最重要的方面之一，版本控制可以增强沟通，而无须团队成员整天互相写备忘录。

更改的可见性，以及与这些更改一起提供的上下文使项目中的每个人都可以更轻松地了解发生的事情和原因，因此他们可以齐心协力地追求同一个目标并持续取得成果。这种授权的沟通使得可以在更短的时间内交付更好的产品，同时提高团队士气。

版本控制和一流的软件工程性能之间的共生关系是显而易见的。当团队正确利用版本控制系统时，可以以更快的速度和更高的可靠性水平进行更改。DevOps 的目标是加快整个生产过程，同时提高工作的质量。版本控制在增强团队沟通和成功开发产品方面发挥着巨大作用，并为实现这些目标提供了巨大的帮助。

## 7.2.2 Git 介绍

最典型的版本控制工具就是 Git 了。

代码托管服务通常是企业或者组织基于版本控制工具提供的一种研发流程管理工具，例如，大家熟知的"GitHub"就是面向开源开发者提供的基于 Git 版本管理工具的代码托管服务。所以代码托管服务随着使用规模的扩大，通常也会变得更加庞大、复杂和难以管理，对于个人开发者而言可能无须关注，但对于企业而言需要一定的维护成本，毕竟大多数情况下，代码托管服务中存储的可能是企业的核心软资产。对于代码托管服务来说，比较核心的要点有 3 个。

（1）可协同。在功能层面要包含仓库管理、分支管理、权限管理、提交管理、代码评审等代码存储和版本管理功能，让开发者更好地协同工作。

（2）可集成。好的代码托管服务应该具备灵活和简易的第三方工具集成能力，有些甚至直接提供了嵌入式的 CI/CD（CI 指的是持续集成，CD 指的是持续部署）能力，降低了 DevOps 的落地成本。

（3）安全可靠。这是最重要的一点，对于个人开发者而言可能无感，但是对于企业而言，代码的安全性、服务的稳定性、数据是否存在丢失的风险，是最被优先考量的点。

前面提到的 Git 是一个分布式的版本控制软件，而 GitHub 是通过 Git 进行版本控制的软件源代码托管服务平台。在国内访问 GitHub 速度不太稳定，时快时慢。因此，我们推荐大家使用 Gitee。Gitee 是由深圳市奥思网络科技有限公司推出的代码托管和协作开发平台，使用该平台的开发者超过 1000 万人，托管项目超过 2500 万个，汇聚几乎所有本土原创开源项目，并于 2016 年推出企业版，提供企业级代码托管服务，成为开发领域领先的软件即服务（Software as a Service，SaaS）服务提供商，其中文名为"码云"。码云的使用方式和 GitHub 一样。

### 7.2.3 码云的使用

打开码云的官网，注册一个个人账号即可免费使用代码托管服务。

为了配合代码托管的使用，我们还需要在计算机中安装 Git 软件。

PhpStorm 完美支持 Git，可以通过 PhpStorm 的菜单命令完成版本控制和代码托管的相关操作，非常方便。

### 7.2.4 Git 的工作流程

在本地计算机中分有 3 个区域，分别是工作区（IDE 代码区）、暂存区（修改过的文件缓存区）、本地仓库（确认修改过的所有文件区）。在远程服务器上有一个"远程仓库"，保存所有的代码，可以推送到服务器与别人共享。在项目开始时，我们的本地仓库为空，此时，需要从远程仓库克隆（clone）代码到本地仓库（此时，远程仓库应该有初始化信息，或者有其他人完成的代码）。在后续过程中，如果要更新代码，就需要从服务器拉取（fetch）代码到本地仓库，然后合并（merge）到工作区，也可以使用 pull 命令合并上述 fetch 和 merge 命令。上述工作流程的示意如图 7.2.1 所示。

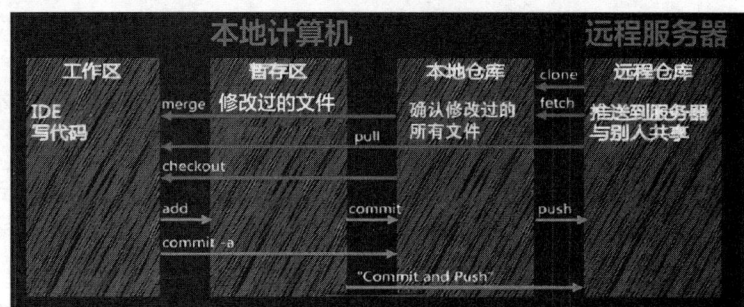

图 7.2.1 Git 工作流程示意

图 7.2.2 所示为个人使用 Git 的流程示意。图 7.2.3 所示为团队使用 Git 的流程示意。

其中，fork 操作表示把别人的仓库直接复制到本人的远程仓库中；clone 命令表示从远程仓库直接下载到本地仓库中（适用于初始化，本地仓库为空的情况）；pull 命令表示从远程仓库拉取代码合并到本地仓库（适用于已经有本地仓库的情况）；add 命令表示将修改后的代码添加至暂存区，commit 命令表示将暂存区代码提交至本地仓库；push 命令表示从本地仓库更新文件到远程仓库。

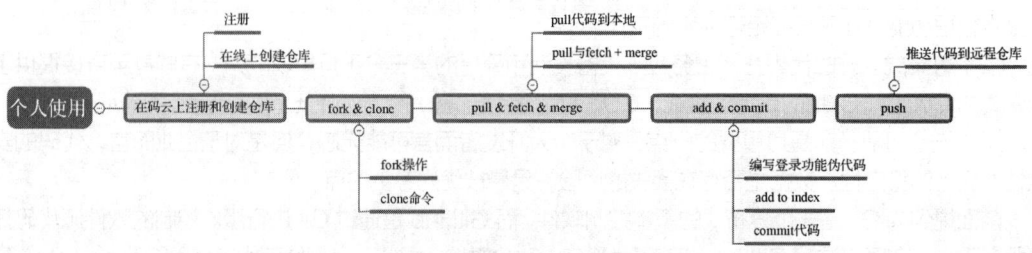

图 7.2.2 个人使用 Git 的流程示意

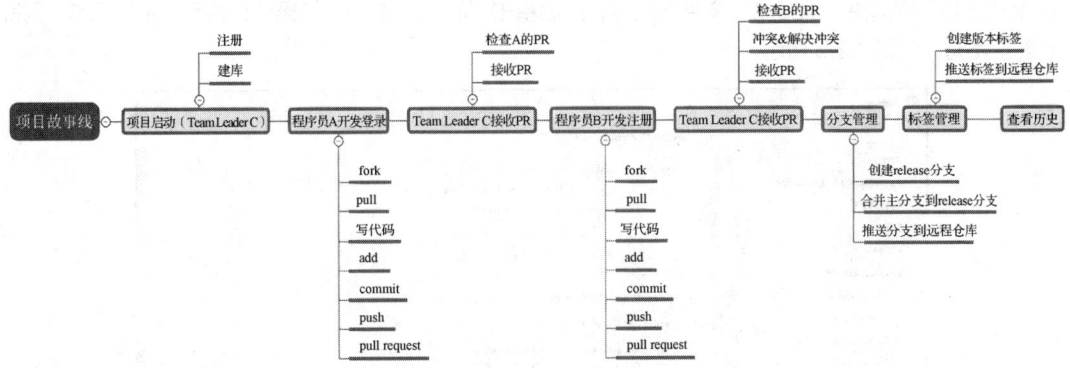

图 7.2.3　团队使用 Git 的流程示意

PhpStorm 可以完美支持 Git，只需要先安装好 Git 软件，然后在 PhpStorm 中配置好 Git 文件路径，就可以在 PhpStorm 中克隆远程仓库至本地以初始化项目。在本地编辑程序后，再通过 add、commit、push 命令更新远程仓库。

学习代码托管和版本控制的基础知识以后，小王同学准备实战了。他正好要开始制作新的项目"我最爱的车辆投票"，因此，他决定在 PhpStorm 中使用 Git 来完成该项目的版本控制和代码托管服务。

## 7.2.5　在 PhpStorm 中使用 Git

由于 PhpStorm 完美支持 Git，因此，在 PhpStorm 中，只需要通过简单的配置即可以图形化的方式使用 Git。

（1）在 Git 官网下载安装程序。下载时，选择好对应的操作系统和软件位数。同时，还可以选择安装版本（Setup）或绿色版本（Portable），如图 7.2.4 所示。

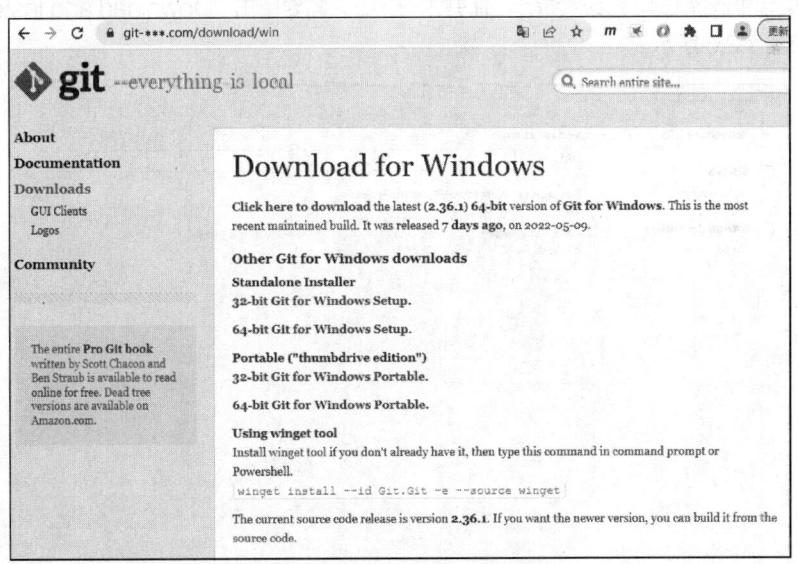

图 7.2.4　下载 Git 安装程序

如果下载的是安装版本，运行安装程序，根据提示完成安装即可。如果下载的是绿色版本，使用就更简单，直接解压到指定目录即可。

（2）打开 PhpStorm，单击"Settings"→"Version Control"→"Git"，然后在"Path to Git executable"中选择"git.exe"文件的路径，最后单击"Test"按钮，如果成功显示 Git 的版本，则说明配置完成，如图 7.2.5 所示。

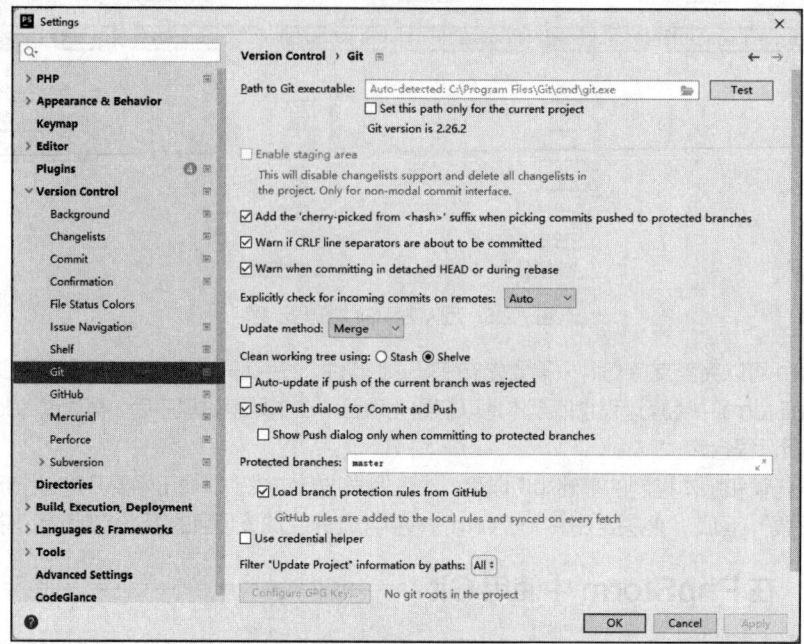

图 7.2.5　配置 git.exe 文件路径

在新版本的 PhpStorm 中，也可以不用事先安装 Git，而是在使用时，通过 PhpStorm 直接下载并安装。以 PhpStorm 2021.2.1 为例，在欢迎界面中单击右上角的"Get from VCS"按钮，然后在 Version control 下拉菜单中选择 Git，系统会提示 Git 并未安装，只需要单击"Download and Install"按钮即可完成安装，如图 7.2.6 所示。

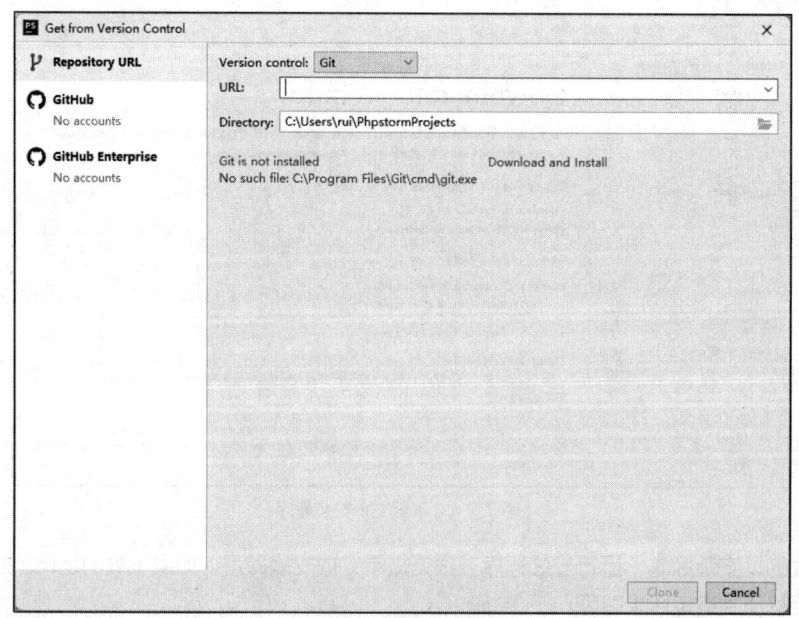

图 7.2.6　从 VCS 复制项目

（3）在码云中创建一个仓库。登录码云后，将鼠标指针移至右上角的"+"处，在弹出的快捷菜单中选择"新建仓库"。按要求输入仓库名称和路径（输入仓库名称后，路径会自动填充），如果路径和已有仓库路径重复，则系统会给出提示，只需要修改路径名称即可。如图 7.2.7 所示，新建仓库时，可以选择是"私有"还是"开源"。开源表示任何人都可以访问你的仓库，可以下载你的文件。私有表示仅有你自己，或你添加的成员可以下载或修改你的文件。当然，在现在的码云系统中新建仓库时，只能选择私有。如果想设置成开源，则可以在仓库创建好以后，单击"管理"→"基本信息"命令，重新设置成开源。

图 7.2.7　在码云中新建仓库

创建好仓库以后，单击"代码"选项卡，可以看到有一个仓库的地址，如图 7.2.8 所示。此处默认显示的是 HTTPS 地址，单击右边的复制图标 📋 即可复制地址，然后将地址填充到图 7.2.6 中的 URL 文本框中，在下面的 Directory 中选择项目所在位置，再单击右下角的"Clone"按钮，即可完成项目的复制。小王同学选择将项目创建至 E:\onlineVote。

图 7.2.8　复制仓库地址

（4）项目复制成功后，PhpStorm 会自动打开当前项目。由于刚才在码云中新建的是一个空白仓库，因此，现在在本地项目文件夹中没有任何文件。如果在码云的当前仓库中添加了一些文件，那么复制项目以后，这些文件会自动同步到当前项目中。选中项目根目录并单击鼠标右键，创建一个新文件 index.php。

当有新的文件加入项目中时，系统会自动提示是否将此文件添加到 Git 中，如图 7.2.9 所示。

　　单击"Add"按钮，即可将文件添加至 Git。勾选"Don't ask again"复选框后，以后新增加的文件都会自动添加至 Git。为了查看文件是否添加到 Git 的区别，还可以再新建一个 test.php 文件，然后选择不添加至 Git，最后观察这两个文件的颜色是有区别的，"index.php"为绿色，"test.php"为红色，如图 7.2.10 所示。当然，具体的颜色和当前 PhpStorm 使用的主题有关。关于如何设置 PhpStorm 的主题，大家可以通过网络查阅相关资料。

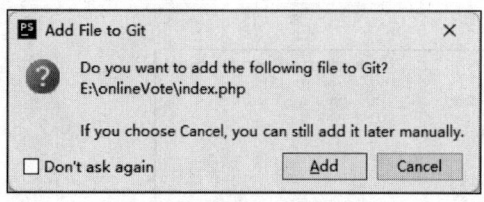
图 7.2.9　添加文件到 Git

图 7.2.10　将新增文件添加至 Git

扫码看彩图

　　（5）当工作进行到一定的进度以后，就可以把当前的文件提交到码云。选中项目目录并单击鼠标右键，在弹出的快捷菜单中选择"Git"→"Commit Directory"命令，如图 7.2.11 所示。接下来，会打开提交文件的对话框，如图 7.2.12 所示。其中左上角第一个区域就是当前添加到 Git 且有修改的文件，第二个区域是未添加到 Git 的文件，默认选中第一类文件。在左边中间区域需要输入提交信息（Commit Message），就是这一次提交的描述信息。

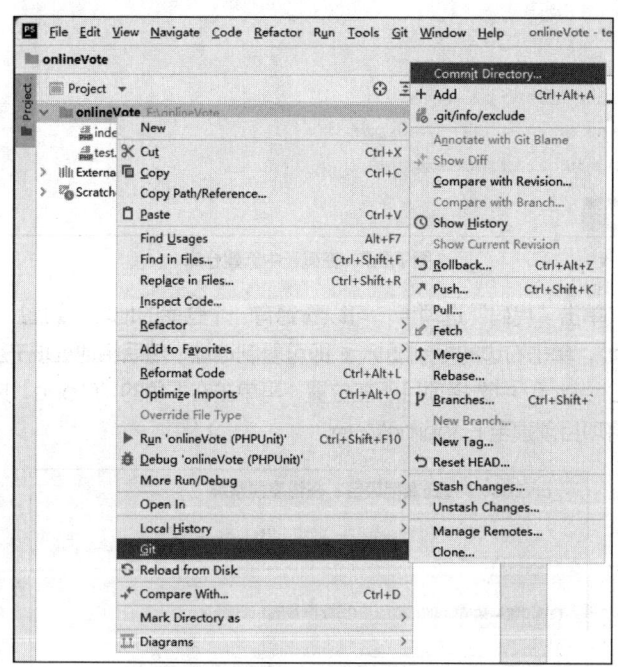
图 7.2.11　提交目录

　　在图 7.2.12 最下面的区域显示当前选中文件的内容。如果此文件是新增加的文件，则直接在下面区域显示其当前内容。如果此文件是原来已经有的文件，并进行了修改，则下面的区域分成左右两栏显示。其中左边一栏是该文件上一个版本的内容，右边一栏是该文件现在的内容。单击下面的"Commit"按钮即可将修改后的文件提交至本地仓库。如果需要将文件提交至远程仓库，则再次在图 7.2.11 中单击"Push"命令。当然，也可以在"Commit"时同时完成"Push"，只需要单击"Commit"按钮旁边的下拉按钮，选择"Commit and Push"命令，打开图 7.2.13 所示的界面，单击右下角的"Push"按钮，在弹出的登录 gitee.com 的窗口中输入码云的用户名和密码，可以勾选"Remember"复选框以记住密码，避免每次都要重新输入。

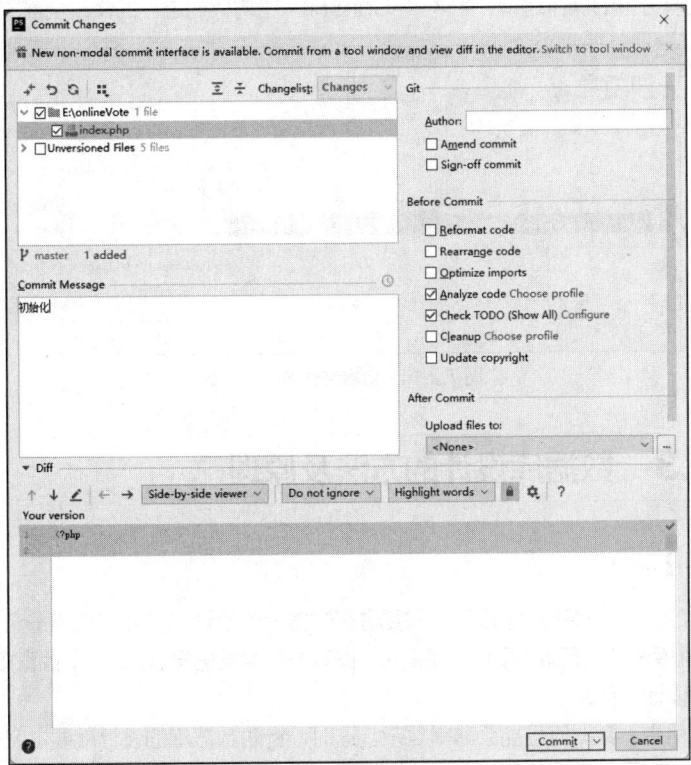

图 7.2.12　提交文件

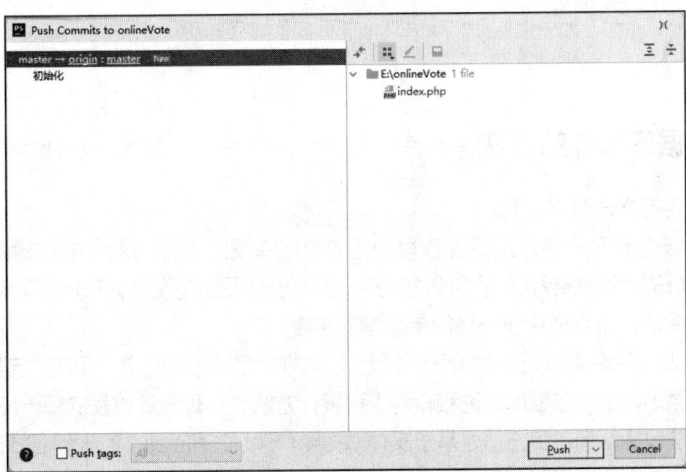

图 7.2.13　提交文件至远程仓库

"Push"成功后，可以到码云中查看仓库，在仓库中可以看到刚才新上传的所有文件。

如果我们换了一台新计算机，或者有其他协作者也上传了代码，本地仓库的文件就不是最新版本了。此时，可以在图 7.2.11 中选择"Pull"命令，将最新的文件拉取至本地仓库。

如果多次提交过某一个文件，这个文件就会被保存为多个版本。此时，可以在图 7.2.11 中单击"Show

History"命令，此文件的所有版本将显示在下面的窗口中，可以单击任意一个版本的文件查看内容，如图 7.2.14 所示。如果想撤销某个版本的修改内容，或者回到这个版本的上一个版本，就可以选中想要回退的版本并单击鼠标右键，然后选择"Revert Commit"命令，新建一个名为"Revert ××× Commit"的提交记录，该记录进行的操作是将"××× Commit"中对代码进行的修改全部撤销。

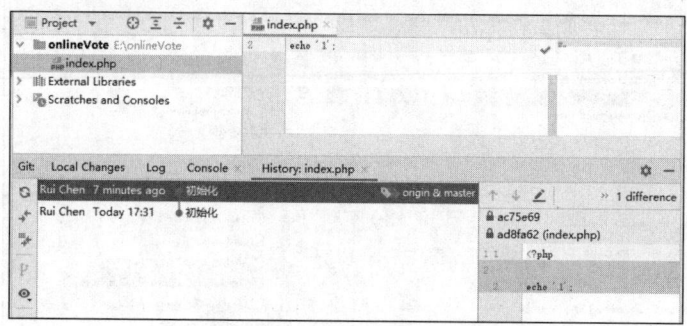

图 7.2.14　查看文件的历史版本

## 子任务 7.3　数据库设计的方法及原理

### 【任务提出】

　　根据程序设计的流程，小王同学接下来需要进行数据库的设计。他在完成第一个项目"会员管理系统"时，也做了数据库设计。但那个项目非常简单，仅有一个会员信息表，因此，他直接在 phpMyAdmin 中完成了数据库的设计、创建。

　　在大一点的项目中，数据库可能会非常复杂。这时，针对数据库的设计就要讲究一些方法了。为了能够正常完成第二个项目的数据库制作，小王同学又专门花了一天的时间，去网上找了很多资料，深入研究了数据库设计的方法和基本步骤。

### 【知识储备】

#### 7.3.1　数据库设计的方法

　　数据库设计常用的方法有以下几种。

　　（1）直观设计法（手工试凑法）。这是最早使用的数据库设计方法。这种方法依赖于设计者的经验和技巧，缺乏科学分析的理论基础和工程手段的支持，因为设计质量与设计人员的经验和水平有直接关系，所以设计质量很难保证，主要适用于一些简单小型的系统。

　　（2）规范设计法。将数据库设计分为若干阶段，明确规定各阶段的任务，采用"自顶向下、分层实现、逐步求精"的设计原则，结合数据库理论和软件工程设计方法，实现设计过程的每一细节，最终完成整个设计任务。这种方法包括新奥尔良方法、基于实体-联系（Entity-Relationship，E-R）模型的数据库设计方法、基于第三范式（Third Normal Form，3NF）的设计方法、面向对象的数据库设计方法、统一建模语言（Unified Modeling Language，UML）方法等。

　　（3）计算机辅助设计法。在数据库设计的某些过程中，可以利用计算机和一些辅助设计工具模拟某一规范设计法，并以人的知识或经验为主导，通过人机交互方式实现设计中的某些部分。比如，Oracle 公司开发的 Designer、Sybase 公司开发的 PowerDesigner，都是常用的数据库设计工具软件。

### 7.3.2　数据库设计的基本步骤

数据库的设计有很多方法和步骤，其中，以下步骤最为典型，可以参考实施。

（1）需求分析。通过详细调查现实世界要处理的对象（组织、部门、企业等），充分了解原系统（手工系统或计算机系统）的工作概况，明确用户的各种需求。

（2）概念结构设计。通过对用户需求进行综合、归纳与抽象，形成一个独立于具体数据库管理系统的概念模型。

（3）逻辑结构设计。将概念结构转换为某个数据库管理系统支持的数据模型，并对其进行优化。

（4）物理结构设计。为逻辑结构选取最适合应用环境的物理结构，包括存储结构和存取方法等。

（5）数据库实施。根据逻辑结构设计和物理结构设计的结果构建数据库，编写与调试应用程序，组织数据入库并进行试运行。

（6）数据库运行和维护。经过试运行后即可投入正式运行，在运行过程中必须不断对其进行评估、调整与修改。

需求分析和概念结构设计独立于任何数据库管理系统，且逻辑结构设计和物理结构设计与选用的数据库管理系统密切相关。上述数据库的设计步骤及具体的设计描述可以通过表 7.3.1 来说明。

**表 7.3.1　数据库的设计步骤及具体的设计描述**

| 设计步骤 | 设计描述 | |
| --- | --- | --- |
| | 数据 | 处理 |
| 需求分析 | 数据字典、数据项、数据流、数据存储的描述 | 数据流图、判定树、数据字典中处理过程的描述 |
| 概念结构设计 | 概念模型（E-R 模型）、数据字典 | 系统说明书（系统要求、方案、数据流图） |
| 逻辑结构设计 | 某种数据模型（如关系） | 系统结构图（模块结构） |
| 物理结构设计 | 存储安排、方法选择、存取路径建立 | 模块设计 |
| 数据库实施 | 编写与调试应用程序、装入数据、数据库试运行 | 程序编码、编译联结、测试 |
| 数据库运行和维护 | 性能监测、转储/恢复、数据库重组和重构 | 新旧系统转换、运行、维护 |

### 7.3.3　概念结构设计

概念结构设计就是将需求分析得到的用户需求抽象为信息结构（即概念模型）的过程。

目前应用最普遍的是 E-R 模型，它将现实世界的信息结构统一用属性、实体以及它们之间的联系来描述。

为了简化 E-R 模型的处理，现实世界的事物能作为属性对待的，尽量作为属性对待。

其中有两条基本的准则。

（1）作为属性，不能再具有需要描述的性质。属性必须是不可再细分的数据项，不能包含其他属性。

（2）属性不能与其他实体具有联系，即 E-R 模型中所表示的联系是实体之间的联系。

### 7.3.4　实体-联系图（E-R 模型）

对 E-R 模型的理解，主要是弄清楚其组成元素和元素间的联系。

（1）组成元素。E-R 模型中具体的组成元素如表 7.3.2 所示。

表 7.3.2　E-R 模型中具体的组成元素

| 元素 | 描述 | 表示形式 |
|---|---|---|
| 实体 | 客观存在并可以相互区别的事物 | 用矩形框表示，矩形框内写明实体名 |
| 属性 | 实体所具有的一个属性 | 用椭圆形表示，并用无向边将其与相应的实体连接起来 |
| 联系 | 实体和实体之间，以及实体内部的联系 | 用菱形表示，菱形框内写明联系名，并用无向边分别将其与有关实体连接起来，同时在无向边旁边标上联系的类型 |

（2）联系详解。

实体之间的联系最常见的有如下 3 种。

① 一对一。

图 7.3.1 所示为一对一联系的示意。其含义是，实体集"公民"中的每一个实体至多与实体集"身份证号码"中一实体有联系；反之，实体集"身份证号码"中的每个实体至多与实体集"公民"中的一个实体有联系。

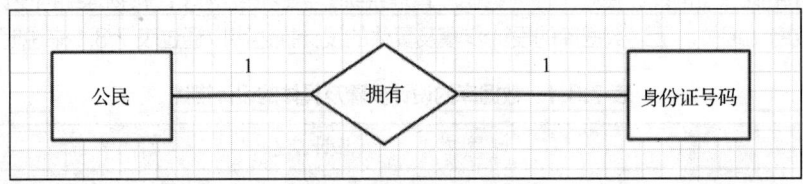

图 7.3.1　一对一联系示意

② 一对多。

图 7.3.2 所示为一对多联系的示意。其含义是，实体集"班级"至少与实体集"学生"中的 $N$（$N>0$）个实体有联系；并且实体集"学生"中的每一个实体至多与实体集"班级"中的一个实体有联系。

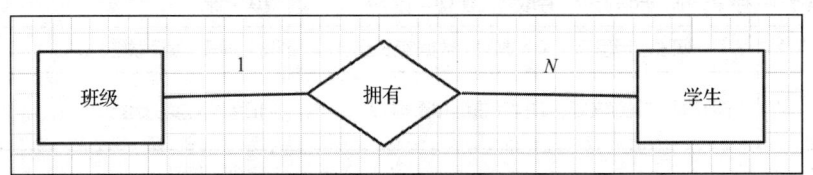

图 7.3.2　一对多联系示意

③ 多对多。

图 7.3.3 所示为多对多联系的示意。其含义是，实体集"学生"中的每一个实体至少与实体集"课程"中的 $M$（$M>0$）个实体有联系，并且实体集"课程"中的每一个实体至少与实体集"学生"中的 $N$（$N>0$）个实体有联系。

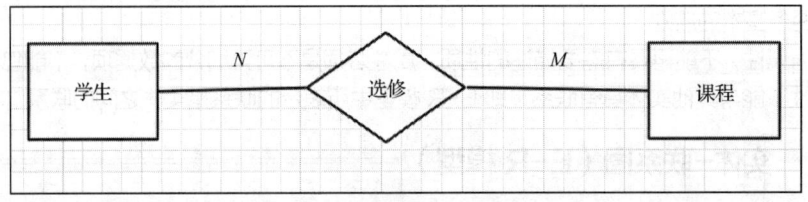

图 7.3.3　多对多联系示意

## 子任务 7.4　创建数据库

### 【任务提出】

通过前面的理论学习，小王同学觉得自己已经掌握了数据库设计的方法和基本步骤，接下来他将进入实战，用前面学习的理论知识来完成第二个项目的数据库设计。

数据库设计及初始化

### 【任务实施】

#### 7.4.1　实例详解

为了能顺利完成数据库设计，小王同学先做了如下的练习。

问题描述：

（1）一个学生可选修多门课程，一门课程有若干学生选修；

（2）一个教师可讲授多门课程，一门课程只有一个教师讲授；

（3）一个学生选修一门课程，仅有一个成绩；

（4）学生的属性有学号、姓名；教师的属性有教师编号、教师姓名；课程的属性有课程号、课程名。

根据上面的问题描述，小王同学最终绘制了图 7.4.1 所示的 E-R 模型，其中，有下画线的属性表示主键。

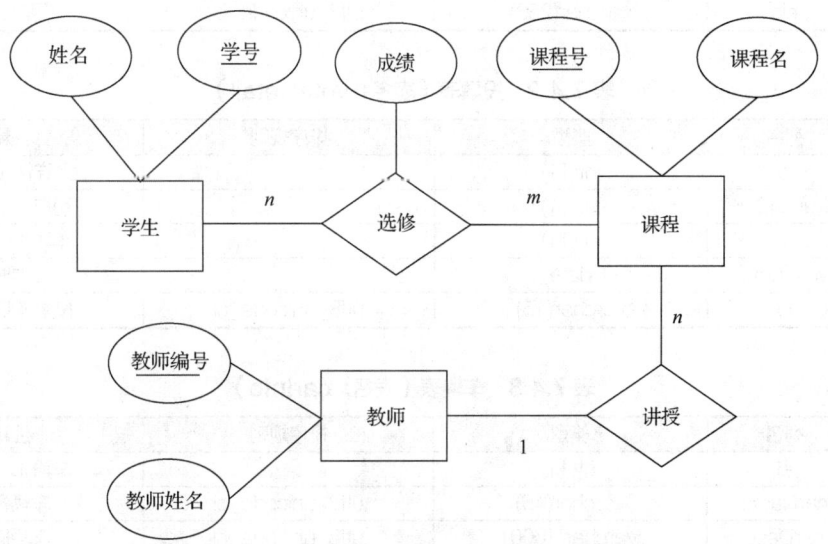

图 7.4.1　根据问题描述绘制的 E-R 模型

有了 E-R 模型，就可以转换数据表了。一般来说，可以为一个实体创建一张表，为一个联系（关系）创建一张表。当然，在实际工作中，可以根据情况进行合并等操作。

完成上面的 E-R 模型后，小王同学觉得火候差不多了，可以正式制作在线投票系统的数据库了。他仔细看了子任务 7.1 的需求分析，然后画出了图 7.4.2 所示的 E-R 模型。

他仔细检查和分析后，觉得这个 E-R 模型已经没有问题了，能够完整体现在线投票系统的需求分析，接下来，他根据 E-R 模型设计出了最终的数据表，其具体结构如表 7.4.1~表 7.4.3 所示。

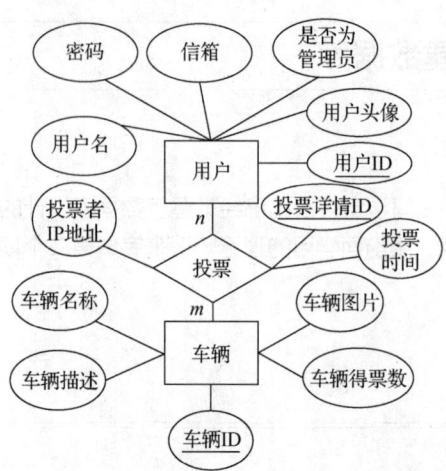

图 7.4.2　在线投票系统数据库设计之 E–R 模型

### 表 7.4.1　用户表（表名：userInfo）

| 序号 | 列名 | 类型 | 排序规则 | 注释 |
|------|------|------|----------|------|
| 1 | id | int(11) | | 用户 ID，主键 |
| 2 | userName | varchar(20) | utf8_unicode_ci | 用户名 |
| 3 | pw | varchar(32) | utf8_unicode_ci | 密码 |
| 4 | email | varchar(256) | utf8_unicode_ci | 信箱 |
| 5 | admin | tinyint(1) | | 是否为管理员 |
| 6 | pic | varchar(256) | utf8_unicode_ci | 用户头像 |

### 表 7.4.2　投票表（表名：voteDetail）

| 序号 | 列名 | 类型 | 排序规则 | 注释 |
|------|------|------|----------|------|
| 1 | id | int(11) | | 投票详情 ID，主键 |
| 2 | userID | int(11) | | 用户 ID，外键 |
| 3 | carID | int(11) | | 车辆 ID，外键 |
| 4 | voteTime | date | | 投票时间 |
| 5 | ip | varchar(15) | utf8_unicode_ci | 投票者 IP 地址 |

### 表 7.4.3　车辆表（表名：carInfo）

| 序号 | 列名 | 类型 | 排序规则 | 注释 |
|------|------|------|----------|------|
| 1 | id | int(11) | | 车辆 ID，主键 |
| 2 | carName | varchar(45) | utf8_unicode_ci | 车辆名称 |
| 3 | carDesc | varchar(1000) | utf8_unicode_ci | 车辆描述 |
| 4 | carPIC | varchar(256) | utf8_unicode_ci | 车辆图片 |
| 5 | carNum | int(11) | | 车辆得票数 |

## 7.4.2　主键和外键

在小王同学设计的数据表中出现了"主键"和"外键"。那么什么是主键和外键呢？

关系数据库中的一条记录有若干属性，若其中某一个属性或属性组能唯一标识一条记录，该属性或属性组就可以称为一个主键。

比如，有一张数据表名为"学生表"，其列构成为：学号、姓名、性别、班级。其中每个学生的学号是唯一的，因此，学号就是一个主键。

又如，有一张数据表名为"课程表"，其列构成为：课程编号、课程名、学分。其中课程编号是唯一的，因此，课程编号就是一个主键。

再如，有一张数据表名为"成绩表"，其列构成为：学号、课程编号、成绩。显然，成绩表中的单个属性无法唯一标识一条记录，学号和课程编号的组合才可以唯一标识一条记录，所以学号和课程编号的属性组就是一个主键。

虽然成绩表中的学号不是成绩表的主键，但它和学生表中的学号相对应，并且学生表中的学号是学生表的主键，因此，可以称成绩表中的学号是学生表的外键。同理，成绩表中的课程编号是课程表的外键。

数据表中，除了主键、外键，还有索引。那么主键、外键和索引有什么区别？表 7.4.4 总结了主键、外键和索引的区别。

**表 7.4.4　主键、外键和索引的区别**

|  | 主键 | 外键 | 索引 |
|---|---|---|---|
| 定义 | 唯一标识一条记录，不能有重复，不允许为空 | 表的外键是另一表的主键，外键可以有重复的值，可以是空值 | 该字段没有重复值，但可以是空值 |
| 作用 | 用来保证数据完整性 | 用来和其他表建立联系 | 提高查询排序的速度 |
| 个数 | 主键只能有一个 | 一张表可以有多个外键 | 一张表可以有多个唯一索引 |

小王同学根据前面创建好的 3 张数据表，在 phpMyAdmin 中进行数据库创建。他创建了一个数据库，名为 vote，其中就包括上述 3 张数据表，具体内容如图 7.4.3 所示。其中每一张表都采用了一个 id 作为主键，这个 id 列是一个自动增长列，它本身并无实际意义，仅仅用来作为主键，作用是标识某一行数据。

图 7.4.3　在 phpMyAdmin 中创建好的数据表

### 7.4.3　如何创建外键

在创建外键时，小王同学还费了一点周折，通过反复研究和尝试，才最终完成了外键的创建。

**1. 创建外键的必备条件**

要创建外键，需要满足以下 3 个条件。

（1）需要把相关数据表的存储引擎设置为 InnoDB。

（2）创建外键时，外键本身必须创建索引。

（3）设置外键的列，其数据类型要和对应的主键数据类型保持一致。

**2. 选择数据表存储引擎**

在创建数据表时，可以在右下角的存储引擎中选择类型，如图 7.4.4 所示。在 MySQL 数据库中，数据表的存储引擎默认是 MyISAM。如果要创建外键，则存储引擎必须设置为 InnoDB。

**3. MyISAM 和 InnoDB 的区别**

MyISAM 和 InnoDB 这两种存储引擎的区别还是较大的，最典型的区别如下。

（1）缓存机制。MyISAM 仅仅缓存索引，不会缓存实际数据信息，它会将这一工作交给操作系统（Operating System，OS）级别的文件系统缓存，所以 MyISAM 缓存优化工作集中在索引缓存优化上。InnoDB 有自己的缓存，不仅缓存索引，还缓存表中的数据。

（2）事务支持。MyISAM 不支持事务。InnoDB 支持事务，也支持主键和外键。

（3）锁定实现。MyISAM 锁定由 MySQL 服务控制，只支持表级锁。InnoDB 锁定交由 InnoDB 存储引擎，支持行级锁、页级锁等粒度更小的锁定级别。由于锁定级别的差异，在更新并行度上，InnoDB 比 MyISAM 好很多。

（4）数据物理存储方式（包括索引和数据）。在 MyISAM 存储引擎中，每张数据表有 3 个文件："FRM"文件存放表结构数据；"MYI"文件存放索引信息；"MYD"文件存放表数据。在 InnoDB 存储引擎中，使用".FRM"文件存放表定义；使用".IBD"文件存储独享表空间；使用".IBDATA"文件存储共享表空间。InnoDB 存储数据有两种方式，分别是独享表空间和共享表空间（具体使用哪种方式由 innodb_file_per_table 变量确定）。如果是独享表空间的存储方式，则使用".IBD"文件来存放数据，且每个表对应一个".IBD"文件，文件存放在和 MyISAM 数据相同的位置，由 datadir 确定。如果选用共享表空间的存储方式，则使用".IBDATA"文件来存放数据，所有表共同使用一个（或者多个，可自行配置）".IBDATA"文件。".IBDATA"文件可以通过 innodb_data_home_dir 和 innodb_data_file_path 两个参数共同配置组成，innodb_data_home_dir 用于配置数据存放的总目录。

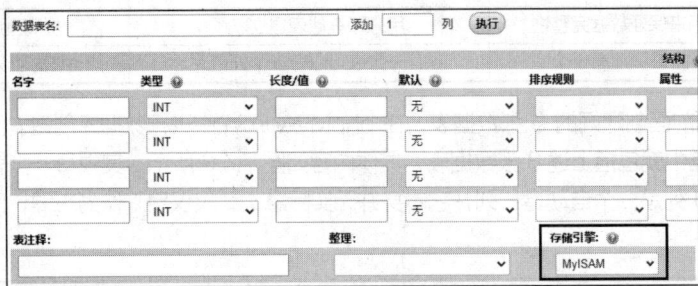

图 7.4.4　新建数据表时设置存储引擎

### 4. 存储引擎的修改

如果已经使用默认存储引擎创建好了数据表，则可以在进入数据表以后，在页面上方导航菜单中单击"操作"按钮，然后在"存储引擎"中进行修改，如图 7.4.5 所示。

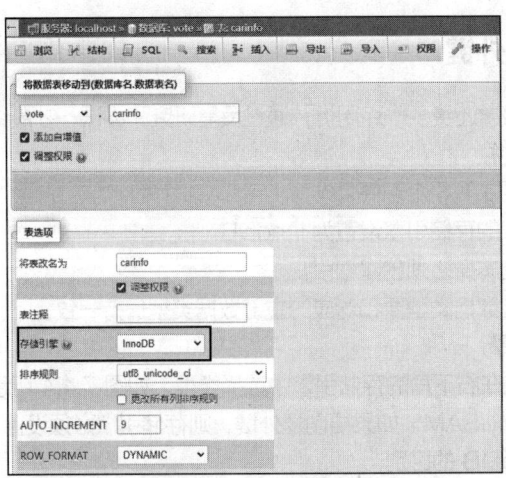

图 7.4.5　在"操作"中修改数据表的存储引擎

**5. 添加外键**

在 phpMyAdmin 中打开表结构后，其中有一个"关联视图"按钮，单击该按钮，即可添加外键约束，如图 7.4.6 所示。

从图 7.4.6 中可以看出，在第一栏中可以输入外键约束的名称，在第二栏和第三栏中，可以设置当删除（ON DELETE）、更新（ON UPDATE）外键对应的主键记录时，外键的值应该如何处理。可选值有 4 种，其含义如下。

（1）CASCADE：在父表上更新/删除记录时，同步更新/删除子表的匹配记录。

（2）SET NULL：在父表上更新/删除记录时，将子表上匹配记录的列设为 null（要注意子表的外键列不能设置为 not null）。

（3）NO ACTION：如果子表中有匹配的记录，则不允许对父表对应外键的记录进行更新/删除操作。

（4）RESTRICT：同 NO ACTION，都是立即检查外键约束。

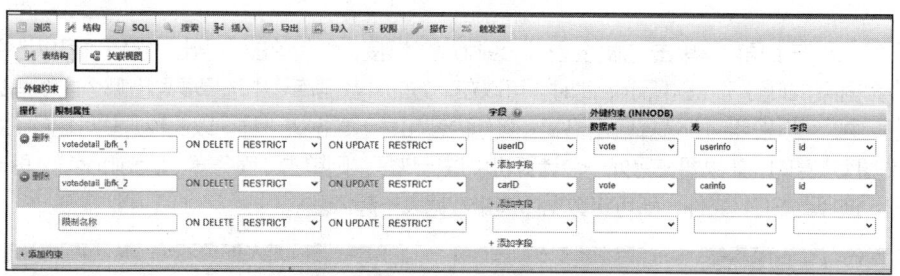

图 7.4.6　在关联视图中创建外键约束

第四栏用于选择要将哪一列设置成外键。第五栏用于选择此外键对应的主键所在的数据库名称。第六栏用于选择此外键对应的主键所在表。第七栏用于选择此外键对应的主键所在的列。

创建好外键后，再次查看 voteDetail 数据表的表结构，如图 7.4.7 所示。其中，userID 和 carID 后面都有灰色的钥匙图标，表明是外键；id 后面有金色的钥匙图标，表明是主键。在表结构下面的索引区域可以看到一个主键（键名是 PRIMARY），还有两个索引（键名分别是 carID 和 userID）。

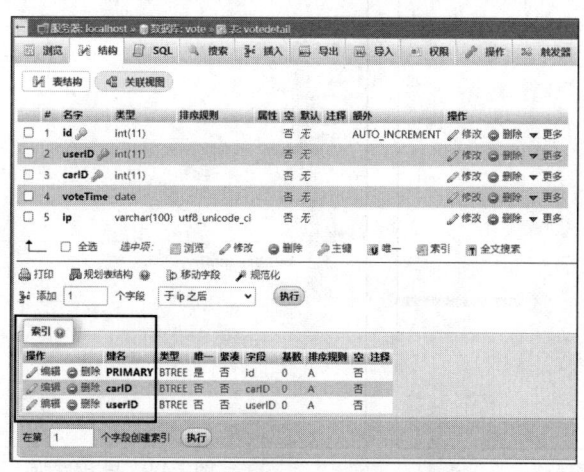

扫码看彩图

图 7.4.7　创建好外键的 voteDetail 数据表

## 7.4.4　数据库的导入和导出

数据库创建完成后，如何在不同计算机之间转移数据库呢？这就涉及数据库（表）的导入和导出操作了。

在 phpMyAdmin 中，可以很方便地进行数据库的导入和导出操作。只是要注意，如果直接在 phpMyAdmin 左边单击某个数据库，右边会显示当前数据库的所有表，此时，单击右边上方导航栏中的"导出"按钮，可以在导出方式中选择"自定义"，然后可以选择导出一张或多张表，如图 7.4.8 所示。注意图 7.4.8 中顶部的显示，表明当前处于数据库 vote 中，所以此时导出的是数据表（只有数据表，不包含数据库本身，或者可以理解为，如果下一次在另外一台计算机中导入这里导出的文件，则只会导入数据表，导入之前，需要先建立数据库）。在下面的"数据表"中可以选择导出哪些数据表，同时也可以选择是导出结构还是导出数据。在"格式"中可以选择输出的格式，一般选择 SQL 即可。在"输出"中可以设置导出的方式。选择"保存为文件"，当前结果以扩展名为 SQL 的文件形式导出（此文件可以被重新导入，以便恢复数据表）。也可以设置成"直接显示为文本"，即以 SQL 语句的形式直接显示出所有结果。复制这些语句以后，单击上方导航栏中的"SQL"按钮，然后粘贴这些语句，也可以恢复数据表。

在图 7.4.8 左上角位置单击"服务器：localhost"链接，然后单击"导出"按钮，可以选择导出一个或多个数据库，如图 7.4.9 所示。此时，可以在下方的"数据库"中选择要导出哪个或哪些数据库。在"输出"中，可以按照需要选择输出格式。其他内容和导出数据表一样。以此种方式导出的 SQL 文件是包含数据库本身的。如果要在另外一台计算机中进行恢复，则单击"服务器：localhost"，再单击"导入"按钮，选择此 SQL 文件，即可将数据库连带数据表一起恢复。

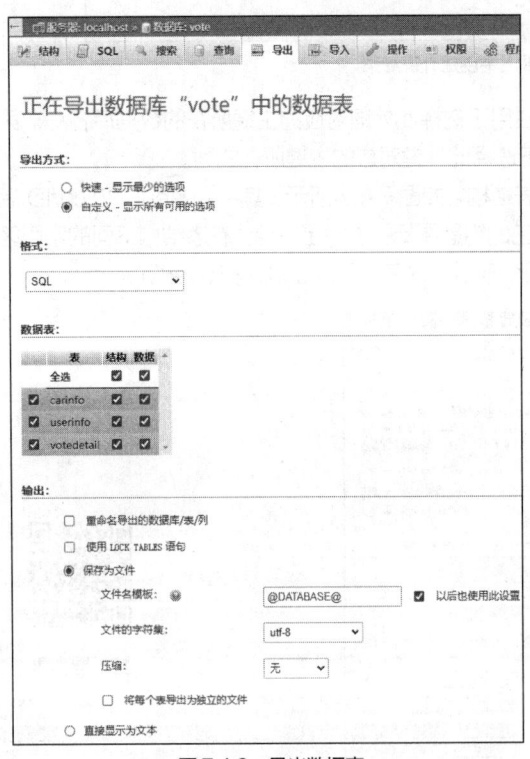

图 7.4.8　导出数据表

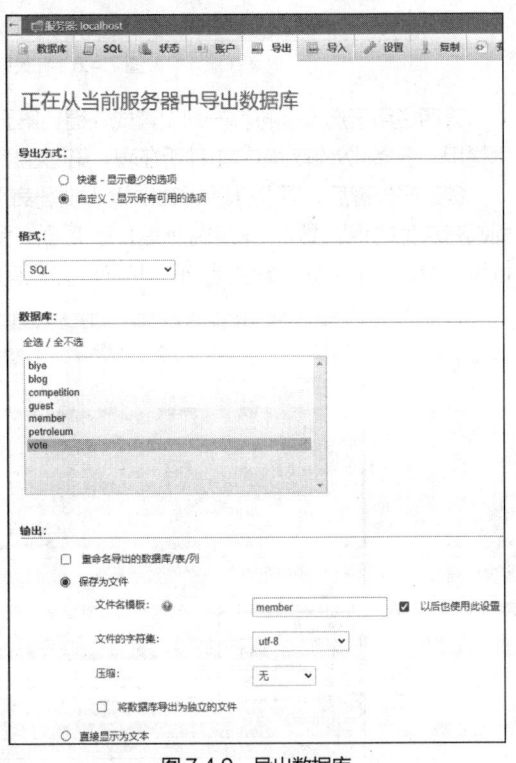

图 7.4.9　导出数据库

### 【素养小贴士】

同学们在学习时，一定要深入思考。代码能正常运行后，要回过头来给每一行代码添加注释语句，通过这种方法理解代码。如果能给每一行代码添加注释语句，你就理解和掌握这些内容了。我们学习时，不需要去背和记，而是要去理解。要知道，我们做项目时都是可以查阅资料的，所以不要尝试死记硬背。这些代码是海量的，你无论如何也背不下来。

记住：**我们学的是方法，不是知识**。知识浩瀚如海，我们时间有限，学会的也很有限。但如果我们学会了学习的方法，遇到新问题时，就能很快通过学习解决它。

## 【任务小结】

在本任务中，主要完成了项目的需求分析，学习了版本控制和代码托管的使用。这些内容在正式的商业项目开发中非常重要，属于必须掌握的内容。

另外，本任务还讲解了数据库设计的方法和基本步骤，同学们如果对这一块内容感兴趣，则建议下载 PowerDesigner 软件，并尝试在其中设计数据库。

## 【巩固练习】

### 一、单选题

1. 执行以下 SQL 语句后将发生的情况是（　　）。

```
1.    BEGIN TRANSACTION
2.    DELETE FROM MYTABLE WHERE ID=1
3.    DELETE FROM OTHERTABLE
4.    ROLLBACK TRANSACTION
```

    A. OTHERTABLE 中的内容将被删除

    B. OTHERTABLE 和 MYTABLE 中的内容都会被删除

    C. OTHERTABLE 中的内容将被删除，MYTABLE 中 ID 是 1 的内容将被删除

    D. 数据库没有变化

2. 以下查询的输出结果是（　　）。

```
1.    SELECT COUNT(*) FROM TABLE1 INNER JOIN TABLE2 ON TABLE1.ID <> TABLE2.ID
```

    A. TABLE1 和 TABLE2 不相同的记录

    B. 两个表中相同的记录

    C. TABLE1 中的记录条数乘 TABLE2 中的记录条数再减去两表中相同的记录条数

    D. 两表中不同记录的条数

3. 以下说法正确的是（　　）。

    A. 使用索引能加快插入数据的速度

    B. 良好的索引策略有助于防止跨站攻击

    C. 应当根据数据库的实际应用合理设计索引

    D. 删除一条记录将导致整个表的索引被破坏

4. 下列关于全文检索技术的说法中，不正确的是（　　）。

    A. Sphinx 是一个基于 SQL 的全文检索引擎，可以结合 MySQL 做全文搜索，它可以提供比数据库本身更专业的搜索功能

    B. Solr 是新一代的全文检索组件，它比 Lucene 的搜索效率高很多，还能支持 HTTP 的访问方式，PHP 调用 Solr 也很方便

    C. 在 MySQL 中为一个字段建立 FULLTEXT 索引，就可以实现全文检索，目前 MyISAM 和 InnoDB 的数据表都支持 FULLTEXT 索引

    D. Lucene 附带的二元分词分析器 CJKAnalyzer 切词速度很快，能满足一般的全文检索需求

5. 以下代码的运行结果为（　　　）。

```
1.    mysql_connect('localhost','root','');
2.    $result = mysql_query("SELECT id,name FROM tb1");
3.    while($row = mysql_fetch_array($result,MySQL_ASSOC)){
4.        echo 'ID:' .$row[0].' Name:' .$row[];
5.    }
```

  A. 报错             B. 循环换行输出全部记录

  C. 无任何结果           D. 只输出第一条记录

6. 获取 Git 版本号的命令是（　　　）。

  A. git Version     B. get GitVersion    C. git –version      D. git --version

7. 以下能够用于添加所有修改、已删除、新增的文件到暂存区中的命令是（　　　）。

  A. git add       B. git add –all     C. git add –files     D. git add --allfiles

**二、多选题**

1. 考虑如下 SQL 语句，能对返回记录的条数进行限制的是（　　　）。

```
1.    SELECT * FROM MY_TABLE
```

  A. 如果可能，那么把查询转换成存储过程

  B. 如果程序允许，那么使用 limit 关键字给查询指定返回记录的范围

  C. 如果可能，那么添加 where 条件

  D. 如果 DBMS 允许，那么把查询转换成视图

2. 下列语句对主键的说明正确的是（　　　）。

  A. 一张表只能有一个主键

  B. 一张表只能有一个主键，但一个主键可以包含一个或多个字段

  C. 一张表只能有一个外键

  D. 一张表可以有多个外键

3. 表 student（数据列有 id——自增，sname——姓名，sex——性别，age——年龄，类型是 varchar(10)）可以正确插入数据的语句有（　　　）。

  A. insert into student values(1,'张三丰','男',100)

  B. insert into student values('张三丰','男')

  C. insert into student(id,sname,sex,age) values(1,'张三丰','男','100')

  D. insert into student(sname,sex) values('张三丰','男')

4. MySQL 可以使用的注释语句有（　　　）。

  A. /**/        B. #         C. --          D. //

5. 下列关于 order by 子句的说法正确的是（　　　）。

  A. 在 select 语句中，order by 为必选语句

  B. order by 默认按照降序排列

  C. "order by 字段 desc" 表示按照 "字段" 降序排列

  D. order by 子句放在 where 子句之后

6. 以下能够实现将数据库表数据删除的语句是（　　　）。

  A. delete from table;         B. truncate table table;

  C. drop table table;          D. drop database db;

**三、简答题**

1. 什么是 Git?

2. Git 常用的命令有哪些?

3. 请简述 git pull、git merge、git fetch 这 3 个命令的区别。

4. push 之前一定要进行哪个操作？

5. 如何解决版本冲突？

**四、填空题**

1. 请按照描述，在下面的（A）、（B）、（C）等括号中补充完整相应的内容。

（1）创建新闻发布系统，其中有一个数据表，表名为 message，有如下字段。

① id：文章 id，int 类型，长度为 10，自增字段。

② title：文章标题，可变字符型，长度为 200。

③ content：文章内容。

④ category_id：文章分类 id。

⑤ hits：点击量。

SQL 实现：

```
CREATE TABLE '（A）'(
    'id'（B）NOT NULL（C），
    'title'（D）default NULL,
    'content' text,
    'category_id' int（10）NOT NULL,
    'hits' int(20),
    PRIMARY KEY('id');
)ENGINE=InnoDB DEFAULT CHARSET=utf8
```

（2）在上述新闻发布系统中，表 comment 用于记录用户回复内容，字段如下。

① comment_id：回复 id。

② id：文章 id，关联 message 表中的 id。

③ comment_content：回复内容。

现需要通过查询数据库得到以下格式的文章标题列表，并按照回复数量排序，回复数量最高的排在最前面。

文章 id 文章标题 点击量 回复数量

请用一个 SQL 语句完成上述查询，如果文章没有回复内容，则回复数量显示 0。

请填写下面（A）、（B）、（C）、（D）中的内容。

```
1.    SELECT（A）id,（B）title,IF(message.'hits' IS NULL,0,message.'hits') hits,
2.    IF(comment.'id' is NULL,0,count(*)) number FROM message（C）
3.    comment ON (D) GROUP BY message.'id';
```

（3）在上述新闻发布系统中，表 category 用于保存分类信息，字段如下。

① category_id：int 类型，长度为 4，自增字段。

② category_name：varchar 类型，长度为 40，非空字段。

在用户录入文章时，可通过选择下拉菜单选定文章分类，请填写括号（A）、（B）、（C）、（D）中的内容。

```
1.    function categoryList()
2.    {
3.        $result=mysql_query("select category_id,category_name from（A）") or die("Invalid query:
". mysql_error());
4.        print("<select name='category' value=''>/n");
5.        while($rowArray=（B）)
6.        {  print("<option（C）='". (D) ."'>".$rowArray['category_name']."</option>/n");
```

```
7.          }
8.          print("</select>");
9.      }
```

2. 使用 PHP 写一段简单查询语句，查出所有姓名为"张三"的记录并输出。

表名：User。列名及行记录如下所示。

| Name | Tel | Content | Date |
| --- | --- | --- | --- |
| 张三 | 13333663366 | 大专毕业 | 2006-10-11 |
| 张三 | 13612312331 | 本科毕业 | 2006-10-15 |
| 张四 | 021-55665566 | 中专毕业 | 2006-10-15 |

# 任务8
## 在线投票系统首页制作及投票功能实现

**08**

## 情景导入

在制作在线投票系统首页时，联想到原来所学的静态网站知识，小王同学还是决定采用响应式页面布局的方式来制作。这样做的好处是，完成的系统可以实现手机、平板电脑、台式计算机显示器等不同分辨率的设备的最佳显示效果。响应式网站的做法有很多，相对而言，比较简单的方法是使用类似于 Bootstrap 的前端框架来制作。很显然，要投票，就要识别用户身份，因此需要在系统中实现会员管理功能。

## 职业能力目标及素养目标

- 能使用 Bootstrap 前端框架完成网站的响应式布局。
- 能通过 PHP 连接 MySQL 数据库进行数据的读取。

- 培养社会责任感。
- 懂得规则、制度的重要性，成年人要学会为自己的行为负责。

---

### 子任务 8.1　首页静态页面制作（Bootstrap 布局）

### 【任务提出】

响应式网站的制作方法有很多，可以采用现成的前端框架来制作，也可以自己手动编写代码，并通过媒体查询来实现。显然，使用前端框架会大大降低前端响应式布局的工作量。在众多响应式前端框架中，Bootstrap 框架是一个值得推荐的、非常优秀的前端框架。

首页静态页面制作
（Bootstrap 布局）

### 【任务实施】

#### 8.1.1　了解 Bootstrap

Bootstrap 是全球最受欢迎的前端开源工具库之一，它支持 Sass 变量和 Mixin，提供响应式栅格系统，并且自带大量组件和众多强大的 JavaScript 插件。

Bootstrap 是美国设计师马克·奥托（Mark Otto）和雅各布·桑顿（Jacob Thornton）基于 HTML、CSS、JavaScript 合作开发的简洁、直观、功能强大的前端开发框架，使得 Web 开发更加快捷。Bootstrap 提供了优雅的 HTML 和 CSS 规范，它是由动态 CSS 语言 Less 写成的。Bootstrap 一经推出便颇受欢迎，一直是 GitHub 上的热门开源框架，NASA 的 MSNBC（微软全国广播公司）的 Breaking News 也使用了该框架。国内一些移动开发者较为熟悉的框架，如 WeX5 前端开源框架等，也是基于 Bootstrap 源代码进行性能优化而来的。

Bootstrap 目前有多个版本并存，关于 Bootstrap 的详细使用方法，可以到官网下载教程，网络上也有很多相关的资源可以使用。

需要注意的是，Bootstrap 的所有 JavaScript 插件都依赖于 jQuery，因此，在使用时，需要先引入 jQuery（必须在引入 Bootstrap 的核心 JavaScript 库之前引入）。

## 8.1.2  认识 Bootstrap 的栅格系统

在 Bootstrap 中，页面的布局使用栅格系统来完成。Bootstrap 提供了一套响应式、移动设备优先的流式栅格系统，它的基本原理是把整个页面分成 12 列，然后可以随着屏幕或视口（View Port）尺寸的变化，自动设置每一行占据多少列。

栅格系统的工作原理很简单，就是通过一系列的行（Row）与列（Column）的组合来创建页面布局。下面简单介绍 Bootstrap 栅格系统的工作原理和注意事项。

（1）所有的".row（行）"都必须包含在具有".container（固定宽度）"或".container-fluid（100% 宽度）"样式的容器中。

（2）在每一"行"中，都会在水平方向创建一组"列"。

（3）页面中的具体内容应当位于"列"内，并且只有"列"可以作为"行"的直接子元素。

（4）在制作栅格布局时，需要使用".row"".col-xs-3"等预定义的类。

（5）每一"列"都可添加间距（Padding）属性，这样可以创建列与列之间的槽（Gutter）宽。

（6）栅格系统中的列可以通过指定 1~12 的值来表示其跨越的范围。例如，3 个等宽的列可以使用 3 个".col-xs-4"来创建。

（7）如果一"行"中包含的"列"数目大于 12，则多余的"列"将另起一行排列。

（8）栅格类适用于屏幕宽度大于或等于分界点大小的设备，并且针对小屏幕设备覆盖栅格类，也就是说，小屏幕是优先的。

通过表 8.1.1 可以详细查看 Bootstrap 的栅格系统是如何在多种屏幕设备上工作的。

表 8.1.1  Bootstrap 的栅格系统在多种屏幕设备上的工作模式

| | 超小屏幕 手机（<768px） | 小屏幕 平板电脑（≥768px） | 中等屏幕 小型桌面显示器（≥992px） | 大屏幕 大型桌面显示器（≥1200px） |
|---|---|---|---|---|
| 栅格系统行为 | 总是水平排列 | 开始是堆叠在一起的，当大于这些阈值时将变为水平排列 | | |
| .container 最大宽度 | None（自动） | 750px | 970px | 1170px |
| 类前缀 | .col-xs- | .col-sm- | .col-md- | .col-lg- |
| 列数 | 12 | | | |
| 最大列宽 | 自动 | 62px | 81px | 97px |
| 槽宽 | 30px（每列左右均有 15px 间隔） | | | |
| 嵌套 | 是 | | | |
| 偏移（Offset） | 是 | | | |
| 支持列排序 | 是 | | | |

### 8.1.3  引入 Bootstrap 库文件

要使用 Bootstrap 来布局，首先需要引入 Bootstrap 库文件。Bootstrap 目前有 v2、v3、v4、v5 这 4 个版本，版本之间有一定的差异。一般来说，普通项目采用 v3 比较合适。在引入 Bootstrap 库文件时，可以不用下载，推荐直接使用内容分发网络（Content Delivery Network，CDN）加速器，其中 Bootstrap 的核心 CSS 文件和核心 JavaScript 文件必须引入，可以参照如下代码进行 Bootstrap 库文件的引入。

```
1.  <!-- 最新版本的 Bootstrap 核心 CSS 文件 -->
2.  <link rel="stylesheet" href="https://cdn.bootcdn.net/ajax/libs/twitter-bootstrap/3.4.1/css/bootstrap.min.css" integrity="sha384-HSMxcRTRxnN+Bdg0JdbxYKrThecOKuH5zCYotlSAcp1+c8xmyTe9GYg1l9a69psu" crossorigin="anonymous">
3.  <!-- 可选的 Bootstrap 主题文件（一般不用引入）-->
4.  <link rel="stylesheet" href="https://cdn.bootcdn.net/ajax/libs/twitter-bootstrap/3.4.1/css/bootstrap-theme.min.css" integrity="sha384-6pzBo3FDv/PJ8r2KRkGHifhEocL+1X2rVCTTkUfGk7/0pbek5mMa1upzvWbrUbOZ" crossorigin="anonymous">
5.  <!-- 最新的 Bootstrap 核心 JavaScript 文件 -->
6.  <script src="https://cdn.bootcdn.net/ajax/libs/twitter-bootstrap/3.4.1/js/bootstrap.min.js" integrity="sha384-aJ21OjlMXNL5UyIl1/XNwTMqvzeRMZH2w8c5cRVpzpU8Y5bApTppSuUkhZXN0VxHd" crossorigin="anonymous"></script>
```

### 8.1.4  Bootstrap 布局测试

了解 Bootstrap 的基础知识后，小王准备来测试 Bootstrap 在网页中的布局。

（1）新建 index.php 文件。

（2）在文档中引入 Bootstrap 的核心 CSS 文件和核心 JavaScript 文件。

（3）实现页面布局。小王同学在子任务 7.1 进行需求分析时，已经规划好了在线投票系统首页的响应式页面布局。那就是在手机上显示时，每行展示一列。在平板电脑上显示时，每行展示两列。在小型桌面显示器上显示时，每行展示三列，在大型桌面显示器上显示时，每行展示四列。按照这个设计，参照官方文档，小王同学很快就完成了如下的测试代码。

```
1.  <div class="container">
2.    <div class="row" style="margin-top: 15px">
3.      <div class="col-xs-12 col-sm-6 col-md-4 col-lg-3" style="border: 1px solid black;padding: 10px">
4.        第一行第一列
5.      </div>
6.      <div class="col-xs-12 col-sm-6 col-md-4 col-lg-3" style="border: 1px solid black;padding: 10px">
7.        第一行第二列
8.      </div>
9.      <div class="col-xs-12 col-sm-6 col-md-4 col-lg-3" style="border: 1px solid black;padding: 10px">
10.       第一行第三列
11.     </div>
12.     <div class="col-xs-12 col-sm-6 col-md-4 col-lg-3" style="border: 1px solid black;padding: 10px">
```

```
13.          第一行第四列
14.       </div>
15.     </div>
16.   </div>
```

（4）测试效果。小王同学打开浏览器预览做好的文件。通过改变屏幕尺寸，得到了 4 种不同的布局效果，如图 8.1.1 所示。

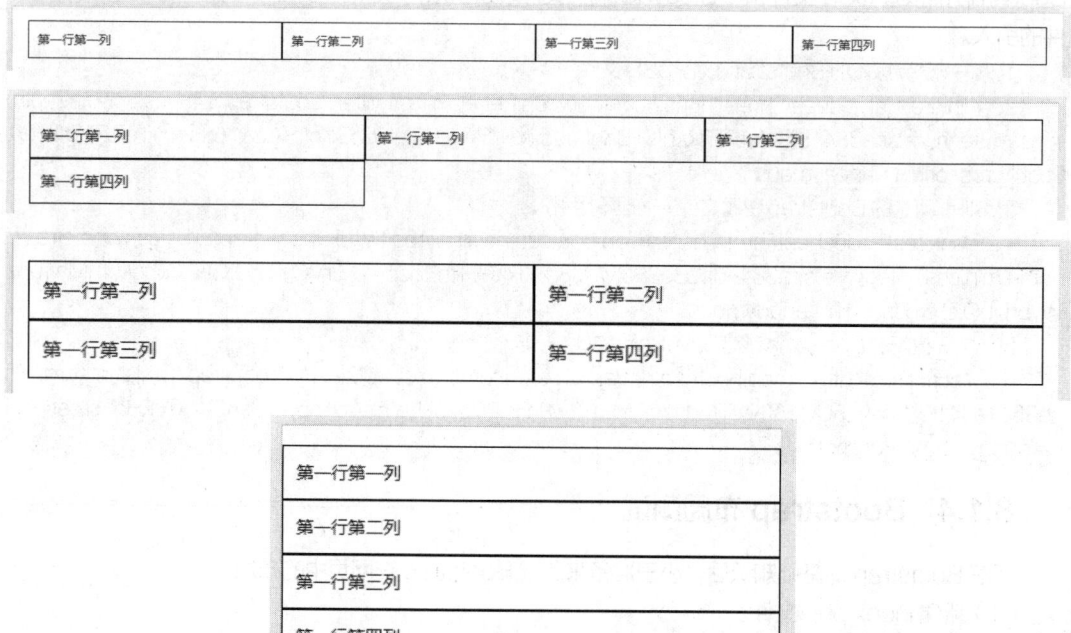

图 8.1.1　首页基本布局测试

测试代码中的 CSS 类"col-xs-12"表示在手机（xs）上，占用 12 栏（也就是一行一列）；"col-sm-6"表示在平板电脑（sm）上，占用 6 栏（也就是一行两列）；"col-md-4"表示在小型桌面显示器（md）上，占用 4 栏（也就是一行三列）；"col-lg-3"表示在大型桌面显示器（lg）上；占用 3 栏（也就是一行四列）。

### 8.1.5　在项目首页中使用 Bootstrap 布局

小王同学通过测试，已经看到了响应式布局的结果。根据 index.php 文件的内容，他做了一下调整，就实现了在线投票系统的首页。由于此文件代码较长，请扫码查看完整代码。需要注意，在这个文件中，小王同学在引入 Bootstrap 的核心 CSS 文件和 JavaScript 文件时，使用了 CDN 加速链接，如果此链接访问速度较慢，则可以将这两个文件下载后在本地引用。

完整代码

可以看到，小王同学用了一些示例文字和图片来模拟最终的投票界面。最后运行的结果如下，其中图 8.1.2 所示为在大型桌面显示器上的布局效果；图 8.1.3 所示为在小型桌面显示器上的布局效果；图 8.1.4 所示为在平板电脑上的布局效果；图 8.1.5 所示为在手机上的布局效果。

仔细看小王同学完成的代码，可以看到，他在"行"中又嵌套了"行"。事实上，这种嵌套可以多次进行。只是需要注意，需要保证每一"行"中的"列"数量在不同分辨率的设备上加起来要等于 12。

## 我最爱的车辆投票

登录 注册

外观方面，长安CS85COUPE采用长安最新蝶翼式家族前脸设计，视觉冲击力较强。细节方面，前进气格栅融入较为复杂的设计元素，搭配两侧锐利大灯造型十分时尚。同时，前脸下方略带铲型的前包围设计，增加该车运动感。在动力部分，2023款CS85COUPE仍然提供了1.5T和2.0T两种动力组合，但是这次1.5T采用的是长安最新蓝鲸NE发动机。

外观方面，长安CS85COUPE采用长安最新蝶翼式家族前脸设计，视觉冲击力较强。细节方面，前进气格栅融入较为复杂的设计元素，搭配两侧锐利大灯造型十分时尚。同时，前脸下方略带铲型的前包围设计，增加该车运动感。

外观方面，长安CS85COUPE采用长安最新蝶翼式家族前脸设计，视觉冲击力较强。细节方面，前进气格栅融入较为复杂的设计元素，搭配两侧锐利大灯造型十分时尚。同时，前脸下方略带铲型的前包围设计，增加该车运动感。

外观方面，长安CS85COUPE采用长安最新蝶翼式家族前脸设计，视觉冲击力较强。细节方面，前进气格栅融入较为复杂的设计元素，搭配两侧锐利大灯造型十分时尚。同时，前脸下方略带铲型的前包围设计，增加该车运动感。

外观方面，长安CS85COUPE采用长安最新蝶翼式家族前脸设计，视觉冲击力较强。细节方面，前进气格栅融入较为复杂的设计元素，搭配两侧锐利大灯造型十分时尚。同时，前脸下方略带铲型的前包围设计，增加该车运动感。

外观方面，长安CS85COUPE采用长安最新蝶翼式家族前脸设计，视觉冲击力较强。细节方面，前进气格栅融入较为复杂的设计元素，搭配两侧锐利大灯造型十分时尚。同时，前脸下方略带铲型的前包围设计，增加该车运动感。

外观方面，长安CS85COUPE采用长安最新蝶翼式家族前脸设计，视觉冲击力较强。细节方面，前进气格栅融入较为复杂的设计元素，搭配两侧锐利大灯造型十分时尚。同时，前脸下方略带铲型的前包围设计，增加该车运动感。

图 8.1.2　大型桌面显示器布局效果

## 我最爱的车辆投票

登录 注册

外观方面，长安CS85COUPE采用长安最新蝶翼式家族前脸设计，视觉冲击力较强。细节方面，前进气格栅融入较为复杂的设计元素，搭配两侧锐利大灯造型十分时尚。同时，前脸下方略带铲型的前包围设计，增加该车运动感。在动力部分，2023款CS85COUPE仍然提供了1.5T和2.0T两种动力组合，但是这次1.5T采用的是长安最新蓝鲸NE发动机。

外观方面，长安CS85COUPE采用长安最新蝶翼式家族前脸设计，视觉冲击力较强。细节方面，前进气格栅融入较为复杂的设计元素，搭配两侧锐利大灯造型十分时尚。同时，前脸下方略带铲型的前包围设计，增加该车运动感。

外观方面，长安CS85COUPE采用长安最新蝶翼式家族前脸设计，视觉冲击力较强。细节方面，前进气格栅融入较为复杂的设计元素，搭配两侧锐利大灯造型十分时尚。同时，前脸下方略带铲型的前包围设计，增加该车运动感。

外观方面，长安CS85COUPE采用长安最新蝶翼式家族前脸设计，视觉冲击力较强。细节方面，前进气格栅融入较为复杂的设计元素，搭配两侧锐利大灯造型十分时尚。同时，前脸下方略带铲型的前包围设计，增加该车运动感。

外观方面，长安CS85COUPE采用长安最新蝶翼式家族前脸设计，视觉冲击力较强。细节方面，前进气格栅融入较为复杂的设计元素，搭配两侧锐利大灯造型十分时尚。同时，前脸下方略带铲型的前包围设计，增加该车运动感。

外观方面，长安CS85COUPE采用长安最新蝶翼式家族前脸设计，视觉冲击力较强。细节方面，前进气格栅融入较为复杂的设计元素，搭配两侧锐利大灯造型十分时尚。同时，前脸下方略带铲型的前包围设计，增加该车运动感。

图 8.1.3　小型桌面显示器布局效果

# 我最爱的车辆投票

登录 注册

当前票数：80

外观方面，长安CS85COUPE采用长安最新蝶翼式
家族前脸设计，视觉冲击力较强。细节方面，前进
气格栅融入较为复杂的设计元素，搭配两侧锐利大
灯造型十分时尚。同时，前脸下方略带铲型的前包
围设计，增加该车运动感。在动力部分，2023款
CS85COUPE仍然提供了1.5T和2.0T两种动力组
合，但是这次1.5T采用的是长安最新蓝鲸NE发动
机。

当前票数：80

外观方面，长安CS85COUPE采用长安最新蝶翼式
家族前脸设计，视觉冲击力较强。细节方面，前进
气格栅融入较为复杂的设计元素，搭配两侧锐利大

# 我最爱的车辆投票

登录 注册

当前票数：80 当前票数：80

外观方面，长安CS85COUPE采用长安最新蝶翼式家族 外观方面，长安CS85COUPE采用长安最新蝶翼式家族
前脸设计，视觉冲击力较强。细节方面，前进气格栅融 前脸设计，视觉冲击力较强。细节方面，前进气格栅融
入较为复杂的设计元素，搭配两侧锐利大灯造型十分时 入较为复杂的设计元素，搭配两侧锐利大灯造型十分时
尚。同时，前脸下方略带铲型的前包围设计，增加该车 尚。同时，前脸下方略带铲型的前包围设计，增加该车
运动感。在动力部分，2023款CS85COUPE仍然提供了 运动感。
1.5T和2.0T两种动力组合，但是这次1.5T采用的是长安
最新蓝鲸NE发动机。

当前票数：80 当前票数：80

外观方面，长安CS85COUPE采用长安最新蝶翼式家族 外观方面，长安CS85COUPE采用长安最新蝶翼式家族
前脸设计，视觉冲击力较强。细节方面，前进气格栅融 前脸设计，视觉冲击力较强。细节方面，前进气格栅融

图 8.1.4　平板布局效果　　　　　　　　　　　图 8.1.5　手机布局效果

　　扫描二维码，可以在代码中看到一共有 3 个地方添加了 CSS 类"clearfix"，这个类用于清理浮动。
使用该类的原因是在布局中，如果某些列比别的列高度更高，则会导致排列出错，所以使用 clearfix 类来
解决此问题。另外，这里还使用了形如".visible-*-*"的类，这些类被称为"响应式工具"。为了加快对
移动设备友好的页面开发工作，利用媒体查询功能并使用这些工具类可以方便地针对不同设备展示或隐
藏页面内容。有针对性地使用这些工具类，可以避免为同一个网站创建完全不同的版本。相反，通过使
用这些工具类可以在不同设备上提供不同的展现形式。比如，在代码的第 73 行使用的类
"visible-sm-block"，表示这个 div 仅在平板电脑上才有效（在其他分辨率的设备上，这个 div 将不会被
渲染出来）。后面使用到的"visible-md-block"和"visible-lg-block"，也是类似的意思。

　　如果注意观察，就很容易发现，小王同学在第一行的第一列中，所用的车辆介绍比其他列中的介绍
多一句话。如果没有使用上述 clearfix 类和响应式工具，会是什么效果呢？如果把第 88 行、第 73 行、
第 103 行都注释掉，那么在大型桌面显示器上看到的布局效果如图 8.1.6 所示，在小型桌面显示器上看
到的布局效果如图 8.1.7 所示。

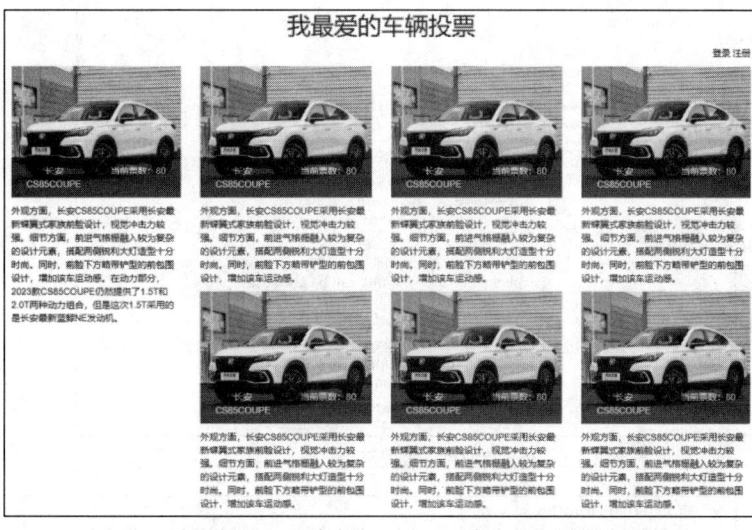

图 8.1.6　大型桌面显示器中未使用 clearfix 类响应式工具的布局效果

图 8.1.7　小型桌面显示器中未使用 clearfix 类和响应式工具的布局效果

## 8.1.6　在 PhpStorm 中下载外部库文件

小王同学已经完成了首页的静态内容制作，但他突然发现，在 PhpStorm 中，第 9 行和第 13 行就是远程引用的 CSS 文件和 JavaScript 文件，链接背景是黄色的，将鼠标指针移至其上，会提示该库文件在本地不存在，这样会导致该库文件对应的代码自动提示等功能失效，如图 8.1.8 所示。单击提示中的 "Download library" 链接，就可以将对应的库文件下载至本地，如图 8.1.9 所示。可以看到，下载库文件后，第 13 行的背景已经没有黄色底纹了，同时，可以关注到编辑器左边的 Profect 窗口下方有 External Libraries（外部库文件）标签，单击展开可以看到已经存在第 13 行对应的库文件。

```
1   <!doctype html>
2   <html lang="en">
3   <head>
4       <meta charset="UTF-8">
5       <meta name="viewport"
6           content="width=device-width, user-scalable=no, initial-scale=1.0, maximum-scale=1.0, minimum-scale=1.0">
7       <meta http-equiv="X-UA-Compatible" content="ie=edge">
8       <!--       需要导入的     Bootstrap      核心     CSS     文件     -->
9       <link rel="stylesheet" href="https://cdn.boot cdn.net/ajax/libs/twitter-bootstrap/3.4.1/css/bootstrap.min.css"
10          integrity="sha384-HSMxcRTRxnN+8dg0JdbxYKrThecOKuH5zCYotlSAcp1+c8xmyTe9GYg1l9a69psu" ...origin="anonymous">
11      <title>我最爱的车辆投票</title>
12      <!--       可选的      Bootstrap      核心     JavaScri
13      <script src="https://cdn.bootcdn.net/ajax/lib
14          integrity="sha384-aJ21OjlMXNL5UyIl/XNwTMqvzeRMZH2w8c5cRVpzpU8Y5bApTppSuUkhZXN0VxHd"
15          crossorigin="anonymous"></script>
16      <style>
17          .login {
18              text-align: right;
19              margin-bottom: 20px;
20          }
21          .img {
22              position: relative
23          }
24          .row img {
```

Missed locally stored library for HTTP link
Download library Alt+Shift+Enter    More actions... Alt+Enter

**href**

This attribute specifies the URL of the linked resource. A URL can be absolute or relative.

Supported by: Chrome, Chrome Android, Edge, Firefox, IE 6, Opera 12.1, Safari 4, Safari iOS 3

By Mozilla Contributors, CC BY-SA 2.5

扫码看彩图

图8.1.8　外部库文件下载提示

∨ 🏛 External Libraries
　∨ 📁 bootstrap
　　　 ⤒ http_cdn.bootcdn.net_ajax_libs_twitter-bootstrap_3.4.1_css_bootstrap.css
> 🖳 Scratches and Consoles

图8.1.9　查看下载的外部库文件

# 子任务 8.2　首页动态数据读取

## 【任务提出】

首页动态数据读取

小王同学已经完成了在线投票系统首页的静态页面制作。很明显，所有的投票项目都保存于数据库中，因此，接下来需要从数据库中读取各项数据，并将其在页面中显示出来。

但现在的项目是新建的，前面只建好了数据库，里面并没有数据。为了测试方便，需要先初始化数据库，即往数据库里预填充一些数据。

## 【任务实施】

### 8.2.1　在数据库中初始化数据表

由于项目制作的需要，小王同学事先收集了一些车辆的图片和介绍，并将其录入数据库中。受篇幅所限，此数据库对应的 SQL 文件和车辆图片，请扫码获取。

完整代码

车辆图片

这个 SQL 文件就是直接从数据库中导出的数据表，只需要进入数据库以后，导入此文件即可。其中用到了几张图片，大家也可选择自己喜欢的图片来替换。图片最好选择大小一样的，或者至少要比例一样的，否则页面布局可能会不太好看。

### 8.2.2　在首页中读取数据表内容并循环输出已有车辆信息

借鉴第一个项目的制作经验，小王同学首先制作了一个数据库连接文件，便于在后面的文件中引用。新建 conn.php 文件，其代码如下：

```
1.    <?php
2.    $conn = mysqli_connect('localhost','root','root','vote') or die('数据库连接失败');
3.    mysqli_query($conn,'set names utf8');
```

回到首页，把布局中多余的内容删除，只保留一张图片，然后包含 conn.php 文件，并查询数据库，循环输出各项内容。首页动态获取数据的关键代码如下。

```
1.    <div class="container">
2.      <h1 class="text-center">我最爱的车辆投票</h1>
3.      <p class="login">登录 注册</p>
4.      <div class="row">
5.       <?php
6.       include_once 'conn.php';
7.       $sql = "select * from carinfo order by id desc";
8.       $result = mysqli_query($conn,$sql);
9.       $i = 1;
10.      while($info = mysqli_fetch_array($result)){
11.      ?>
12.      <div class="col-xs-12 col-sm-6 col-md-4 col-lg-3">
13.        <div class="img">
14.         <img src="img/<?php echo $info['carPic'];?>">
15.         <div class="row">
16.           <div class="col-xs-12 col-sm-8 col-md-6">
17.             <p class="text-center"><?php echo $info['carName'];?></p>
18.           </div>
19.           <div class="col-xs-12 col-sm-4 col-md-6">
20.             <p class="text-center">当前票数：<?php echo $info['carNum'];?></p>
21.           </div>
22.         </div>
23.        </div>
24.        <p><?php echo $info['carDesc'];?></p>
25.      </div>
26.      <?php
27.       if($i % 2 == 0){
28.         echo '<div class="clearfix visible-sm-block"></div>';
29.       }
30.       if($i % 3 == 0){
31.         echo '<div class="clearfix visible-md-block"></div>';
32.       }
33.       if($i % 4 == 0){
34.         echo '<div class="clearfix visible-lg-block"></div>';
35.       }
36.       $i++;
37.      }
38.      ?>
39.    </div>
40.  </div>
```

有了项目 1 的学习基础，要理解上述代码应该就比较容易了。其中需要说明的是第 27～第 35 行。对比子任务 8.1 中制作的静态页面不难看出，这一段代码使用响应式工具来配合不同尺寸的屏幕，并添加了清除浮动功能。这里用到了"%"运算符，用于取余，或者叫取模。在循环输出记录时，用到了一个计数器 i，每输出一行记录，i 值加 1。在第 27 行，判断 i 对 2 取余的结果是否为 0，如果余数为 0，则说明 i 是 2 的倍数，也就是第 2 张图片、第 4 张图片等，此时，添加一个只在平板电脑上生效的清除浮动，也就意味着，在平板电脑上每输出 2 张图片，就清除一次浮动。同理，第 30 行表示在小型桌面显示器上每输出 3 张图片就清除一次浮动。第 33 行表示在大型桌面显示器上每输出 4 张图片就清除一次浮动。这样编程可以完全实现动态数据输出。此时，可以调整浏览器大小，查看各种分辨率下的布局是否正常。图 7.1.1 所示为在小型桌面显示器上动态数据展示的效果。

## 【任务小结】

本任务的核心内容是使用 Bootstrap 完成页面布局。在使用 Bootstrap 时，要灵活运用其栅格特性，针对不同设备进行编程，并配合使用响应式工具，以达到响应式网页的设计要求。

## 【巩固练习】

### 一、单选题

1. Bootstrap 插件的 JavaScript 插件依赖于（　　）。

    A. JavaScript　　　　B. jQuery　　　　C. Angular JS　　　　D. Node js

2. 栅格系统小屏幕使用的类前缀是（　　）。

    A. .col-xs-　　　　B. .col-sm-　　　　C. .col-md-　　　　D. .col-lg-

3. 如下代码中，想要在超小屏幕和小屏幕显示 2 列，在中等屏幕和大屏幕显示 3 列，3 个 div 的 class 正确的写法是（　　）。

```
1.    <div class="row">
2.        <div class=" ">item1</div>
3.        <div class=" ">item1</div>
4.        <div class=" ">item1</div>
5.    </div>
```

    A. col-sm-6 col-md-4，col-sm-6 col-md-4，col-sm-6 col-md-4

    B. col-sm-6 col-lg-4，col-sm-6 col-lg-4，col-sm-6 col-lg-4

    C. col-xs-6 col-lg-4，col-xs-6 col-lg-4，col-xs-6 col-lg-4

    D. col-xs-6 col-md-4，col-xs-6 col-md-4，col-xs-6 col-md-4

4. 下面可以实现列偏移的类是（　　）。

    A. .col-md-offset-*　　　　　　　　　　B. .col-md-push-*

    C. .col-md-pull-*　　　　　　　　　　　D. .col-md-move-*

5. 表单元素中能给表单添加圆角属性和阴影效果的类是（　　）。

    A. form-group　　　B. form-horizontal　C. form-inline　　　D. form-control

6. img-responsive 类可以让图片支持响应式布局，它的实现原理是（　　）。

    A. 设置了"max-width:100%;"和"height: auto;"

    B. 设置了"max-width:100%;"和"height: 100%;"

    C. 设置了"width: auto;"和"max-height:100%;"

    D. 设置了"width: auto;"和"height: auto;"

7. 以下不是 Bootstrap 的特点的选项是（　　）。

    A. 移动终端优先

    B. 响应式设计

  C. 包含大量的内置组件，易于定制

  D. 闭源软件

8. 输入框组想加上图标，可以实现对表单控件的扩展的类是（  ）。

  A. .input-group-btn

  B. .input-group-addon

  C. form-control

  D. input-group-extra

9. 可以把导航固定在顶部的类是（  ）。

  A. .navbar-fixed-top       B. .navbar-fixed-bottom

  C. .navbar-static-top       D. .navbar-inverse

10. 导航条在小屏幕会被折叠，实现显示和折叠功能的按钮需要执行的操作是（  ）。

  A. 折叠按钮加 data-toggle='collapsed'，折叠容器需要加 collapsed 类

  B. 折叠按钮加 data-toggle='collapse'，折叠容器需要加 collapse 类

  C. 折叠按钮加 data-toggle='scroll'，折叠容器需要加 collapse 类

  D. 折叠按钮加 data-spy='scroll'，折叠容器需要加 collapse 类

11. 实现 nav 平铺整行，应该加上的类是（  ）。

  A. nav-center   B. nav-justified   C. nav-left   D. nav-right

12. 模态框提供的尺寸有（  ）。

  A. modal-xs modal-sm modal-md modal-lg

  B. modal-sm modal-md modal-lg

  C. modal-xs modal-sm

  D. modal-sm modal-lg

13. 如果不需要模态框弹出时的动画效果（淡入淡出效果），则应该（  ）。

  A. 去掉 ".fade" 类       B. 添加 ".fade" 类

  C. 去掉 ".active" 类      D. 去掉 ".in" 类

14. 实现滚动监听事件的方法是（  ）。

  A. 添加 data-toggle='scroll'    B. 添加 data-target='scroll'

  C. 添加 data-spy='scroll'     D. 添加 data-dismiss='scroll'

15. 关闭 modal 模态框的按钮应该加上的属性是（  ）。

  A. data-dismiss='modal'

  B. data-toggle='modal'

  C. data-spy='modal'

  D. data-hide='true'

16. 下列不属于 panel 三要素的是（  ）。

  A. panel-heading  B. panel-body   C. panel-footer   D. panel-content

17. 用 JavaScript 让轮播图从第二张图片开始播放的方法是（  ）。

  A. $('.carousel').carousel()    B. $('.carousel').carousel(0)

  C. $('.carousel').carousel(1)    D. $('.carousel').carousel(2)

18. 使用 collapse 实现手风琴效果，可以关联整个面板组的属性是（  ）。

  A. data-parent  B. data-toggle   C. data-target   D. href

19. 让轮播图在页面切换时有动画的方法是（  ）。

  A. 添加 in 类   B. 添加 fade 类   C. 添加 active 类   D. 添加 slide 类

20. 关于轮播图的说法正确的是（　　）。

    A. 轮播图的页面切换索引从 1 开始

    B. 下一页实现方式 data-slide-to="prev"

    C. 可以使用 carousel-caption 类为图片添加描述

    D. 上一页实现方式 data-slide-to="-1"

21. 对于 tooltip 的元素，data-placement 的作用是（　　）。

    A. 设置工具提示条的显示大小　　　　　　B. 设置工具提示条的显示位置

    C. 设置工具提示条的显示动画　　　　　　D. 设置工具提示条的显示颜色

**二、填空题**

1. 视口分为_____、_____、_____。

2. background-size 中把背景图片扩展至足够大，使背景图像完全覆盖背景区域的属性值是_____。

3. HTML5 为 window.navigator.onLine 接口提供了_____事件，在判断用户网络连接状态时调用。

4. 当手指在屏幕上移动时触发_____事件。

5. Less 可以实现 "+"、"-"、"*" 和_____运算。

6. Easy LESS 插件实现_____编译。

7. Bootstrap 包中提供了两个容器类，分别为_____类和_____类。

8. 在使用 Bootstrap 进行页面布局开发时，要首先创建一个添加了_____类名的 div 元素作为行。

9. 在类名 "col-md-4" 中，md 表示_____。

10. 使用_____类名可以定义列表组中每一项的样式。

11. 使用_____类名可以统一表单元素的格式并优化常规外观、focus 选中状态和尺寸大小。

12. 在表格中可以使用_____类创建斑马线效果。

# 任务9
## 在线投票系统投票功能
## 实现

# 09

## 情景导入

　　小王同学通过初始化数据库，已经顺利看到了首页的效果，看到自己这么多天的劳动成果，他非常有成就感。但现在的系统只能显示结果，还无法投票，因此，他决定一鼓作气，迅速完成系统投票功能。

## 职业能力目标及素养目标

- 能根据需求，整合会员管理系统。
- 能使用前端 UI 框架 Layui 完成弹窗的显示和关闭。
- 能在 MySQL 中使用事务机制完成多个连续操作任务。

- 树立正确的技能观，努力提高自己的职业技能，为社会和人民造福。

## 子任务 9.1　游客投票功能实现

### 【任务提出】

　　本着由易到难的基本原则，在实现投票功能时，可以先实现游客投票功能。所谓游客投票，就是指用户不用登录就可直接投票。

游客投票功能实现

　　回顾前面设计的数据表，有一张车辆表，表名是 carInfo，这个表会直接记录每一辆车的票数。游客投票后，直接更新这个表中记录的票数即可。

　　数据库中的另外一张数据表，表名是 voteDetail，是针对登录用户设计的，因为其要记录是谁投的票，因此，在游客投票时，忽略此表即可。

　　在投票时，单击车辆图片，需要传递车辆的 id 到投票页面，再使用 update 语句修改车辆票数，从而完成投票过程。

### 【任务实施】

#### 9.1.1　修改前端页面文件

　　小王同学已经做好了前期的准备工作，接下来准备实现投票功能。首先，他在 index.php 中给车辆图片添加投票链接，代码如下所示。

1.  `<a href="vote.php?id=<?php echo $info['id'];?>"><img src="img/<?php echo $info['carPic'];?>"></a>`

这样，当单击图片时会跳转到 vote.php 文件，并携带参数 id，其值就是当前车辆的 id。

### 9.1.2 制作后端投票文件

接下来在项目中新建文件 vote.php，其代码如下。

```
1.   <?php
2.   include_once 'conn.php';
3.   $id = $_GET['id'] ?? '';
4.   if (!is_numeric($id) || $id == '') {
5.       echo "<script>alert('参数错误');history.back();</script>";
6.       exit;
7.   }
8.   $sql = "update carinfo set carnum = carNum + 1 where id = $id";
9.   $result = mysqli_query($conn, $sql);
10.  if ($result) {
11.      echo "<script>alert('投票成功'); location.href='index.php'; </script>";
12.  } else {
13.      echo "<script>alert('投票失败');history.back();</script>";
14.  }
```

在上述代码的第 2 行包含数据库连接文件。在第 3 行读取页面传递过来的 id 参数。如果不存在此参数，就赋空值。第 4 行对 id 参数进行必要的验证，如果不是数字类型，或者值为空，则通过弹窗提示参数错误，并返回投票页面。第 8 行构建一个 SQL 语句，使用 update 关键字用于更新数据表记录。第 10 行用于判断更新是否出错，然后对应地使用弹窗进行提示。在使用 update 和 delete 语句时，特别要注意添加 where 子句，否则会导致整个数据库中的所有记录被更新或删除。投票成功后会重新刷新首页，以便直接看到当前车辆得票数的变化。

在这里，投票的关键是通过地址栏传递车辆的 id 参数，同时，使用 SQL 语句中的 UPDATE 关键字更新表格记录。下面给出 SQL UPDATE 的具体语法。

```
UPDATE table_name
SET column1=value1,column2=value2,...
WHERE some_column=some_value;
```

# 子任务 9.2   整合会员登录系统

## 【任务提出】

在子任务 9.1 中，通过直接更新车辆表中的投票数据列，实现了直接投票功能，即游客投票。但在实际项目中，肯定是需要用户登录才能投票的。在前面制作会员管理系统时，已经解决了用户注册和登录的相关问题，因此，在在线投票系统中，就不需要再完整地重复制作会员管理系统了，可以把前面已经完成的项目内容移植过来，并进行适当修改。

整合会员登录系统

## 【任务实施】

### 9.2.1 分析整合文件

小王同学根据前面的需求分析，整理了在线投票系统需要的会员管理系统功能，该系统的功能有：

会员注册、登录（包括管理员登录）、会员修改个人资料。管理员登录后可进入后台管理，但此处的后台管理功能和会员管理系统中的后台管理功能有很大不同。

通过分析需求，小王同学已经清楚了如何整合前面的会员管理系统。以下文件是需要从会员管理系统中移植过来的文件：checkAdmin.php（判断管理员是否登录）、checkUsername.php（判断用户名是否可用）、code.php（生成验证码）、login.php（用户登录前端文件）、logout.php（注销登录）、modify.php（修改用户资料）、nav.php（导航栏）、page.php（数据分页文件）、postLogin.php（用户登录后端文件）、postModify.php（资料修改后端文件）、postReg.php（用户注册后端文件）、signup.php（用户注册前端文件）。另外，img 下面的 0.jpg 和 1.jpg 也要复制过来。然后在 index.php 中给右上角的"登录"和"注册"添加链接，就可以打开页面测试效果了。

### 9.2.2 了解前端 UI 框架 Layui

通过测试，小王同学发现，移植过来的会员管理系统和在线投票系统整合后，虽然功能可以正常使用，但页面显示很不协调。小王同学在浏览某个网站时，发现了一种很漂亮的页面弹窗提示组件，他对此很感兴趣，然后研究了这个网站的源代码。通过研究发现，这个网站使用的是一种前端 UI 框架 Layui，因此，他决定把这个前端 UI 框架应用到在线投票系统中。

Layui 是一个前端 UI 框架，其中包含一个 layer 弹层组件，这个组件有丰富的弹窗效果，正好可以用来展示注册、登录等页面。

layer 是一款近年来备受青睐的 Web 弹层组件，这得益于它全方位的解决方案，以及致力于服务各个水平段的开发人员，可令相关页面轻松拥有丰富友好的操作体验。

在与同类组件的比较中，layer 总是能轻易获胜。它尽可能地以更少的代码展现更强健的功能，且格外注重性能的提升、易用和实用性，正因如此，越来越多的开发者都使用了 layer。

layer 兼容了包括 IE 6 在内的所有主流浏览器，拥有数量可观的接口，可以自定义各种风格，每一种弹层模式都极具特色，因此广受欢迎。

很遗憾的是，layer 官网已经停止更新，且无法访问了。不过，通过网络搜索，可以找到新的 layer 官网替代网站访问，这些网站都保留了 layer 官网的绝大多数内容。进入网站后，在顶部导航栏中切换至 layer，即可下载 layer 组件。现在能下载到的是 3.5.1 版本，下载并解压后，将其中的 layer 目录复制到在线投票系统中即可使用。

### 9.2.3 使用 Layui 显示注册和登录页面

了解 layer 以后，小王同学开始使用 layer 来制作会员管理功能的相关页面了。

（1）在 index.php 中引入 layer 的核心 JavaScript 文件。

```
1.    <script src="layer/layer.js"></script>
```

（2）引入 jQuery 库文件。小王同学研究 layer 时，就已经查找到了相关资料，就是在使用 layer 时，必须先引入 jQuery 库文件。事实上，Bootstrap 的 JavaScript 组件也是需要依赖 jQuery 的，因此，在引入 Bootstrap 和 layer 的核心库文件之前，需要先引入 jQuery 库文件。代码如下。

```
1.    <script src="https://libs.bai**.com/jquery/1.9.1/jquery.min.js"></script>
```

小王还专门测试了一下，如果未引入 jQuery 库文件，则在浏览器中刷新 index.php 时，会发现控制台中有报错信息，具体的错误提示信息如图 9.2.1 所示。

（3）修改头部的导航链接。小王同学根据在线投票系统的功能设计，对原有的导航链接代码进行了修改，具

图 9.2.1 未引入 jQuery 库文件而报错

体代码如下所示。

```
1.    <p class="login">
2.    <?php
3.      if (isset($_SESSION['loggedUsername']) and $_SESSION['loggedUsername'] != '') {//说明已经
登录了
4.      ?> 当前登录者：  <?php echo $_SESSION['loggedUsername']; ?> <a href="logout.php">注销
</a> <a href="javascript:open('signup.php','用户注册')">注册</a> <a href="javascript:open('modify.php','资料
修改')">修改资料</a>
5.    <?php
6.      } else {
7.    ?>
8.      <a href="javascript:open('login.php','用户登录')">登录</a> <a href="javascript:open('signup.php','
用户注册')">注册</a>
9.    <?php
10.      }
11.    ?>
12.    </p>
```

这里使用了 Session，因此，一定要在文件开始处使用 session_start()开启会话。在这一段代码中，首先判断$_SESSION['loggedUsername']是否存在且不为空。若是，也就是说当前处于登录状态，就显示当前登录者的用户名，并显示注销、注册、资料修改 3 个链接。如果没有登录，则显示登录、注册 2 个链接。在这些链接中使用了 JavaScript 方法 open()来打开不同的网页。open()方法有两个参数，第一个参数是弹出层中要显示的文件内容，第二个参数是弹出层的标题。在这个方法中使用了 layer 组件的 open()方法，打开 type 为 2 的弹出层。关于这一部分的具体使用方法，请参考 layer API 的相关文档。

（4）使用 JavaScript 完成 open()方法的编写。小王同学参考 layer 的相关文档，在 index.php 中完成了如下的 JavaScript 代码。

```
1.    <script>
2.    function open(url, title) {
3.      layer.open({
4.        type: 2,
5.        title: title,
6.        area: ['700px', '450px'],
7.        fixed: false, //不固定
8.        maxmin: true,
9.        content: url
10.      });
11.    }
12.    </script>
```

其中的 open()方法用于显示弹出层。在页面中调用此方法传递要显示的 URL 和标题，即可弹出窗口，在其中显示 URL 对应的文件内容。

当小王同学在测试页面效果时，发现在弹出层中还有会员管理系统的标题、导航链接等内容，现在这些内容已经不适合放在弹出层，因此，他修改了注册和登录页面，使其不再包含 nav.php 文件。修改好以后，单击"登录"链接，效果如图 9.2.2 所示，单击"注册"链接，效果如图 9.2.3 所示。

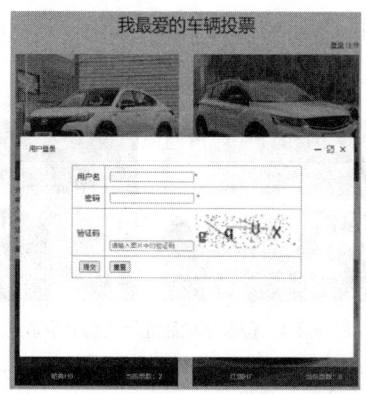

图 9.2.2　使用 layer 弹窗显示登录页面

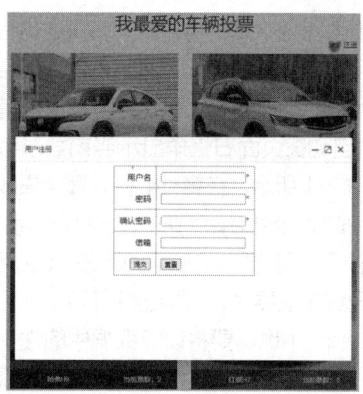

图 9.2.3　使用 layer 弹窗显示注册页面

### 9.2.4　优化弹窗跳转逻辑，匹配新的数据表

　　小王同学在整合会员管理系统的时候，还注意到一个问题，那就是现在的数据表和以前会员管理系统中的数据表有点区别。现在的会员信息表，表名是 userInfo，而在会员管理系统中，会员信息表的表名是 info，因此需要相应地更改各个文件中数据表的名称。小王想到了一个简单的方法，那就是在 PhpStorm 中配置好数据源，再打开整合过来的会员管理系统文件，很容易看到哪些表名是有问题的，直接修改即可。另外，在注册和登录后，原来的会员管理系统都有相应的跳转。现在采用的是弹出窗口来显示注册或登录的内容，因此在登录成功、注册成功后，就不能再跳转了，而是应该把弹出层关闭。

　　（1）修改 JavaScript 中的代码，添加一个关闭弹出层的方法。

```
1.    function closeLayer() {
2.        layer.closeAll();
3.    }
```

　　这里有一个问题，那就是 closeLayer()方法位于 index.php 文件中，而需要关闭弹出层的地方是在登录成功后或者注册成功后的页面中，即在 postReg.php 或 postLogin.php 文件中。这就涉及在子页面中调用父页面的 JavaScript 方法这个知识点了。

　　（2）打开 postLogin.php 文件，修改登录后的页面跳转逻辑的相关内容。在这个文件中，首先要修改查询的数据表表名，将 info 改为 userInfo，然后需要修改在登录成功或失败时跳转的相关内容。下面是具体的代码。

```
1.    if ($num) {
2.        $_SESSION['loggedUsername'] = $username;
3.        //判断是不是管理员
4.        $info = mysqli_fetch_array($result);
5.        if ($info['admin']) {
6.            $_SESSION['isAdmin'] = 1;
7.        } else {
8.            $_SESSION['isAdmin'] = 0;
9.        }
10.       echo "<script>alert('登录成功！'); window.parent.location.reload(); </script>";
11.   } else {
12.       unset($_SESSION['isAdmin']);
13.       unset($_SESSION['loggedUsername']);
14.       echo "<script>alert('登录失败！'); window.parent.closeLayer();</script>";
15.   }
```

可以看到，上述代码的第 10 行，登录成功后，调用父窗口中的 reload()（window.parent.location.reload() 方法的作用是重新刷新当前页面）方法，其目的是关闭弹出层（刷新页面后，页面初始状态是没有弹出层的），同时自动在页面右上角显示当前登录者的用户名，如图 9.2.4 所示。在第 14 行，登录失败后，调用父窗口中的 closeLayer() 方法，顺利关闭弹出层。

（3）检查注册功能。在 signup.php 文件中，性别和爱好已经不需要了，直接删除即可。在后端文件 postReg.php 中也需要将读取数据中的性别和爱好

图 9.2.4　登录成功后显示当前登录者的用户名

删除，将 info 表表名修改为 userInfo，根据现在 userInfo 表中的列名，修改 insert into 语句中相应的列名。注册成功后，同样需要调用父窗口中的 closeLayer() 方法关闭弹出层。

（4）修改数据，并保证数据表中记录的完整性。整合会员管理系统后，数据表 carInfo 和 voteDetail 中的内容已经不匹配了，需要将 carInfo 中的 carNum 清零，这样才能保证数据的完整性。

（5）调整"资料修改"页面中的相关内容。首先删除包含 nav.php 文件代码，再删除判断页面来源的相关代码、判断是修改自己的资料还是修改其他人的资料代码、表单中的性别和爱好。修改后的 modify.php 文件的完整代码请扫码查看。

与 modify.php 配套的后端文件 postModify.php 的完整代码请扫码查看。

## 【知识储备】

完整代码 1　　完整代码 2

如果仔细查看 modify.php 文件中的代码，可以看到一个现象，那就是在 PHP 的代码中是区分大小写的。比如，第 51 行中的 $info['userName'] 中的 N 是大写的，因为在数据库中，这一列的名称就是这样的，也就是说，PHP 中的字段名称需要和数据库中的字段名称大小写保持一致，否则这就是另外一个变量了。PHP 中需要区分大小写的相关内容总结如下。

（1）变量名要区分大小写。其中包括普通变量，比如 $a 和 $A 是两个完全不同的变量。其中也包括全局变量，如 $_GET, $_POST、$_REQUEST、$_COOKIE、$_SESSION、$GLOBALS、$_SERVER、$_FILES、$_ENV 等。

（2）常量名要区分大小写。使用 define 定义的常量是要区分大小写的。

（3）数组索引（键名）要区分大小写。比如，$arr['one'] 和 $arr['One'] 是两个不同的变量。

（4）函数名、方法名、类名不区分大小写。虽然这些内容不区分大小写，但请坚持"大小写敏感"原则，建议还是使用与定义时相同大小写的名字。

（5）魔术常量不区分大小写。比如，LINE、FILE、DIR、FUNCTION、CLASS、METHOD、__NAMESPACE__ 等都不区分大小写。

（6）NULL、TRUE、FALSE 不区分大小写。

（7）强制类型转换不区分大小写，比如，(int)、(integer)，即转换成整型；(bool)、(boolean)，即转换成布尔型；(float)、(double)、(real)，即转换成浮点型；(string)，即转换成字符串；(array)，即转换成数组；(object)，即转换成对象。

## 子任务9.3　登录用户实现投票

## 【任务提出】

登录用户实现投票

正式的投票软件肯定都是需要在用户登录后才能投票的。因此，在投票前，要判断用户是否登录，

需要一个判断用户是否登录的文件，以便在需要的地方包含使用。

投票逻辑应该是这样的。每成功投出一票，需要在 carInfo 表中更新当前车辆的 carNum 列，也就是将这一列数据加 1。同时，还需要在 voteDetail 表中记录本次投票的详细情况，也就是谁在什么时间，用什么 IP 地址，给哪一辆车投了票。这两个操作是同步的，或者说只有这两个操作都成功了，整个投票的操作才算成功。任意一个操作失败，则整个投票操作失败。一旦失败，就需要把某一个成功的操作撤销，否则数据的完整性会受到破坏。在 MySQL 数据库中，可以使用事务机制来实现多个操作同步。

# 【任务实施】

## 9.3.1 了解 MySQL 的事务机制

MySQL 的事务机制主要用于处理操作量大、复杂度高的数据。比如，在人员管理系统中，当需要删除一个人员时，既需要删除人员的基本资料，又要删除和该人员相关的信息，如信箱、文章等，这样，这些数据库操作语句就构成一个事务。

**1. 支持事务机制的先决条件**

在 MySQL 中，只有使用了 InnoDB 数据库引擎的数据库或数据表才支持事务机制。

**2. 事务的作用**

（1）事务可以用来维护数据库的完整性，保证成批的 SQL 语句要么全部执行，要么全部不执行。

（2）事务可以用来管理 insert、update、delete 语句的执行。

**3. 事务需要满足的 4 个条件**

（1）原子性。一个事务（Transaction）中的所有操作，要么全部执行，要么全部不执行，不会在中间某个环节结束。事务在执行过程中发生错误，会被回滚（RollBack）到事务开始前的状态，就像这个事务从来没有执行过一样。

（2）一致性。在事务开始之前和事务结束以后，数据库的完整性不会被破坏。这表示写入的资料必须完全符合所有的预设规则，包含资料的精确度、串联性，以及后续数据库可以自发性地完成预定的工作需求。

（3）隔离性。数据库允许多个并发事务同时对其数据进行读写和修改，隔离性可以防止多个事务并发执行时，由于交叉执行而导致数据的不一致。事务隔离分为不同级别，包括读未提交（Read Uncommitted）、读提交（Read Committed）、可重复读（Repeatable Read）和串行化（Serializable）。

（4）持久性。事务处理结束后，对数据的修改是永久性的，即便系统故障，也不会丢失。

**4. MySQL 事务处理的方法**

（1）用 BEGIN、ROLLBACK、COMMIT 来实现。BEGIN 表示开始一个事务，ROLLBACK 表示事务回滚，COMMIT 表示事务确认。

（2）直接用 SET 来改变 MySQL 的自动提交模式，其中"SET AUTOCOMMIT=0"表示禁止自动提交，"SET AUTOCOMMIT=1"表示开启自动提交。

## 9.3.2 制作登录权限检查文件

在项目中新建 checkLogin.php 文件，其代码如下。

```
1.    <?php
2.    //首先判断是不是登录了
3.    session_start();
4.    if(!isset($_SESSION['loggedUsername']) || !$_SESSION['loggedUsername']){
```

```
5.      echo "<script>alert('请登录后访问本页面'); location.href='index.php';</script>";
6.      exit;
7.    }
8.    ?>
```

这个文件和前面制作的 checkAdmin.php 很相似，用于判断登录标志是否存在，以及其值是否为空。如果不满足条件，则弹窗提示，并跳转至首页，然后中止当前程序的执行。需要注意，这里判断用户未登录后，是跳转至首页，而不是跳转至登录页面。原因是，现在的项目采用的是 Layui 提供的弹窗组件来弹出注册和登录页面，如果直接跳转至登录页面，就会破坏这个设计。

同样，在 postModify.php 中也需要包含这个权限检查文件。但需要注意一个问题，modify.php 文件中，第 1 行代码就是 session_start()，用于开启会话，而 checkLogin.php 中也开启了会话，因此，需要把 modify.php 中的第 1 行开启会话的代码删除。

### 9.3.3 实现投票功能

学习和了解了 MySQL 的事务机制，小王同学知道应该怎么做了。下面是他完成的投票文件 vote.php 的核心代码。

```
1.    <?php
2.    include_once 'checkLogin.php';
3.    include_once 'conn.php';
4.    $id = $_GET['id'] ?? '';
5.    if (!is_numeric($id) || $id == ") {
6.      echo "<script>alert('参数错误');history.back();</script>";
7.      exit;
8.    }
9.    //第 1 步操作，更新 carNum
10.   $sql1 = "update carInfo set carNum = carNum + 1 where id = $id";
11.   //第 2 步操作，更新 voteDetail 表
12.   $sql2 = "insert into voteDetail (userID, carID, voteTime, ip) VALUES ('" . $_SESSION['logged
UserID'] . "','$id','" . date("Y-m-d") . "','" . getIp() . "')";
13.   //引入事务机制
14.   mysqli_autocommit($conn, 0); //取消自动提交
15.   $result1 = mysqli_query($conn, $sql1);
16.   //echo "1:".mysqli_error($conn);
17.   $result2 = mysqli_query($conn, $sql2);
18.   //echo "2:".mysqli_error($conn);
19.   if ($result1 and $result2) {
20.     mysqli_commit($conn);//提交操作
21.     echo "<script>alert('投票成功'); location.href='index.php'; </script>";
22.   } else {
23.     mysqli_rollback($conn);
24.     echo "<script>alert('投票失败');history.back();</script>";
25.   }
```

分析文件内容，可以看到，上述代码的第 2 行包含的是登录权限检查文件，判断当前是否处于登录状态。第 10 行是一条更新 carInfo 表中 carNum 列的 SQL 语句。第 12 行用于在 voteDetail 表中增加一条记录，以记录当前投票的详情。第 14 行用于关闭 MySQL 的自动提交功能（第 1 个参数是数据库连接对象，第 2 个参数是自动提交状态，其中 0 表示取消自动提交，1 表示开启自动提交），也就是开启了事务机制。第 15 行和第 17 行用于分别执行两个 SQL 操作。第 19 行用于判断这两个操作是否都成

功了。如果都成功了，则在第 20 行进行操作提交，只有提交了更改，数据库中的修改才会真正生效，相当于我们保存文件的操作。如果这两个操作中任意一个失败，则在第 23 行中进行操作回滚，也就是取消成功的操作，同时弹窗提示投票失败。

这里还有一个问题需要注意，那就是在第 12 行中，voteDetail 表中有两个外键，分别是用户 ID 和车辆 ID。其中用户 ID 使用的是$_SESSION['loggedUserID']，如果仔细思考应该能想到，登录成功后，并未生成这个 Session，因此，如果直接使用这个代码，得到的用户 ID 将为空，这样就无法写入数据库，导致投票失败。知道了原理，修改代码就简单了。进入 postLogin.php 页面，在登录成功后，在 Session 中保存一个用户 ID 即可。下面给出这一功能的核心代码。

```
1.    if ($num) {
2.        //判断是不是管理员
3.        $info = mysqli_fetch_array($result);
4.        $_SESSION['loggedUsername'] = $username;
5.        $_SESSION['loggedUserID'] = $info['id'];
6.        if ($info['admin']) {
7.          $_SESSION['isAdmin'] = 1;
8.        } else {
9.          $_SESSION['isAdmin'] = 0;
10.         }
11.       echo "<script>alert('登录成功！'); window.parent.location.reload();</script>";
12.     } else {
13.       unset($_SESSION['isAdmin']);
14.       unset($_SESSION['loggedUsername']);
15.       unset($_SESSION['loggedUserID']);
16.       echo "<script>alert('登录失败！');window.parent.closeLayer();</script>";
17.     }
```

第 5 行写入了一个 Session，用于保存用户 ID。如果登录失败，则在第 15 行清除此登录标志。

在投票时，还需要记录投票者的 IP 地址，这里使用了函数 getIp() 来获取客户端计算机的 IP 地址。由于当前项目是使用小皮面板生成域名的，这个域名是本地 IP 地址，因此此时获取到的 IP 地址就是计算机的内部 IP 地址 127.0.0.1。受篇幅所限，上述代码中并未出现 getIp() 函数的代码，vote.php 文件的完整代码请扫码查看。

完整代码

## 【任务小结】

本任务主要是整合了会员管理系统，并使用 MySQL 的事务机制实现了投票的基础功能。为了页面的美观，整合会员管理系统时，使用了 Layui 框架中的 layer 组件。为了保证 MySQL 中的连续多个数据库操作成功执行，还使用到了事务机制。

## 【巩固练习】

### 一、单选题

1. 在 CSS 中，设置背景图像的代码正确的是（　　）。
   A. background-image: src(img/27.jpg)　　B. background-image: url(img/27.jpg)
   C. background-image: img/27.jpg　　D. background-img: url(img/27.jpg)
2. 关于 CSS color 属性的说法正确的是（　　）。
   A. 只能设置几种单一的颜色　　B. 可以设置背景颜色
   C. 可以设置边框颜色　　D. 可以设置文字前景色

3. 给元素添加阴影的属性是（　　）。
   A. box-sizing　　　　B. box-shadow　　　　C. border-radius　　　D. border

4. 在 JavaScript 中用于声明函数的关键字是（　　）。
   A. function　　　　　B. func　　　　　　　C. var　　　　　　　D. new

5. 在 JavaScript 中，执行下面的代码后，变量 num 的值是(　　)。

```
1.    <script>
2.      let str = "ben@gmail.com";
3.      let num = str.indexOf(".");
4.      console.log(num);
5.    </script>
```

   A. –1　　　　　　　　B. 7　　　　　　　　　C. 9　　　　　　　　D. 8

6. 在 CSS 单位中，属于绝对值的是（　　）。
   A. %　　　　　　　　B. em　　　　　　　　C. rem　　　　　　　D. px

7. 有以下 HTML 代码。

`<a id="img" href="**.png" title="突发">新闻</a>`

   使用 jQuery 获取 a 元素 ID 的属性值的方法是（　　）。
   A. $("img").attr("ID").val()　　　　　　B. $(".img").attr("ID")
   C. $("href").attr("ID").value　　　　　D. $("#img").attr("ID")

8. 关于 flex 说法错误的是（　　）。
   A. 设置 flex 布局以后，子元素的 float 和 clear 等样式全部失效
   B. 无法设置垂直居中布局
   C. 任何一个容器都可以使用 flex 布局
   D. flex 是弹性布局

9. 以下关于在 CSS 中的选择器命名错误的是（　　）。
   A. *　　　　　　　　B. %table　　　　　　C. div　　　　　　　D. .box p

10. 给某段文字设置一条下画线，应该设置的属性是（　　）。
    A. text-transform　B. text-decoration　C. text-indent　　　D. text-align

11. 在 JavaScript 中，执行下面代码的结果是（　　）。

```
1.    <script>
2.      let arr = [3, 2, 1, 3, 2];
3.      let sum = 0;
4.      for (let i = 0; i < arr.length – 1; i++) {
5.        sum += arr[i];
6.      }
7.      console.log(sum);
8.    </script>
```

    A. 8　　　　　　　　B. 3　　　　　　　　　C. 9　　　　　　　　D. 11

12. 关于 HTML5，以下说法不正确的是（　　）。
    A. HTML5 中，某些元素可以省略结束标签
    B. HTML5 可以解决跨浏览器、跨平台问题
    C. 在 HTML5 推出之后，浏览器不再支持过去的 HTML 标准
    D. HTML5 保留了以前的绝大部分标签

13. 下列标签中，属于 HTML5 新增标签的是（　　）。
    A. <form>　　　　　B. <iframe>　　　　　C. <title>　　　　　D. <footer>

14. 下列语句不属于条件分支的是（      ）。

    A. switch          B. for           C. if...else        D. if...else if

15. 执行下面的代码，输出结果是（      ）。

```
1.    <script>
2.      let name="Jack";
3.      console.log(name);
4.    </script>
```

    A. Jack          B. "Jack"         C. name        D. 报错

16. 在 CSS 中，可以将文本右对齐的属性是（      ）。

    A. font          B. text-align      C. align-center    D. location

17. 下列选项中，不属于比较运算符的是（      ）。

    A. >=           B. <           C. >           D. =

18. 执行下面的代码，输出的结果是（      ）。

```
1.    <script>
2.      let x = 2, y = 2;
3.      z = (x + 2) / y;
4.      alert(z);
5.    </script>
```

    A. 4           B. 2           C. 11          D. 16

19. （      ）函数用于反复调用函数或表达式。

    A. setTimeout()    B. setInterval()    C. Timeout()    D. Interval()

20. A 文件夹与 B 文件夹是同级文件夹，其中 A 下有 1.htm 和 2.htm 文件，B 下有 3.htm 和 4.htm 文件，现在我们希望在 1.htm 文件中创建超链接，链接到 4.htm，应该在 1.htm 页面代码中描述链接内容为（      ）。

    A. ../B/4.htm      B. ../A/B/4.htm    C. ./4.htm      D. ../../4.htm

21. 下列表示是下拉菜单的选项是（      ）。

    A. type="submit"    B. type="reset"    C. <select></select>  D. type="radio"

22. 下列是 CSS 中注释的正确写法的选项是（      ）。

    A. <!-- …… -- >  B. */……/*      C. /*……*/      D. ##

23. 在 JavaScript 中，若"myDate=new Date();"，则下列（      ）语句能正确获取系统当前时间的小时值。

    A. myDate.getHour();          B. myDate.gethours();

    C. myDate.gethour();          D. myDate.getHours();

**二、简答题**

1. 什么是 MySQL 数据库中的事务？

2. MySQL 事务中的 ACID 特性是指什么？

# 任务10
## 在线投票系统投票限制

**10**

## 情景导入

看着已经能够正常投票的在线投票系统，小王同学兴奋不已。就在这几天，小王同学在微信上收到了好朋友发来的微信链接，请求他帮忙投票。原来是他的好朋友参加了一个在线征文活动，其中有一个环节就是网络投票。小王同学非常高兴，一来可以帮好朋友投票，二来正好可以学习人家的投票系统是怎么做的。

## 职业能力目标及素养目标

- 能熟练使用 SQL 语句实现数据的增、删、改、查。
- 能使用前端 UI 框架 Layui 完成弹窗的显示和关闭。
- 能使用 AJAX 实现异步操作。

- 培养创新精神，激励创新思维，能应用掌握的知识和技能进行创新。

---

### 子任务 10.1　一人一天只能给一辆车投 5 票

#### 【任务提出】

小王同学在帮好朋友投票时，发现系统存在一个限制，那就是一个微信账号一天只能投一票，他当然清楚，这样做的目的是防止刷票。投票限制是大多数在线投票系统都具备的功能。根据需求的不同，会有不同的限制。为了实现投票限制功能，小王同学特意上网搜索了常见的投票限制手段，为接下来的程序开发做好准备。

一人一天只能给一辆
车投 5 票

#### 【任务实施】

#### 10.1.1　了解投票限制的常见手段

（1）IP 地址限制。这是网上投票最常见的防刷票手段，可限制每个 IP 地址在一定时间内只能投票一次。因为 IP 地址很难伪造，因此可靠性较高，建议开启。需要注意的是，如果在同一个局域网下（如用同一个路由器的 WiFi），则可能存在不同终端 IP 地址相同的情况。如果使用的是手机运营商网络，则一般不会有此情况。

（2）设备限制。投票平台使用 Cookie 等技术标记已投过票的设备（计算机、手机等），但从技术上来说，Cookie 很容易丢失和被删除（如清空浏览器缓存、清空微信缓存、重启微信等），因此该方法并不可靠，但仍建议开启，作为额外的一道屏障。

（3）图形验证码。验证码要求投票者输入或回答一些机器较难识别的图形或问题，可有效防止作弊者利用计算机程序模拟自动投票。

（4）投票时间限制。比如，同一个用户，限制在多少时间内，只能投一票。

（5）投票对象限制。比如，同一个用户，只能给指定个数的投票对象投票。

（6）其他限制。比如限制地理位置、要求用户使用短信验证码等。

了解这些投票限制手段后，小王决定在在线投票系统中添加几种常见的限制。第一种限制是一人在一天之内，只能给一辆车投 5 票。

## 10.1.2　设置一人一天只能给一辆车投 5 票

小王同学在设计数据库时，专门设计了一张表，用于记录投票详情。现在要实现投票限制，就需要查询这张数据表，了解过往的投票情况，从而判断当前这次投票是否满足可投票条件。具体查询的是投票时间为当天，且用户 ID（userID）等于当前登录者的 ID，车辆 ID（carID）等于当前被投票车辆 ID 的所有记录。如果此记录数小于 5，则可以投票，否则不能投票。

程序思路理清楚了，完成代码就简单了，小王同学迅速完成了投票限制的代码。具体操作是在 vote.php 中原来的投票代码前添加如下代码。

```
1. $sql = "select 1 from voteDetail where userID = " . $_SESSION['loggedUserID'] . " and carID = $id
and voteTime = '" . date("Y-m-d") . "'";
2. $result = mysqli_query($conn, $sql);
3. $num = mysqli_num_rows($result);
4. if ($num == 5) {
5.     //说明当前用户给当前车辆已经投过 5 票了
6.     echo "<script>alert('当前用户给当前车辆已经投过 5 票了');history.back();</script>";
7.     exit;
8. }
```

其中，在上述代码的第 3 行构建一个查询语句。在这个语句中执行从 voteDetail 数据表中查询 "1" 的操作。本来在 SQL 语句中，select 后面应该跟具体某个或某些列的名称，但这里并未跟一个具体的列名，而是 1。这个意思是，当查询到一条记录时，返回 1 列，这一列的值就是 1。这里采用的其实是一种简化写法，由于这里只是想查询当前用户在当天给当前车辆投了几票，也就是有几条满足条件的记录，而并不需要返回具体某一列的内容，因此，这里设置为一个 1，这样非常简便。当然，也可以选择使用一个具体的列。在判断"当天"时，使用了 PHP 内置的 date()函数，通过指定参数"Y-m-d"来返回 "2022-5-30" 格式的日期。将这个日期和数据表中的 voteTime 这一列的数据进行对比，即可知道是否为当天了。查询到记录以后，通过 mysqli_num_rows()判断返回结果集中的记录数，如果这个记录数等于 5，则说明当天的投票数已到上限，弹窗提示不能投票，并中止程序执行。

### 【知识储备】

#### 1. PHP 中的日期函数

PHP 中的 date() 函数可把时间戳格式化为可读性更好的日期或时间。其语法规则及参数如下所示。

```
string date ( string $format [, int $timestamp ] )
```

date()函数的参数详情如表 10.1.1 所示。

表 10.1.1　date()函数的参数详情

| 参数 | 描述 |
| --- | --- |
| format | 必需。规定时间戳的格式 |
| timestamp | 可选。规定时间戳。默认是当前的日期或时间 |

其中 date()函数的第一个必需参数 format 规定了如何格式化日期或时间，由于 date()函数的格式化字符的内容较多，限于篇幅，如需了解详情，请扫码查看。

**2. 使用聚合函数 count()实现投票判断**

实现投票数查询还有一种常见的方法，就是使用聚合函数，相应的代码如下所示。

完整代码

```
1.   //第 2 种方法
2.   $sql = "select count(1) as num from votedetail where userID = " . $_SESSION['loggedUserID'] . " and carID = $id and voteTime = '" . date("Y-m-d") . "'";
3.   $result = mysqli_query($conn, $sql);
4.   $info = mysqli_fetch_array($result);
5.   if ($info['num'] == 5) {
6.      //说明当前用户给当前车辆已经投过 5 票了
7.      echo "<script>alert('当前用户给当前车辆已经投过 5 票了'); history.back();</script>";
8.      exit;
9.   }
```

这里使用了 count()函数，这个函数在 MySQL 中被称为聚合函数。什么是聚合函数？聚合函数作用于一组数据，并对一组数据进行计算后返回一个值。常用的 MySQL 聚合函数有以下几个。

（1）AVG()。

（2）SUM()。

（3）MAX()。

（4）MIN()。

（5）COUNT()。

聚合函数的使用方法如下所示。

```
1.    SELECT
2.       column1,
3.       column2,
4.       GROUP_FUNCTION (column3)
5.    FROM
6.       table1
7.    WHERE
8.       a = b
9.    GROUP BY
10.      column1,
11.      column2
12.   HAVING
13.      c = d
14.   ORDER BY
15.      column2 DESC;
```

其中 AVG()和 SUM()函数可以用于数值型字段，用于计算一组数据的"平均值"和"和"。MIN()和 MAX()函数可以用于任意数据类型的数据，作用是取其最小值和最大值。示例代码如下。

```
1.    SELECT AVG(salary), MAX(salary),MIN(salary), SUM(salary)
```

```
2.    FROM employees
3.    WHERE job_id LIKE '%REP%';
4.
5.    # 如下操作没有意义 ( 只有针对数值型字段的操作才有意义 ):
6.    SELECT SUM(last_name)
7.    FROM employees;
```

这里是查询工资 ( salary ) 的平均值、最大值、最小值和总和。对姓名 ( last_name ) 进行求和运算没有实际意义。

COUNT() 函数可以返回表中的记录总数，适用于任意数据类型的数据。在具体使用时，可以有 3 种写法，分别是 COUNT(列)、COUNT(*)、COUNT(1)。这 3 种不同的写法在不同的数据库存储引擎下，效率会不一样。如果使用的是 MyISAM 存储引擎，则三者的效率相同，都是 $O(1)$。如果使用的是 InnoDB 存储引擎，则三者的效率：COUNT(*) = COUNT(1)（只能说约等于）> COUNT(字段)（如果字段都非空，那么几乎和前两者没有什么区别）。

其实上述的常用聚合函数更多时候，或者说在很重要的一些应用中，是搭配 GROUP BY 使用的。GROUP BY 根据 BY 指定的列对数据进行分组，所谓分组，就是将一个 "数据集" 划分成若干 "小区域"，然后针对若干 "小区域" 进行数据处理。需要强调的是，应该在对行进行分组之前应用 WHERE 子句，而在对行进行分组之后应用 HAVING 子句。 换句话说，WHERE 子句应用于行，HAVING 子句应用于分组。

要对组进行排序，请在 GROUP BY 子句后添加 ORDER BY 子句。

GROUP BY 子句中出现的列称为分组列。如果分组列包含 NULL 值，则所有 NULL 值都会被汇总到一个分组中，因为 GROUP BY 子句认为 NULL 值相等。

关于 GROUP BY 的操作实例，请参考 10.2.2 小节。

## 子任务 10.2　一人一天只能给 3 辆车投票

### 【任务提出】

小王同学在前面做需求分析时，已经确定了投票限制的具体条件，并且已经完成了一人一天只能给一辆车投 5 票的限制功能。接下来，他将完成一人一天只能给 3 辆车投票的限制功能。

一人一天只能给
3 辆车投票

### 【任务实施】

#### 10.2.1　分析一人一天只能给 3 辆车投票的逻辑

一人一天只能给 3 辆车投票的查询逻辑为：在查询时，首先排除当前车辆，然后查询是否还给其他车辆投过票；如果查出的结果是还为其他 3 辆车投过票，加上当前车辆，就有 4 辆车了，超过了限制的数量 3；如果不排除当前投票车辆，就会有 bug；如果当前车辆在已投过票的车辆以外，就不能再投票了；如果当前车辆在已投过票的车辆中，就还可以继续投票（当然，还要看其他条件是否满足）。

#### 10.2.2　理解 GROUP BY 语句

SQL 语句中的 GROUP BY 相当于 Excel 中的分类汇总。在前面介绍聚合函数时，提到了这个关键字，接下来将具体讲解 GROUP BY 的使用方法。

GROUP BY 语句根据一列或多列对结果集进行分组。在分组列上可以使用 COUNT()、SUM()、AVG()等函数。最常见的例子是学生的成绩表，里面有很多行记录，列包括姓名、科目、分数。如果要统计每个人各科的总分，就需要用到 GROUP BY 语句。只需要在 GROUP BY 后面跟上姓名这一列，即可按照姓名来进行分组，然后使用()函数可求出每个人的总分。显然，使用 AVG()就可以求出每个人的平均分。

下面用一个示例来说明 GROUP BY 语句的使用方法。

数据表结构及内容如图 10.2.1 所示。其中 name 表示姓名，date 表示最后登录的日期，signin 表示登录的次数。

```
mysql> set names utf8;
mysql> SELECT * FROM employee_tbl;
+----+------+---------------------+--------+
| id | name | date                | signin |
+----+------+---------------------+--------+
|  1 | 小明 | 2016-04-22 15:25:33 |      1 |
|  2 | 小王 | 2016-04-20 15:25:47 |      3 |
|  3 | 小丽 | 2016-04-19 15:26:02 |      2 |
|  4 | 小王 | 2016-04-07 15:26:14 |      4 |
|  5 | 小明 | 2016-04-11 15:26:40 |      4 |
|  6 | 小明 | 2016-04-04 15:26:54 |      2 |
+----+------+---------------------+--------+
6 rows in set (0.00 sec)
```

图 10.2.1　示例数据表结构及内容

接下来使用 GROUP BY 语句将数据表按姓名分组，并统计每个人有多少条记录，结果如图 10.2.2 所示。

```
mysql> SELECT name, COUNT(*) FROM  employee_tbl GROUP BY name;
+--------+----------+
| name   | COUNT(*) |
+--------+----------+
| 小丽   |        1 |
| 小明   |        3 |
| 小王   |        2 |
+--------+----------+
3 rows in set (0.01 sec)
```

图 10.2.2　使用 GROUP BY 查询每个人的记录数

然后将以上数据表按姓名分组，再统计每个人登录的次数，结果如图 10.2.3 所示。WITH ROLLUP 可以实现在分组统计数据基础上再进行相同的统计（SUM()、AVG()、COUNT()等）。可以看到，除了正常地按姓名汇总得到相应的结果，还多了一个 NULL 行，这一行的结果是得到了所有人的登录次数。可以使用 coalesce()函数来设置一个可以取代 NULL 的名称，如图 10.2.4 所示。

```
mysql> SELECT name, SUM(signin) as signin_count FROM  employee_tbl GROUP BY name WITH
ROLLUP;
+--------+--------------+
| name   | signin_count |
+--------+--------------+
| 小丽   |            2 |
| 小明   |            7 |
| 小王   |            7 |
| NULL   |           16 |
+--------+--------------+
4 rows in set (0.00 sec)
```

图 10.2.3　使用 WITH ROLLUP 对分组的结果再进行运算

```
mysql> SELECT coalesce(name, '总数'), SUM(signin) as signin_count FROM employee_tbl GR
OUP BY name WITH ROLLUP;
+-------------------------+--------------+
| coalesce(name, '总数')   | signin_count |
+-------------------------+--------------+
| 小丽                     |            2 |
| 小明                     |            7 |
| 小王                     |            7 |
| 总数                     |           16 |
+-------------------------+--------------+
4 rows in set (0.01 sec)
```

图 10.2.4　使用 coalesce()函数转换 NULL 值

### 10.2.3　实现一人一天只能给 3 辆车投票

有了前面的这些知识储备，小王同学觉得对 SQL 查询语句的理解又深入了一步，接下来，他又修改了 vote.php 文件，实现了第二个投票限制条件，代码如下所示。

```
1.    //第 2 个条件
2.    //要求一人一天最多可以给 3 辆车投票
3.    $sql = "select carID from votedetail where userID = " . $_SESSION['loggedUserID'] . " and vote
Time = '" . date("Y-m-d") . "' and carID <> $id group by carID";
4.    $result = mysqli_query($conn, $sql);
5.    $num = mysqli_num_rows($result);
6.    if ($num >= 3) { //排除当前投票车辆以后，还发现已经给 3 辆车投过票了，说明当前是第 4 辆车，无法
投票
7.        echo "<script>alert('每人每天最多只能给 3 辆车投票'); history.back();</script>";
8.        exit;
9.    }
```

在上述代码的第 3 行中，小王同学通过车辆 ID 来进行分组，然后查询当前用户在当天一共给多少辆车投过票，并在 where 子句中添加一个筛选条件，即车辆 ID 不等于当前正在投票的这一辆车的 ID，也就是排除当前投票车辆。在 group by 后面添加 carID 字段，可以通过车辆 ID 来进行分组，这样查询到的记录数就表示除了当前车辆外，已经给多少辆车投过票了。在第 6 行中判断$num 的值是否大于或等于 3，如果已经大于或等于 3 了，就表示除当前车辆外，已经给 3 辆车投过票了，说明当前车辆是第 4 辆车，因此，无法再对当前车辆投票。

## 子任务 10.3　投票时间间隔

### 【任务提出】

在投票时，为了防止用户连续投票，或者为了防止使用机器人、程序等方式来恶意投票，还需要对两次投票的时间间隔做出限制。

实现这个功能的基本思路是，判断当前用户上一次投票的时间和现在的时间相差多少，如果时间间隔还未达到规定的时间，则提示无法投票。

投票时间间隔

### 【任务实施】

### 10.3.1　修改数据表字段类型

小王同学分析了投票时间间隔的实现逻辑，但他分析数据表结构时发现，数据表 voteDetail 中，投

票时间字段 voteTime 的类型是 date，也就是"年月日"这种类型，并未保存精确到秒的具体投票时间。显然，在这种情况下是没有办法实现这个需求的。因此，需要修改数据表，将投票时间字段类型转换成 datetime 类型，或者 int 类型（也就是时间戳），以记录投票的详细时间，这样才能判断出两次投票的时间间隔（以 s 为单位）。比如，需求是间隔 1min，因此，如果数据表中 voteTime 字段是 int 类型，则只需要把上一次的数据和 time()得到的数据相减，差值大于 60 即可以再次投票。如果数据表中 voteTime 字段是 datetime 类型，就需要使用函数 UNIX_TIMESTAMP()进行格式转换。显然，对于日期时间类的数据，使用 int 类型会更加便捷。

接下来，小王同学打开数据库，将 voteDetail 数据表中的 voteTime 字段类型修改为 int 类型。由于这一列原来是日期类型，如 2022-05-25，现在修改为 int 类型后，系统会自动把这一列的值修改为 20220525，这个值对于 int 类型的时间戳而言，显然不对。因此，为了保持数据的完整性，可以把 voteDetail 数据表的内容清空，对应地需要把 carInfo 数据表中的 carNum 列全部修改成 0，这样所有数据表的数据就能对应上了。

## 10.3.2　判断投票时间间隔

修改数据表后，小王同学很快就完成了投票时间间隔的限制条件实现，下面是相关的代码。

```
1.    //第 3 个条件
2.    //两次投票之间要求间隔 60s 以上
3.    $sql = "select voteTime from voteDetail where userID = " . $_SESSION['loggedUserID'] . " order
by id desc limit 0,1";
4.    $result = mysqli_query($conn, $sql);
5.    if (mysqli_num_rows($result)) {
6.      //说明此用户曾经投过票
7.      $info = mysqli_fetch_array($result);
8.      if (time() - $info['voteTime'] <= 60) {
9.        //说明投票间隔未超过 60s，不可以投票
10.       echo "<script>alert('两次投票之间，必须间隔 1 分钟。');history.back();</script>";
11.       exit;
12.     }
13.   }
```

在上述代码的第 3 行中，小王同学构建了一个 SQL 语句，查询当前用户的所有投票记录，并按照用户 ID 降序排列，且只返回一条记录。由于用户 ID 是自增字段，显然，降序排列的第一条记录就是最新的那一条记录，或者说就是上一次投票的记录。在第 5 行中判断当前查询是否有记录。如果当前用户还未投过票，则查询不到任何记录。如果曾经投过票，就从结果集中取出最新的一条投票记录，然后判断当前时间（使用 time()函数）和上一次投票时间（$info['voteTime']）的差值。如果这个差值小于或等于 60，则说明投票间隔还未超过 1min，弹窗提示不能投票，然后返回投票页面。

## 10.3.3　转换 MySQL 中的时间日期格式

小王同学测试了投票时间间隔功能，这个功能已经没有问题了。但他同时发现一个问题，前面完成的投票限制条件 1 和投票限制条件 2，以及最终的投票实现，都出现了问题。经过分析，问题的产生是因为刚才修改了数据表中 voteTime 列的类型，因此，这些功能都要同步修改。因为在条件 1 和条件 2 中，只需要判断当天的日期，也就是只判断到年月日，不用判断秒，因此，需要使用一个 MySQL 的函数 FROM_UNIXTIME()来进行格式转换（即将时间戳转换成日期格式）。其基本语法为：

```
FROM_UNIXTIME(unix_timestamp,format)
```

其中第一个参数是用于格式转换的时间戳，第二个参数是时间戳转换成日期后的具体格式。常用的日期格式有以下几种。

（1）%Y：年，数字，4 位。

（2）%m：月，数字（01~12）。

（3）%d：日，数字(01~31)。

（4）%H：小时，数字(00~23)。

（5）%i：分钟，数字(00~59)。

（6）%s：秒(00~59)。

和 FROM_UNIXTIME()函数相对应的，还有另外一个函数 UNIX_TIMESTAMP()，其作用是把日期格式转换成时间戳。如果这个函数未提供参数，则直接返回当前的时间戳。

了解上述知识点后，小王同学顺利修改了前面做好的投票程序。下面是修改后的投票限制条件 1 的代码。

```
1.   //投票条件判断
2.   //第 1 个条件：一个人一天只能给一辆车投 5 票
3.   //第 2 种方法
4.   $sql = "select count(1) as num from votedetail where userID = " . $_SESSION['loggedUserID'] . " and carID = $id and FROM_UNIXTIME(voteTime,'%Y-%m-%d') = '" . date("Y-m-d") . "'";
5.   $result = mysqli_query($conn, $sql);
6.   $info = mysqli_fetch_array($result);
7.   if ($info['num'] == 5) {
8.       //说明当前用户已经给当前车辆投过 5 票了
9.       echo "<script>alert('当前用户给当前车辆已经投过 5 票了');history.back();</script>";
10.      exit;
11.  }
```

下面是修改后的投票限制条件 2 的代码。

```
1.   //第 2 个条件
2.   //要求一人一天最多可以给 3 辆车投票
3.   $sql = "select carID from votedetail where userID = " . $_SESSION['loggedUserID'] . " and FROM_UNIXTIME(voteTime,'%Y-%m-%d') = '" . date("Y-m-d") . "' and carID <> $id group by carID";
4.   $result = mysqli_query($conn, $sql);
5.   $num = mysqli_num_rows($result);
6.   if ($num >= 3) { //排除当前投票车辆以后，还发现已经给 3 辆车投过票了，说明当前是第 4 辆车，无法投票
7.       echo "<script>alert('每人每天最多只能给 3 辆车投票');history.back();</script>";
8.       exit;
9.   }
```

下面是修改后的投票实现的代码。

```
1.   //投票实现
2.   //第 1 步操作，更新 carnum
3.   $sql1 = "update carinfo set carnum = carNum + 1 where id = $id";
4.   //第 2 步操作，更新 votedteail 表
5.   $sql2 = "insert into votedetail (userID, carID, voteTime, ip) VALUES ('" . $_SESSION['loggedUserID'] . "','$id','" . time() . "','" . getIp() . "')";
6.   //引入事务机制
7.   mysqli_autocommit($conn, 0); //取消自动提交
```

```
8.    $result1 = mysqli_query($conn, $sql1);
9.    //echo "1:".mysqli_error($conn);
10.   $result2 = mysqli_query($conn, $sql2);
11.   //echo "2:".mysqli_error($conn);
12.   if ($result1 and $result2) {
13.       mysqli_commit($conn);//提交操作
14.       echo "<script>alert('投票成功');location.href='index.php';</script>";
15.   } else {
16.       mysqli_rollback($conn);
17.       echo "<script>alert('投票失败');history.back();</script>";
18.   }
```

完成上述修改后，小王同学测试了一下，所有功能都能正常使用了。但他又想了一下，这是把voteTime 修改成了 int 类型，那么如果是改成 datetime 类型，程序又应该怎么修改呢？

小王同学决定试一试。简单分析一下，在投票限制条件 1 和投票限制条件 2 中需要的是日期类型，而在投票限制条件 3 中需要时间戳类型，因此，需要进行时间戳和日期格式转换。如果数据表字段是datetime 类型，则要转换成 date 类型，可以使用 MySQL 中的 date()函数，此函数可以直接提取 datetime类型字段中的日期部分。如果想把 datetime 类型转换成时间戳类型，则可以使用 UNIX_TIMESTAMP()函数。

小王同学查找了相关资料，很快就完成了如下的代码。下面是条件 1 的核心代码。

```
1.    //第 2 种方法
2.    $sql = "select count(1) as num from votedetail where userID = " . $_SESSION['loggedUserID'] . " and carID = $id and date(voteTime) = '" . date("Y-m-d") . "'";
```

下面是条件 2 的核心代码。

```
1.    //第 2 个条件
2.    //要求一人一天最多可以给 3 辆车投票
3.    $sql = "select carID from votedetail where userID = " . $_SESSION['loggedUserID'] . " and date(voteTime) = '" . date("Y-m-d") . "' and carID <> $id group by carID";
```

下面是条件 3 的核心代码。

```
1.    //第 3 个条件
2.    //两次投票之间要求间隔 60s 以上
3.    $sql = "select UNIX_TIMESTAMP(voteTime) as voteTime from votedetail where userID = " . $_SESSION['loggedUserID'] . " order by id desc limit 0,1";
```

在上述代码的第 3 行，他将 voteTime 字段用 UNIX_TIMESTAMP()函数转换成了时间戳，并给转换后的结果取了别名 voteTime。

下面是投票实现的核心代码。

```
1.    //第 2 步操作，更新 voteDetail 表
2.    $sql2 = "insert into votedetail (userID, carID, voteTime, ip) VALUES (" . $_SESSION['loggedUserID'] . ",'$id','" . date("Y-m-d H:i:s") . "','" . getIp() . "')";
```

这里使用了 PHP 中的 date()函数，以"年-月-日 时:分:秒"的格式返回数据。

# 子任务 10.4　IP 地址限制

## 【任务提出】

小王同学已经实现了 3 种投票条件的限制功能，接下来，他还准备设置一个 IP

IP 地址限制

地址投票限制功能。这种限制的原理是通过检测投票者的 IP 地址来进行判断和限制。不过，使用 IP 地址限制也会有一些问题。比如，在学校、机关单位等，往往一个单位对外只有一个或少量公网 IP 地址，如果限制 IP 地址进行投票，则这一个单位里不管有多少人，都只能投指定的票数，这种投票限制在实际投票环境中可能用得少一些。

由于前面已经实现了一人一天最多可以给 3 辆车投票、一人一天最多可以给一辆车投 5 票的限制功能，因此，关于 IP 地址限制，可以设置同一个 IP 地址一天之内最多可以投 15 票，刚好对应 3 辆车、每辆车 5 票。前面设计的 voteDetail 表用于记录投票详情，其中保存了每一次投票的 IP 地址。因此在当天的投票详情中，查询当前 IP 地址投票的记录数，判断是否超过了 15。如果超过，则不能再投票，否则可以继续投票。

## 【任务实施】

### 10.4.1　编写 IP 地址限制代码

小王同学很快完成了 IP 地址投票限制的代码编写，并通过了测试。下面是投票限制条件 4 的代码（注意：现在的代码对应的数据表中 voteTime 字段的类型是 datetime，如果是其他类型，则参照前面的内容做对应的修改）。

```
1.    //第 4 个条件
2.    //IP 地址投票限制。限制一个 IP 地址一天只能投 15 票
3.    $sql = "select id from votedetail where date(voteTime) = CURRENT_DATE() and ip = '".getIp()."'";
4.    $result = mysqli_query($conn, $sql);
5.    if(mysqli_num_rows($result)>=15){
6.        //说明当前 IP 地址已经投过 15 票了
7.        echo "<script>alert('一个 IP 地址一天之内最多只能投 15 票。');history.back();</script>";
8.        exit;
9.    }
```

可以看到，小王同学在判断是否为当天时，用到了 MySQL 的另外一个函数 CURRENT_DATE()，而在前面判断是否为当天时，使用的是 PHP 中的 date()函数。

### 10.4.2　总结 MySQL 中的日期和时间函数

到现在为止，小王同学用到了 MySQL 中的多个日期、时间等相关的函数，下面是对这些内容的总结。

**1. 日期相关**

（1）CURDATE()、CURRENT_DATE()、CURRENT_DATE()：这 3 个函数的作用相同，都是用于返回当前日期，如 2022-06-01。

（2）DATE(date|datetime)：提取 date 或 datetime 的日期部分。

（3）DATE_ADD(date,INTERVAL exp unit)、DATE_SUB(date,INTERVAL exp unit)：在日期中（也可以包含时间部分）加或减"时间"。

（4）ADDDATE(date[,interval exp unit)、SUBDATE(date[...])：有第二个参数时，与对应的 DATE_ADD()、DATE_SUB()函数使用方法相同。

（5）DATE_DIFF(date1,date2)：两个日期相减，date1 与 date2 可以是单独的日期或日期与时间，但只有日期部分参与运算。

（6）DATE_FORMAT(date,format)：用 format 格式化 date，format 为格式化字符串，常用的

格式化标识符有以下6个。

① %Y：年，4位。

② %m：月，2位（01~12）。

③ %d：日，2位（01~31）。

④ %H：小时，2位，（00~23）。

⑤ %i：分钟，2位（00~59）。

⑥ %S或%s：秒，2位（00~59）。

**2. 时间相关**

CURTIME()、CURRENT_TIME()、CURRENT_TIME()：这3个函数的作用相同，都用于返回当前时间，如21:35:20。返回值以当前时区表示。

**3. 日期和时间**

（1）NOW()、CURRENT_TIMESTAMP()、CURRENT_TIMESTAMP()，LOCALTIME()、LOCALTIME()、LOCALTIMESTAMP()、LOCALTIMESTAMP()：这些函数的作用相同，都用于返回当前日期和时间。

（2）SYSDATE()：真正的系统时间，不受MySQL的SLEEP()等函数的影响。

# 子任务 10.5 使用 Layui 显示验证码

## 【任务提出】

在前面的项目制作中，小王同学已经使用了 Layui 来显示注册、登录、资料修改页面，他深刻体会到了 Layui 的便捷性。因此，在本任务中，他决定还是使用 Layui 提供的弹窗组件来显示投票验证码。

使用 Layui 显示
验证码

## 【任务实施】

### 10.5.1 使用 layer.open()方法

在显示登录和注册页面时，小王同学使用了 layer 的 open()方法，在参数配置中，type（基本层类型）使用的是 2。layer 提供了 5 种层类型，可传入的值有：0（信息框，默认）、1（页面层）、2（iframe层）、3（加载层）、4（tips 层）。若采用"layer.open({type: 1})"方式调用，则 type 为必填项（信息框除外）。在前面的项目制作中，小王同学使用了 iframe 层，也就是在弹出的窗口中直接显示一个完整的页面内容。在这里，需求变更为，单击车辆进行投票，然后显示验证码，再跳转至 vote.php 页面进行投票。因此，在这里需要使用类型 1，也就是页面层。在页面层中显示一个表单，在该表单中显示验证码，输入验证码后，单击"提交"按钮，跳转至 vote.php 页面，完成投票，然后返回首页并刷新页面。

为了达到这个效果，小王同学先修改了 index.php 中图片的链接。

```
1.    <a href="javascript:showCode(<?php echo $info['id'];?>)"><img src="img/<?php echo $info['carPic']; ?>"></a>
```

实际上就是给图片的链接添加了一个 JavaScript 方法 showCode()，并传入车辆的 ID 作为参数。

### 10.5.2 在弹窗中显示验证码

接下来，小王同学在页面中添加一个 JavaScript 方法 showCode()，代码如下。

```
1.    function showCode(id){
2.        let str = '';
3.        str += '<div class="code">';
4.        str += '<form action="vote.php" method="GET">';
5.        str += '<table style="border-collapse: collapse" border="1" bordercolor = "gray" cellspacing="0">';
6.        str += '<tr>';
7.        str += '<td align="right">验证码</td>';
8.        str += '<td align="left"><input name="code"><img src="code.php" id="code"><input type="hidden" name="id" id="carID"> </td>';
9.        str += '</tr>';
10.       str += '<tr>';
11.       str += '<td align="right"><input type="submit" value="提交"></td>';
12.       str += '<td align="left"><input type="reset" value="重置"></td>';
13.       str += '</tr>';
14.       str += '</table>'
15.       str += '</form>';
16.       str += '</div>';
17.       layer.open({
18.           type: 1,
19.           title: '请输入验证码',
20.           shadeClose: false,
21.           closeBtn :2,
22.           content: str
23.       });
24.       $("#code").click(function (){
25.           $(this).attr('src','code.php?id='+new Date());
26.       })
27.       $("#carID").val(id);
28.    }
```

简单解读一下，从上述代码的第 3 行开始，小王同学在进行拼接字符串操作。字符串中有一个 div，里面包含一个表单，在表单中有一个表格，在该表格中可以输入显示的验证码，此外，还有一个隐藏域，其内容就是车辆的 ID。这个隐藏域的赋值是在第 27 行使用 jQuery 来完成的。在 layer.open()方法中，使用页面层的方式直接打开前面拼接好的字符串，并显示其内容。第 24 行使用 jQuery 给验证码添加了一个单击事件，单击验证码时，会重新设置图片的属性，并再次请求验证码。请求文件后面还添加了一个参数，使用的是当前时间，以确保每次请求的文件地址都不一样，从而避免缓存的影响导致验证码不更新。

为了让弹窗中的内容格式更美观，这里还添加了一个名为 code 的样式。

```
1.    <style>
2.        .code{padding: 5px;}
3.        .code td{padding: 10px !important;}
4.        .code img{cursor: pointer;}
5.    </style>
```

图 10.5.1 所示为添加了弹窗显示验证码的效果。

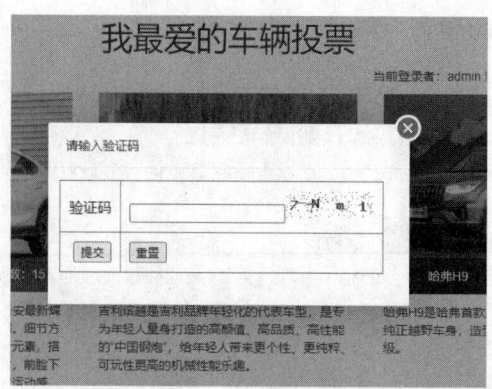

图 10.5.1 弹窗显示验证码

前端有了验证码，在后端就要对验证码进行判断，这一部分内容和前面做过的判断验证码是否正确相似。下面是在 vote.php 中判断验证码是否正确的相关代码。

```
1.  //判断验证码是否正确
2.  $code = trim($_GET['code']);
3.  if (strtolower($_SESSION['captcha']) == strtolower($code) and !empty($code)) {
4.      $_SESSION['captcha'] = '';
5.  } else {
6.      $_SESSION['captcha'] = '';
7.      echo "<script>alert('验证码错误'); location.href='index.php'; </script>";
8.      exit;
9.  }
```

如果验证码错误，则直接弹窗提示错误，并中止后面程序的执行。如果验证码正确，则继续进行投票条件判断，并完成后续的投票操作。

### 10.5.3 优化弹窗显示

小王同学做好了验证码的弹窗显示，然后测试了各项投票限制功能，都是正常的。但他注意到，虽然现在功能都是正常的，但不管投票成功还是失败，当系统弹出提示窗口时，整个页面背景是空的，非常难看，如图 10.5.2 所示。

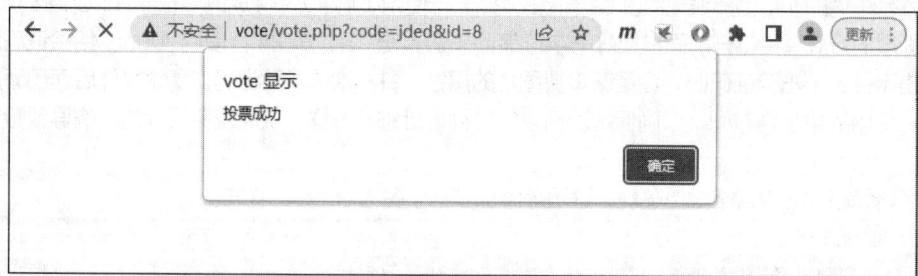

图 10.5.2 投票成功的页面

小王同学又开始琢磨了，怎么样能把这个显示方式再优化一下呢？通过仔细思考，他想了一个办法，就是借用用户登录和注册的显示方式，使用 iframe 层的形式来显示输入验证码的页面，同时在这个小窗口里跳转至投票页面，最后，不管投票成功还是失败，再调用父页面的关闭弹出层的方法来关闭弹出窗口。

有了思路后，接下来，小王同学开始修改 index.php 中的 showCode()方法。他先将原有代码均注释掉，然后添加以下代码。

```
1.   layer.open({
2.     type: 2,
3.     title: '请输入验证码',
4.     shadeClose: false,
5.     area: ['410px', '200px'],
6.     closeBtn :2,
7.     content: 'showCode.php?id='+id
8.   });
```

可以看到，小王同学使用的 type 值是 2，然后指定弹出窗口的大小，显示内容是 showCode.php 文件，并传递一个 id 参数。

然后，他又制作了一个页面，在页面中显示刚才在页面层中显示的内容。他在项目中新建一个文件，命名为 showCode.php，其内容如下。

```
1.   <!doctype html>
2.   <html lang="en">
3.   <head>
4.     <meta charset="UTF-8">
5.     <meta name="viewport"
6.       content="width=device-width, user-scalable=no, initial-scale=1.0, maximum-scale=1.0,
minimum-scale=1.0">
7.     <meta http-equiv="X-UA-Compatible" content="ie=edge">
8.     <title>Document</title>
9.     <style>
10.      .code{padding: 5px;width: 390px;}
11.      .code td{padding: 10px !important;}
12.      .code img{cursor: pointer}
13.    </style>
14.   </head>
15.   <body>
16.   <?php
17.   $id = $_GET['id'] ?? '';
18.   if (!is_numeric($id) || $id == '') {
19.     echo "<script>alert('参数错误');history.back();</script>";
20.     exit;
21.   }
22.   ?>
23.   <div class="code">
24.     <form action="vote.php" method="GET">
25.       <table style="border-collapse: collapse" border="1" bordercolor="gray" cellspacing="0">
26.         <tr>
27.           <td align="right">验证码</td>
28.           <td align="left"><input name="code"><img src="code.php" onclick="this.src='code.php?'
+new Date()" id="code"><input type="hidden" value="<?php echo $id;?>" name="id"></td>
29.         </tr>
30.         <tr>
31.           <td align="right"><input type="submit" value="提交"></td>
```

```
32.              <td align="left"><input type="reset" value="重置"></td>
33.            </tr>
34.          </table>
35.        </form>
36.      </div>
37.    </body>
38.  </html>
```

上述代码的第 17 行，用于读取 index.php 中传递过来的 id（车辆 ID）参数，在第 18 行判断参数是否为数字，以及是否有内容，然后在第 28 行为隐藏域赋值。

最后，小王同学又修改了 vote.php 文件的内容。主要修改了两个地方：第一个地方是在判断验证码错误后，原来是刷新首页，现在由于是弹出层的形式，因此不能再刷新首页了，改为 history.back() 返回即可；第二个地方就是投票失败后，调用父页面的 closeLayer() 方法以关闭弹出层。

通过上述操作，小王同学完成了所有的投票功能，再次测试系统，感觉更加完善了。不过，小王同学是一个精益求精、追求完美的人。虽然总体感觉已经不错了，但他发现还有一个地方会让用户的投票体验很不好，那就是参数错误、投票成功等各个提示环节，由于一直采用 JavaScript 中的 alert() 方法来提示，这和前面使用 layer 弹窗的体验是完全不一样的，因此，他决定再花点时间，把这个提示也处理一下，以达到最佳的用户体验。基本思路是，不使用 alert()，而是使用 layer 的弹窗来进行提示。

根据上面的分析，小王同学在 index.php 文件中添加了两个 JavaScript 方法。

```
1.    function showMsg(content) {
2.      //显示一个晃动的信息弹窗
3.      layer.msg(content, function () {
4.      });
5.    }
6.
7.    function vote(msg,success) {
8.      layer.msg(msg, {
9.        time: 0 //不自动关闭
10.       , btn: ['确定']
11.       , yes: function (index) {
12.       if(success == 1){ //投票成功
13.          location.reload();
14.       }
15.       else{ //投票失败
16.          layer.closeAll();
17.       }
18.       }
19.     });
20.   }
```

第一个方法 showMsg()，可以弹出一个晃动的信息窗口（晃动的形式可以更明显地提醒用户），显示的文字内容通过参数 content 来提供。第二个方法 vote()，显示一个带"确定"按钮的弹窗，其信息由参数 msg 确定，第 2 个参数 success 用于判断投票是成功还是失败。投票成功时，传递 1 过来，刷新首页。投票失败时，传递 0 过来，关闭弹窗。

紧接着，小王同学进入 vote.php 页面，把前面几个 alert() 都换成了 window.parent.showMsg()，目的是调用父页面的 showMsg() 方法来显示各种提示信息。最后展示投票结果时，把 alert() 换成 window.parent.vote()，并根据投票是成功还是失败，分别传递不同的参数。

最后，小王同学测试了完整的效果。图 10.5.3 所示为投票成功的效果。图 10.5.4 所示为验证码错误的效果。图 10.5.5 所示为投票时间间隔出错的效果。

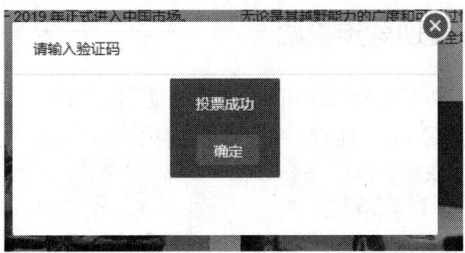

图 10.5.3　投票成功

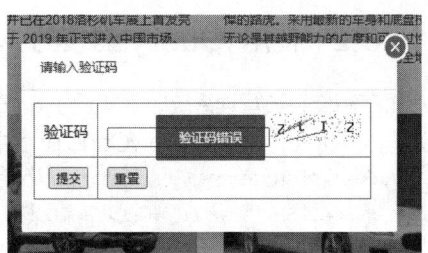

图 10.5.4　验证码错误

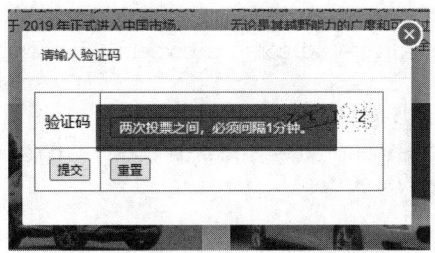

图 10.5.5　投票时间间隔出错

通过多次反复修改，小王同学终于完成了投票功能的实现，vote.php 文件的完整内容请扫码查看。

完整代码

## 子任务 10.6　异步投票

### 【任务提出】

小王同学现在做的投票功能流程是，当成功投票后，通过刷新首页来显示最新的票数。如果首页较长，或者已经滚动了几次屏幕，还是通过刷新页面来显示票数，就很容易出现找不到刚才投票的图片，也就不太容易知道当前有多少票了。这就是"同步"方式的弊端。通过前面的学习，小王同学对"异步"的工作原理已经比较熟悉了，他也知道，在 Web 页面中采用异步方式，对于用户的体验会有较大的提升。因此，接下来，他决定把前面完成的投票过程也改成异步方式，以提高用户投票的体验感。

异步投票

### 【任务实施】

### 10.6.1　给"票数"添加 ID

为了实现页面不刷新就直接更新某辆车的最新票数，需要给每一辆车显示票数的文字添加一个唯一的 ID，然后通过 jQuery 来更新这个 ID 的值，即可更新车辆最新票数，这样也就实现了异步更新票数。进入 index.php，首先修改更新车辆票数的相关代码。

```
1.    <div class="col-xs-12 col-sm-4 col-md-6">
2.      <p class="text-center">当前票数：<span id="num<?php echo $info['id'];?>"><?php echo $info['carNum'];?></span></p>
3.    </div>
```

在上面代码中的车辆票数外面添加了一个<span>标签，并添加了一个 ID，这个 ID 是字符"num"和车辆 ID 的组合，这样可以保证每一辆车的票数 ID 不重复。

## 10.6.2　使用 jQuery 封装的 AJAX 实现异步投票

小王在制作会员管理系统时就知道了，在 Web 中使用异步的最简单方法是使用 jQuery 封装的 AJAX 方法，因此，他先在 showCode.php 中引用了 jQuery 的核心库，当然，也引用了 layer 组件。

```
1.    <script src="https://libs.bai**.com/jquery/1.9.1/jquery.min.js"></script>
2.    <script src="layer/layer.js"></script>
```

接下来，需要把表单修改一下，去掉<form>标签，并将"提交"按钮修改成普通的按钮，再绑定单击事件，单击时调用 postVote()方法，并在参数中传递当前车辆 ID。

```
1.    <div class="code">
2.    <table style="border-collapse: collapse" border="1" bordercolor="gray" cellspacing="0">
3.       <tr>
4.         <td align="right">验证码</td>
5.         <td align="left"><input name="code" id="code"><img src="code.php" onclick="this.src=
'code.php?'+new Date()">
6.         </td>
7.       </tr>
8.       <tr>
9.         <td align="right"><input type="button" onclick="postVote(<?php echo $id; ?>)" value="提交">
</td>
10.        <td align="left"><input type="reset" value="重置"></td>
11.      </tr>
12.    </table>
13.  </div>
```

下面是小王同学添加的 JavaScript 方法 postVote()。

```
1.    <script>
2.    function postVote(id) {
3.        let code = $("#code").val().trim();
4.        if(code == ''){
5.           layer.msg('验证码必须填写！');
6.           return;
7.        }
8.        $.ajax({
9.          url:'ajaxVote.php',
10.         data:{
11.            id:id,
12.            code:code
13.         },
14.         type:'get',
15.         dataType:'json',
16.         success:function (d){
17.           if(d.error == 1){
18.              //说明投票出错或者失败
19.              layer.msg(d.errMsg);
20.           }
```

```
21.        else{
22.            //说明投票成功, 更新当前车辆票数
23.            window.parent.updateNum(id);
24.            layer.msg(d.errMsg);
25.            setTimeout(()=>{
26.              window.parent.closeLayer();
27.            },1500)
28.          }
29.        },
30.        error:function (){
31.          layer.msg('网络错误');
32.          window.parent.closeLayer();
33.        }
34.      })
35.    }
36.  </script>
```

这个方法可接收一个 id 参数。在上述代码的第 3 行, 先判断用户是否填写验证码。如果未填写验证码, 则使用 layer 组件弹窗提示, 并返回上一个页面, 中止程序运行。如果用户填写了验证码, 则通过 AJAX 发起异步请求 (第 8 行), 将 id (车辆 ID) 参数和验证码传递至 ajaxVote.php 文件中进行处理 (第 9 行)。数据提交的类型是"get"(第 14 行), 数据返回的类型是"json"(第 15 行)。后端返回的结果中会有一个 error 参数, 如果此参数值为 1 (第 17 行), 则使用 layer 弹窗提示错误提示信息 (第 19 行); 如果此参数值为 0, 则说明投票成功。一旦投票成功, 就调用父页面的 updateNum() 方法以更新票数 (第 23 行), 并弹窗显示"投票成功"的提示信息 (第 24 行), 然后延时 1.5s 后, 再调用父页面的 closeLayer() 方法关闭整个弹窗 (第 32 行)。

### 10.6.3  制作异步投票后端文件

前端完成后, 小王同学紧接着开始制作后端文件 ajaxVote.php。在制作后端文件时, 小王同学返回到会员管理系统中, 复习了 AJAX 后端文件制作的要领。最关键的一点是不能直接返回内容, 根据前端的设置, 应该以 JSON 的格式返回各种数据。在 PHP 文件中, 只需要对数组进行 JSON 编码, 即可以 JSON 的格式输出。因此, 他直接打开前面做好的 vote.php 文件, 并将其中的内容复制到 ajaxVote.php 文件中, 然后按照异步操作后端文件的要求, 将所有输出改成 JSON 格式的输出, 最终完成了代码的编写。限于篇幅, 该文件的完整代码请扫码查看。

完整代码

这个文件的内容和前面完成的 vote.php 的内容基本一样, 其内部逻辑也完全相同。只是需要注意, 原来的 vote.php 文件直接包含 checkLogin.php 文件, 但由于这个文件中的错误返回方式不满足 JSON 的格式, 因此, 这里改写了此代码。最终投票是否成功是通过数组 $a 来返回结果的。如果投票失败, 则 $a['error'] 赋值为 1, 并输出 errMsg 错误提示信息。如果投票成功, 则 $a['error'] 赋值为 0。在前端投票是否成功就是依据 $a['error'] 的值来进行判断的。

进入 index.php, 再添加一个 JavaScript 方法 updateNum()。

```
1.    function updateNum(id){
2.      let num = parseInt($("#num" + id).text());
3.      $("#num" + id).text(num + 1);
4.    }
```

这个函数接收一个 id 参数, 然后在上述代码的第 2 行, 通过 jQuery 读取当前投票车辆的票数显示内容的 id, 获取其文本内容, 再使用 parseInt() 函数转换为整型数据。因为这个值取到后, 默认的类型

是文本（字符串），如果直接在第 3 行中对这个值进行加 1 的操作，则得到不正确的结果（字符串用加号来进行运算，其结果是拼接）。通过这个方法就可以在投票成功后，直接读取当前票数，并加 1 后回写，这样就实现了不刷新页面也可更新票数。

## 【任务小结】

在本任务中实现了在线投票系统的投票限制功能。这个功能涉及的知识点比较多，其中最重要的是 MySQL 中的日期、时间函数的应用，以及 PHP 中日期、时间函数的应用。同时，为了提高用户体验，这里还使用了 AJAX 技术来实现投票的相关功能。

## 【巩固练习】

### 一、单选题

1. 从 HTML 中分离 PHP 代码，不可以使用的方法是（    ）。
   A. <? . . . ?>　　　　　　　　　　　　B. <?php . . . ?>
   C. <script language="php"> . . . </script>　D. <% . . . %>
2. PHP 不支持的注释方式风格是（    ）。
   A. /* C,C++风格多行注释 */　　　　　　B. // C++风格单行注释
   C. # UNIX 风格单行注释　　　　　　　　D. REM 风格单行注释
3. PHP 中的取余运算符是（    ）。
   A. *　　　　　　　B. &　　　　　　　C. %　　　　　　　D. \
4. PHP 中优先级最低的运算符是（    ）。
   A. ? :　　　　　　B. +　　　　　　　C. =　　　　　　　D. = =
5. PHP 中常用来生成数组的函数是（    ）。
   A. array()　　B. current()　　C. sort()　　D. date()
6. 在 MySQL 中用来查询结果集的函数是（    ）。
   A. mysqli_connect()　　　　　　　　　B. mysqli_select_db()
   C. mysqli_query()　　　　　　　　　　D. require_once()
7. 在 PHP 中，为了使定义的函数中可以使用外部变量，可以使用（    ）语句。
   A. global　　B. const　　C. static　　D. define
8. 在 PHP 中，将变量的作用范围限制在函数之内，可以使用（    ）语句。
   A. global　　B. const　　C. static　　D. define
9. 下列能替换 if...else 语句的运算符是（    ）。
   A. xor　　B. !=　　C. ? :　　D. &&
10. 已知表达式"$k=1;$j=5;$k=$k<=$j"，该表达式值的类型为（    ）。
    A. boolean　　B. integer　　C. string　　D. double
11. 执行以下代码后，其输出结果为（    ）。

```
1.  $a=1;$b=2;
2.  function Sum()
3.  {
4.     Global $a,$b;
5.     $b=$a+$b;
6.  }
7.  Sum();
8.  echo $b;
```

    A. 2　　　　　　　　B. 1　　　　　　　　C. 3　　　　　　　　D. 0

12. 若 "$a=10;"，则单独执行 "echo $a++;" 和单独执行 "echo ++$a;"，输出的结果是（　　　）。

    A. 10，10　　　　　B. 11，10　　　　　C. 10，11　　　　　D. 11，11

13. 下面示例代码的输出结果是（　　　）。

```
1.   $a=(3>5)?（'yes'）:（'no'）;
2.   echo $a."\n";
```

    A. yes　　　　　　　B. no　　　　　　　　C. 0　　　　　　　　D. 1

## 二、填空题

1. 请写出如下程序的输出结果：_____。

```
1.   $str1 = null;
2.   $str2 = false;
3.   echo $str1 == $str2 ? '相等' : '不相等';
4.   $str3 = '';
5.   $str4 = 0;
6.   echo $str3 == $str4 ? '相等' : '不相等';
7.   $str5 = 0;
8.   $str6 = '0';
9.   echo $str5 === $str6 ? '相等' : '不相等';
```

2. 请写出如下程序的输出结果：_____。

```
1.    $a1 = null;
2.    $a2 = false;
3.    $a3 = 0;
4.    $a4 = '';
5.    $a5 = '0';
6.    $a6 = 'null';
7.    $a7 = array();
8.    $a8 = array(array());
9.    echo empty($a1) ? 'true' : 'false';
10.   echo empty($a2) ? 'true' : 'false';
11.   echo empty($a3) ? 'true' : 'false';
12.   echo empty($a4) ? 'true' : 'false';
13.   echo empty($a5) ? 'true' : 'false';
14.   echo empty($a6) ? 'true' : 'false';
15.   echo empty($a7) ? 'true' : 'false';
16.   echo empty($a8) ? 'true' : 'false';
```

3. 请写出如下程序的输出结果：_____。

```
1.   $test = 'aaaaaa';
2.   $abc = &$test;
3.   unset($test);
4.   echo $abc;
```

# 任务11
## 在线投票系统管理员功能

## 情景导入

小王同学已经完成了"我最爱的车辆投票"在线投票系统的制作。但现在的投票项目都是预设好的，这显然还不能满足实际使用的需求。在实际使用中，在线投票的项目肯定是需要有变化的，因此，急需完成一个后台管理系统来管理这些投票的项目。

## 职业能力目标及素养目标

- 能根据需求熟练掌握表单组件的使用。
- 能使用 PHP 完成文件的上传操作。
- 能使用 ECharts 组件完成图表的制作。

- 加强法律意识，培养主动遵守各项规章制度的意识，力争做一个学法、守法、用法的好公民。

### 子任务 11.1　管理员查看车辆列表

### 【任务提出】

管理员登录后，需要查看现有投票项目列表，并对这些投票项目进行相应的操作。这些功能和会员管理系统的后台管理功能相似。

小王同学借鉴了会员管理系统的页面，接下来开始实现管理员功能。当管理员登录后，会在首页显示"后台管理"链接，单击此链接会跳转至后台管理页面。

管理员查看车辆列表

### 【任务实施】

#### 11.1.1　修改前端展示页面

为了能进入后台管理页面，小王同学先在首页添加了后台管理页面的入口链接。下面是小王同学修改后的 index.php 文件，主要修改了用户信息区域的代码。

```
1.    <p class="login">
2.      <?php
3.      if (isset($_SESSION['loggedUsername']) and $_SESSION['loggedUsername'] != '') {
4.        //说明已经登录了?>
5.        当前登录者：<?php echo $_SESSION['loggedUsername']; ?> <a href="logout.php">注销</a> <a href="javascript:open('signup.php','用户注册')">注册</a> <a href="javascript:open('modify.php','资料
```

修改')">修改资料</a> <?php if ($_SESSION['isAdmin']) { ?>

```
6.              <a href="admin.php">后台管理</a><?php } ?>
7.          <?php
8.          } else {
9.          ?>
10.         <a href="javascript:open('login.php','用户登录')">登录</a> <a href="javascript:open('signup.
php','用户注册')">注册</a>
11.         <?php
12.         }
13.         ?>
14.     </p>
```

在上述代码的第 5 行判断 "$_SESSION ['isAdmin']" 的值是否为真，如果为真，则说明当前是管理员，显示第 6 行中定义的 "后台管理" 链接。

图 11.1.1 所示为管理员登录后的效果。

图 11.1.1　管理员登录后显示 "后台管理" 链接

## 11.1.2　制作管理员后端文件

做好了入口链接，接下来，小王同学开始制作管理员后端查看车辆列表的文件。由于这些内容和会员管理系统的后端功能很相似，因此，借鉴前面做过的文件内容，小王同学很快就做好了管理员后端查看车辆列表的文件。限于篇幅，此文件的完整代码请扫码查看。

这个文件的第 2 行用于判断当前是否处于管理员登录状态。第 27 行用于包含分页文件。第 35 行用于进行分页数据查询。第 73 行用于输出分页链接。这些内容在会员管理系统中都是做过的，因此很容易理解。

完整代码

做好上述文件后，小王同学测试了页面效果，如图 11.1.2 所示。

### 车辆管理

返回首页 车辆管理 数据查看 注销

| 序号 | 车辆名称 | 车辆描述 | 车辆图片 | 当前票数 | 操作 |
| --- | --- | --- | --- | --- | --- |
| 1 | 长安CS85COUPE | 外观方面，长安CS85COUPE采用长安最新蝶翼式家族前脸设计，视觉冲击力较强。细节方面，前进气格栅融入较为复杂的设计元素，搭配两侧锐利大灯造型十分抢时尚。同时，前脸下方略带棱型的前包围设计，增加该车运动感。在动力部分，2023款CS85COUPE仍然提供了1.5T和2.0T两种动力组合，但是这次1.5T采用的是长安最新蓝鲸NE发动机。 |  | 15 | 修改 删除 |
| 2 | 吉利缤越 | 吉利缤越是吉利品牌年轻化的代表车型，是专为年轻人量身打造的高颜值、高品质、高性能的 "中国钢炮"，给年轻人带来更个性、更纯粹、可玩性更高的机械性能乐趣。 | | 30 | 修改 删除 |
| 3 | 哈弗H9 | 哈弗H9是哈弗首款高端越野SUV，为非承载式纯正越野车身，造型大气硬朗，内饰豪华感升级。 | | 2 | 修改 删除 |
| 4 | 红旗H7 | 红旗H7是中国一款自主品牌C级高档轿车，为红旗品牌复兴的首款战略车型，共有3.0L和 2.0T两个排量的 5 款车型。凭借着 "一大理念、四大科技" 的核心竞争力，红旗H7全面比肩知名国际品牌同级车。 | | 8 | 修改 删除 |

第 1-4 条，共 7 条记录 首页 上页 下页 尾页 到第 1 ∨ 页，共 2 页

这里的内容是添加车辆的表单

图 11.1.2　管理员查看车辆列表

在页面底部还有一个功能就是管理员添加车辆，小王同学先在这里放了一段文字，紧接着会完成这个功能的实现。

## 子任务 11.2　管理员添加新的车辆（一）

### 【任务提出】

管理员的功能就是对投票项目进行管理，包括添加、修改、删除。添加车辆和会员注册很相似，从本质上来说，都是在前端表单中填写各项数据，然后单击"提交"或"添加"按钮，将各项数据传递至后端文件进行处理。后端文件进行数据验证判断后，实现数据写入。

管理员添加新的
车辆（一）

这里添加车辆的功能和会员注册最大的区别在于，添加车辆时需要上传图片，这是一个新内容。

### 【任务实施】

### 11.2.1　了解表单的 enctype 属性

要在表单中上传图片，首先需要在表单的<form>标签中加上 enctype="multipart/form-data"属性。enctype 属性规定在发送到服务器之前应该如何对表单数据进行编码。

表单数据的编码类型默认被设置成"application/x-www-form-urlencoded"。也就是说，在数据发送到服务器之前，所有字符都会进行编码（空格转换为"+"，特殊符号转换为 ASCII 或 HEX 值）。<form>中 enctype 属性的具体值如表 11.2.1 所示。

表 11.2.1 < form>中 enctype 属性的具体值

| 值 | 描述 |
| --- | --- |
| application/x-www-form-urlencoded | 在发送前对所有字符进行编码（默认） |
| multipart/form-data | 不对字符进行编码<br>在使用包含文件上传控件的表单时，必须使用该值 |
| text/plain | 空格转换为"+"，但不对特殊字符进行编码 |

要上传图片（或者其他文件），必须使用 file 控件，即需要上传图片时，<input>标签必须设置 type="file"属性。

### 11.2.2　设置 PHP 中的上传文件参数

要在 PHP 中使用文件上传，有一个很重要的问题需要注意，那就是上传文件大小的设置问题。系统默认允许上传文件的最大大小都是比较小的，当然，对于上传头像这一类的业务来说，问题不大，但如果要上传其他文件或一些尺寸较大的图片，则可能会出现问题。

打开小皮面板，在左边的导航栏中单击"设置"，在右边区域中单击"配置文件"选项卡，其下第一项内容就是 php.ini。下面列出当前安装好的 PHP 的各个版本，单击当前网站使用的 PHP 版本，即可打开 php.ini 配置文件，如图 11.2.1 所示。

打开 php.ini 以后，需要修改以下几项内容。

（1）max_execution_time：表示 PHP 文件最长可以执行的时间。如果上传较大的文件，则可能会用较长时间。此值默认为 30，也就是说，一个文件默认最长可执行时间为 30s，请根据需要将其值修改为一个较大的值。如果修改为 0，则表示不限制时间。

（2）post_max_size：表示 PHP 可以接收的最大 POST 数据量，请根据需要修改，单位为 MB。

（3）upload_max_filesize：表示允许上传文件的最大大小，单位为 MB。在设置时，post_max_size 应该大于或等于 upload_max_filesize。

修改 php.ini 文件后，请记得重新启动 Web 服务。

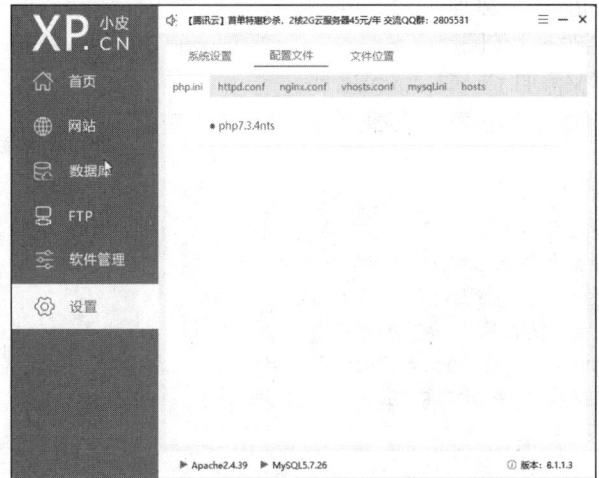

图 11.2.1　在小皮面板中打开 php.ini 文件

### 11.2.3　制作车辆添加前端页面

小王同学在前面制作文件的基础上，在 admin.php 中编写了车辆添加前端代码。

```
1.   <h2>车辆添加</h2>
2.   <form onsubmit="return check()" enctype="multipart/form-data" method="post" action=
"postAddCar.php">
3.       <table width="70%" align="center" style="border-collapse: collapse;" border="1" bordercolor=
"gray" collpadding="10" cellspacing="0" >
4.       <tr>
5.          <td align="right">车辆名称</td>
6.          <td align="left"><input name="carName" id="carName"></td>
7.       </tr>
8.       <tr>
9.          <td align="right">车辆描述</td>
10.         <td align="left"><textarea name="carDesc" id="carDesc"></textarea></td>
11.      </tr>
12.      <tr>
13.         <td align="right">车辆图片</td>
14.         <td align="left"><input type="file" id="carPic" name="carPic"></td>
15.      </tr>
16.      <tr>
17.         <td align="right"><input type="submit" value="添加"></td>
18.         <td align="left"><input type="reset" value="重置"></td>
19.      </tr>
20.   </table>
21.  </form>
```

完成前端页面的静态内容后，小王同学查看添加车辆页面，其效果如图 11.2.2 所示。

在上述代码的第 2 行，小王同学为表单添加了一个 onsubmit 事件，用于拦截表单的提交，并进行表单数据验证，当表单正常提交时，会跳转至 postAddCar.php 文件进行数据处理。在第 14 行中，小王同学使用 file 控件来上传图片。

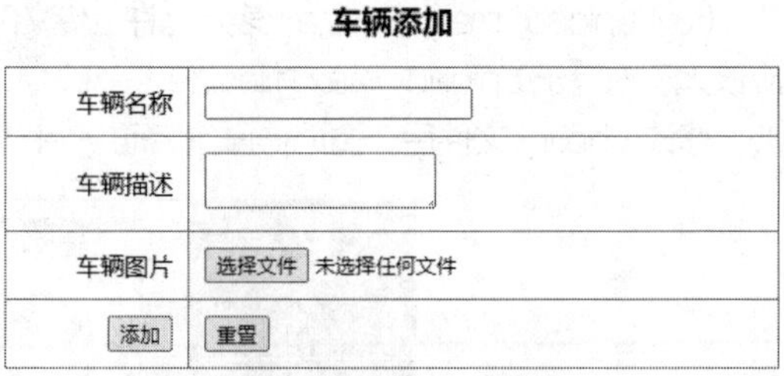

接下来，小王同学又添加了一个 JavaScript 方法 check()，用来实现添加车辆表单提交时的数据验证。

**车辆添加**

| 车辆名称 | |
| 车辆描述 | |
| 车辆图片 | 选择文件 未选择任何文件 |
| 添加 重置 | |

图 11.2.2　添加车辆

```
1.   <script>
2.   function check(){
3.     let carName = $("#carName").val().trim();
4.     let carDesc = $("#carDesc").val().trim();
5.     let carPic = $("#carPic").val().trim();
6.     if(carName == " || carDesc == " || carPic == "){
7.       alert('车辆名称、车辆描述、车辆图片都必须填写');
8.       return false;
9.     }
10.    return true;
11.    }
12.  </script>
```

在这里，小王同学使用 jQuery 来获取表单中的各项数据，并判断表单中是否有值。如果有一项无值，则返回 false，一旦表单的 onsubmit 事件中接收到返回值 false，就阻止表单提交。如果各项数据都正常填写了，则返回 true，表单正常提交。

## 11.2.4　制作车辆添加后端页面

有了前端页面，接下来就是后端文件的制作了。小王同学在项目中创建了 postAddCar.php 文件，但由于以前没有设置过文件上传的功能，因此，他一边通过百度查阅相关资料，一边尝试着设置文件上传的功能。他首先在 postAddCar.php 中输入以下代码。

```
1.   <?php
2.   $carName = $_POST['carName'];
3.   $carDesc = $_POST['carDesc'];
4.   echo "<pre>";
5.   print_r($_FILES['carPic']);
6.   //第一步，判断图片上传是否有错
7.   if($_FILES['carPic']['error']){
8.     echo "<script>alert('图片上传错误');history.back();</script>";
9.     exit;
10.  }
```

其中代码的第 2 行用于读取前端传递过来的车辆名称，第 3 行用于读取车辆描述，第 4 行输出了 HTML 中的一个<pre>标签，输出该标签是因为他想在后面测试文件上传的相关功能，此标签用于预格式化文本，便于格式化显示数组的内容。第 5 行使用 PHP 中的函数 print_r()输出$_FILES['carPic']数组。在前面的代码中，反复使用 echo 来输出变量或字符串。但如果是数组，则不能直接使用 echo 来进行输出，可以使用 print_r()来进行输出。$_FILES 是 PHP 中的一个全局数组，用于接收表单中的文件上传内容，该数组的索引就是前端页面中 file 控件的 name 值。

小王同学在前端表单输入各项内容后，单击"添加"按钮，通过代码的第 5 行输出了$_FILES['carPic']
数组中的所有内容。其具体内容如图 11.2.3 所示。

```
← → C ⚠ 不安全 | vote/postAddCar.php

Array
(
    [name] => 1.jpg
    [type] => image/jpeg
    [tmp_name] => C:\Users\rui\AppData\Local\Temp\php27C8.tmp
    [error] => 0
    [size] => 88871
)
```

图 11.2.3　上传图片后输出$_FILES 数组的内容

从结果可以看出，这里输出了一个数组，该数组共有 5 个元素，分别是 name（上传的文件名）、type
（上传文件的类型）、tmp_name（上传后文件的临时文件名及路径）、error（上传文件时的错误代码）、
size（上传文件的尺寸）。小王同学在第 4 行代码中添加<pre>标签就是为了让数组能够以比较美观的样
式进行输出。

在第 7 行代码中通过判断 error 的值，可知道文件上传时的状态。上传文件出错时的错误代码一共
有以下几个值。

（1）UPLOAD_ERR_OK：其值为 0，表示没有错误发生，文件上传成功。

（2）UPLOAD_ERR_INI_SIZE：其值为 1，表示上传文件的大小超过了 php.ini 中 upload_max_
filesize 选项限制的值。

（3）UPLOAD_ERR_FORM_SIZE：其值为 2，表示上传文件的大小超过了 HTML 表单中 MAX_
FILE_SIZE 选项限制的值。

（4）UPLOAD_ERR_PARTIAL：其值为 3，表示文件只有部分被上传。

（5）UPLOAD_ERR_EXTENSION：其值为 4，表示没有文件被上传。

（6）UPLOAD_ERR_NO_TMP_DIR：其值为 6，表示找不到临时文件夹。

（7）UPLOAD_ERR_CANT_WRITE：其值为 7，表示文件写入失败。

显然，只要错误代码不为 0，就表示上传文件出错（或没有上传文件）。

# 子任务 11.3　管理员添加新的车辆（二）

## 【任务提出】

在上一个任务中，小王同学已经测试了 file 控件的上传文件功能。接下来要判断
图片的格式和大小。对于图片的格式，主要是判断是不是常用的几种图片格式，如
JPG（JPEG）、GIF、PNG。图片的大小一般也是需要限制的，以避免用户上传过
大的文件。

管理员添加新的
车辆（二）

如果图片的格式和尺寸都没有问题，接下来就可以使用 move_uploaded_file()函数将上传的临时文件
使用指定的文件名保存至指定的位置。文件保存成功后，再将相关内容写入数据库，即可完成车辆的添加。

## 【任务实施】

### 11.3.1　编写车辆添加后端代码

小王同学通过查找网络资料，并结合自己的实践，经过几个回合的修改后，终于完成了文件上传的

全部功能。下面是他做好的 postAddCar.php 文件的完整代码。

```php
1.    <?php
2.    $carName = $_POST['carName'];
3.    $carDesc = $_POST['carDesc'];
4.    $fileName = '';
5.    //第一步，判断图片上传是否出错
6.    if ($_FILES['carPic']['error']) {
7.        echo "<script>alert('图片上传错误');history.back();</script>";
8.        exit;
9.    }
10.   //第二步，判断文件格式以及大小是否正确
11.   if (!empty($_FILES['carPic']['name'])) {//说明有上传图片
12.       //先判断文件大小，不得大于 2MB
13.       if ($_FILES['carPic']['size'] > 2048 * 1024) {
14.           echo "<script>alert('图片文件大小不能超过 2MB'); history.back();</script>";
15.           exit;
16.       }
17.       //接下来判断文件格式
18.       $allowType = array("image/gif", "image/pjpeg", "image/jpeg", "image/jpg", "image/png");
19.       if (!in_array($_FILES['carPic']['type'], $allowType)) {
20.           echo "<script>alert('图片类型错误，只能是 JPG、PNG、GIF 图片。');history.back();</script>";
21.           exit;
22.       }
23.       $allowExt = array("jpg", "jpeg", "png", "gif");
24.       $nameArray = explode(".", $_FILES['carPic']['name']);
25.       $nameExt = end($nameArray);
26.       if (!in_array(strtolower($nameExt), $allowExt)) {
27.           echo "<script>alert('图片文件扩展名错误，只能是 JPG（JPEG）、PNG、GIF 文件。');history.back();</script>";
28.           exit;
29.       }
30.       $fileName = uniqid() . "." . $nameExt;
31.       $result = move_uploaded_file($_FILES['carPic']['tmp_name'], "img/" . $fileName);
32.       if (!$result) {
33.           //说明文件保存不成功
34.           echo "<script>alert('保存文件出错。'); history.back(); </script>";
35.           exit;
36.       }
37.   }
38.   //第三步，写入数据库
39.   include_once 'conn.php';
40.   $sql = "insert into carinfo (carName, carDesc, carPic, carNum) VALUES ('$carName','$carDesc','$fileName','0')";
41.   $result = mysqli_query($conn, $sql);
42.   if ($result) {
43.       echo "<script>alert('车辆添加成功。');location.href='admin.php'; </script>";
44.   } else {
45.       echo "<script>alert('车辆添加失败。'); history.back(); </script>";
46.   }
```

上述代码的第 6~9 行用于判断上传图片是否出错。第 13~16 行用于判断上传图片的大小是否大于 2MB。第 18~22 行用于判断上传文件的类型是不是常见的几种图片类型之一。注意，这里所说的类型是指多用途互联网邮件扩展（Multipurpose Internet Mail Extensions，MIME）类型。MIME 实际上是目前互联网的一种标准，用于定义文件类型。这在前端开发工作中会经常遇到，不同于其他软件，浏览器确定某个文件是何种类型取决于 MIME 类型，而不是文件扩展名。因为一个文件的扩展名是可以任意修改的，也就意味着可以伪装成不同类型的文件。但 MIME 类型却是无法伪装的。通过这种方式鉴别文件的类型是比较准确的。在第 18 行中定义一个数组，预先设置了 5 个元素，分别对应 GIF、JPG、PNG 这 3 种类型的图片文件。在第 19 行中使用 PHP 内置的数组函数 in_array() 来判断上传文件的类型是否在预设的数组中。in_array() 函数用于搜索数组中是否存在指定的值。如果在数组中找到值，则返回 TRUE，否则返回 FALSE。

第 23~29 行用于判断上传文件的扩展名，这里直接判断文件显示的扩展名，只允许上传 JPG（JPEG）、PNG、GIF 这 3 种文件，这里的思路和前面判断文件的 MIME 类型相似。第 23 行，先创建一个数组，预设 4 种允许的文件扩展名。第 24 行，在上传文件的文件名中使用"."来拆分数组。第 25 行，获取数组中的最后一个元素（因为文件名可能有多个"."，因此，只有最后一个元素才是真正的扩展名），这样就得到了文件的扩展名。第 26 行用于判断文件的扩展名是否为前面预设的扩展名之一。

## 11.3.2　获取数组内元素

上述代码的第 24 行使用 explode() 函数来将上传文件的文件名用字符串分割成数组，分割的依据是文件名和扩展名之间的小圆点。由于一个文件的文件名中可能包含多个小圆点，因此，在第 25 行使用 end() 函数来获取数组中的最后一个元素，这样可以得到文件的真实扩展名。end() 函数的作用是将内部指针指向数组中的最后一个元素，并将其输出。

### 1. 与 end() 相关的函数

在 PHP 中，与 end() 相关的函数如下。

（1）current()：返回数组中当前元素的值。

（2）next()：将内部指针指向数组中的下一个元素，并输出。

（3）prev()：将内部指针指向数组中的上一个元素，并输出。

（4）reset()：将内部指针指向数组中的第一个元素，并输出。

（5）each()：返回当前元素的键名和键值，并将内部指针向前移动。

在判断扩展名时，还使用了 strtolower() 函数，以将文件扩展名转换成小写形式。因为用户实际上传的文件，其扩展名可能是大写形式，也可能是小写形式，还可能是大小写混合形式。

### 2. 与字符转换相关的函数

在 PHP 中，与字符转换相关的函数如下。

（1）strtoupper()：把字符串转换为大写形式。

（2）lcfirst()：把字符串中的首字母转换为小写形式。

（3）ucfirst()：把字符串中的首字母转换为大写形式。

（4）ucwords()：把字符串中每个单词的首字母转换为大写形式。

## 11.3.3　生成唯一文件名

在上述代码的第 30 行，使用 uniqid() 函数来生成一个唯一的文件名。uniqid() 函数基于以微秒计算的当前时间，生成一个唯一的 ID。该函数的基本语法及参数如下所示。

```
uniqid(prefix,more_entropy)
```

uniqid() 函数的参数详情如表 11.3.1 所示。

表 11.3.1　uniqid()函数的参数详情

| 参数 | 描述 |
| --- | --- |
| prefix | 可选。规定唯一 ID 的前缀。如果两个脚本恰好在相同的时间生成 ID，则该参数很有用 |
| more_entropy | 可选。规定位于返回值末尾的更多熵，这将让结果更具唯一性。当设置为 TRUE 时，返回字符串为 23 个字符。默认是 FALSE，返回字符串为 13 个字符 |

在上述代码的第 31 行，使用了 PHP 中的 move_uploaded_file()函数完成最终文件的上传。move_uploaded_file() 函数可以把上传的文件（上传时生成的临时文件）移动到新的位置。

如果操作成功，则该函数返回 TRUE，如果操作失败则返回 FALSE。该函数的基本语法和参数如下所示。

```
move_uploaded_file(file,newloc)
```

move_uploaded_file()函数的参数详情如表 11.3.2 所示。

表 11.3.2　move_uploaded_file()函数的参数详情

| 参数 | 描述 |
| --- | --- |
| file | 必需。规定要移动的文件 |
| newloc | 必需。规定文件的新位置 |

可以看到，第 31 行代码用于把上传的临时文件移动到指定的 img 目录下，并使用 uniqid()生成唯一的文件名，以确保文件不重名。

第 39~46 行代码用于完成车辆信息写入数据库的操作。

至此，管理员添加车辆的操作全部完成了。小王同学进行了相关功能的测试，一切正常。由于在 admin.php 文件中，车辆数据是按照其 ID 降序排列的，因此，当新增加一辆车以后，返回首页，第一行数据就是新增的车辆数据。

## 子任务 11.4　管理员修改和删除车辆资料

### 【任务提出】

管理员修改车辆资料和会员管理系统中实现的会员资料修改相似。修改车辆资料只需要读取当前车辆的资料，并将其显示出来，然后由管理员修改后提交，最终更新当前车辆的信息即可。需要注意的是，在修改资料时，要检测用户是否重新提交了图片，这和修改会员资料时检测是否修改密码相似。

管理员修改车辆资料

### 【任务实施】

#### 11.4.1　修改前端页面

为了能修改车辆资料，需要在 admin.php 文件的操作栏添加资料修改的链接，其代码如下。

```
1.    <td align="center"><a href="modifyCar.php?id=<?php echo $info['id'];?>">修改</a> 删除</td>
```

单击"修改"链接，将跳转至 modifyCar.php 文件，并携带一个 id 参数。

由于修改车辆资料和修改会员资料非常相似，因此，小王同学几乎没费什么工夫，就顺利完成了相关功能的实现。下面是他在项目中新建的 modifyCar.php 文件的核心代码，完整代码请扫码查看。

完整代码

```php
1.    <?php
2.    include_once 'checkAdmin.php';
3.    ?>
4.    <!--  此处略去部分代码  -->
5.    <script src="https://libs.bai**.com/jquery/1.9.1/jquery.min.js"></script>
6.    </head>
7.    <body>
8.    <h1>车辆管理</h1>
9.    <h2><a href="index.php">返回首页</a> <a href="admin.php" class="current">车辆管理</a> <a href="show.php">数据查看</a> <a
10.          href="logout.php.php">注销</a></h2>
11.   <?php
12.   include_once 'conn.php';
13.   $id = $_GET['id'] ?? 0;
14.   $sql = "select * from carinfo where id = $id";
15.   $result = mysqli_query($conn, $sql);
16.   if (!mysqli_num_rows($result)) {
17.     echo "<script>alert('未查询到当前车辆');history.back();</script>";
18.     exit;
19.   }
20.   $info = mysqli_fetch_array($result);
21.   ?>
22.   <form onsubmit="return check()" enctype="multipart/form-data" method="post" action="postModifyCar.php">
23.       <table width="70%" align="center" style="border-collapse: collapse;" border="1" bordercolor="gray" cellpadding="10"
24.           cellspacing="0">
25.       <tr>
26.         <td align="right">车辆名称</td>
27.           <td align="left"><input name="carName" id="carName" value="<?php echo $info['carName']; ?>"></td>
28.       </tr>
29.       <tr>
30.         <td align="right">车辆描述</td>
31.           <td align="left"><textarea name="carDesc" id="carDesc"><?php echo $info['carDesc']; ?></textarea></td>
32.       </tr>
33.       <tr>
34.         <td align="right">车辆图片</td>
35.         <td align="left"><input type="file" id="carPic" name="carPic">
36.           <img class="img" src="img/<?php echo $info['carPic']; ?>"
37.         </td>
38.       </tr>
39.       <tr>
40.         <td align="right">
41.           <input type="submit" value="修改">
42.           <input type="hidden" name="id" value="<?php echo $info['id']; ?>">
43.         </td>
44.         <td align="left"><input type="reset" value="重置"></td>
```

```
45.        </tr>
46.      </table>
47.    </form>
48.    <script>
49.      function check() {
50.        let carName = $("#carName").val().trim();
51.        let carDesc = $("#carDesc").val().trim();
52.        if (carName == '' || carDesc == '') {
53.          alert('车辆名称、车辆描述都必须填写');
54.          return false;
55.        }
56.        return true;
57.      }
58.    </script>
59.  </body>
60. </html>
```

在上述代码的第 2 行包含 checkAdmin.php 文件，用于判断当前管理员是否登录。在第 5 行引用了 jQuery 核心库。在第 13 行读取了从 admin.php 文件中传递过来的 id（车辆 ID）参数。这里使用到了 PHP 中的"??"表达式，用于判断此参数是否存在，如果不存在，则赋值为 0。后面会从数据库中查询此 ID 对应的车辆信息，如果 ID 为 0，自然就查询不到相应的资料。第 16 行用于查询当前 ID 的车辆信息，如果未查询到，则弹窗提示，并返回上一个页面。如果查询到了，则在第 20 行读取该车辆的详细信息。第 22~47 行是一个表单，里面包含车辆名称、车辆描述、车辆图片和"修改"按钮，由于这是修改资料的操作，因此，在这些项目中会直接显示已有的值。为了方便单击"修改"按钮进入下一页面业务的处理，这里还在表单中添加了一个隐藏域，名称为 id，其值就是 admin.php 页面中传过来的车辆 ID。在表单的提交事件中添加了一个 check()方法，用于检查车辆名称和车辆描述是否填写。提交表单后，会将各项数据提交至 postModifyCar.php 进行处理。

修改车辆资料的页面效果如图 11.4.1 所示。

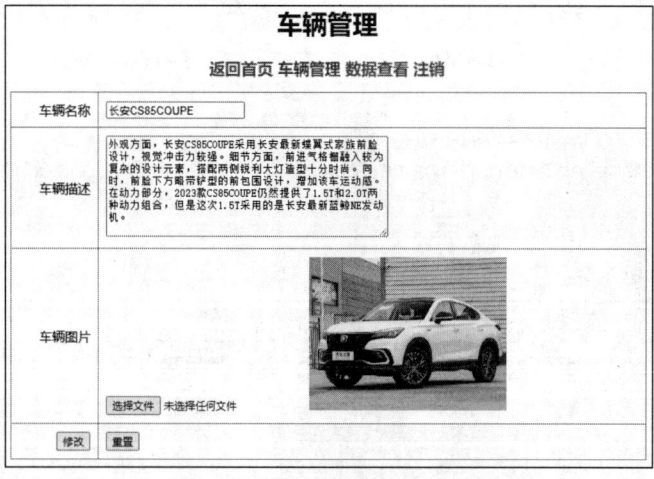

图 11.4.1　修改车辆资料的页面效果

### 11.4.2　制作修改车辆资料后端文件

有了前端文件，接下来就要制作后端文件了。小王同学在项目中创建了 postModifyCar.php 文件，并添加了相应的代码，其内容如下。

```php
1.    <?php
2.    $id = $_POST['id'];
3.    $carName = $_POST['carName'];
4.    $carDesc = $_POST['carDesc'];
5.    $fileName = '';
6.    //第一步，判断图片上传是否出错
7.    if ($_FILES['carPic']['error'] > 0 and $_FILES['carPic']['error'] <> 4) {
8.        echo "<script>alert('图片上传错误');history.back();</script>";
9.        exit;
10.   }
11.   //第二步，判断文件格式以及大小是否正确
12.   if (!empty($_FILES['carPic']['name'])) {//说明有上传图片
13.       //先判断文件大小，不得大于 2MB
14.       if ($_FILES['carPic']['size'] > 2048 * 1024) {
15.           echo "<script>alert('图片文件大小不能超过 2MB');history.back();</script>";
16.           exit;
17.       }
18.       //接下来判断文件格式
19.       $allowType = array("image/gif", "image/pjpeg", "image/jpeg", "image/jpg", "image/png");
20.       if (!in_array($_FILES['carPic']['type'], $allowType)) {
21.           echo "<script>alert('图片类型错误，只能是 JPG、PNG、GIF 图片。');history.back();</script>";
22.           exit;
23.       }
24.       $allowExt = array("jpg", "jpeg", "png", "gif");
25.       $nameArray = explode(".", $_FILES['carPic']['name']);
26.       $nameExt = end($nameArray);
27.       if (!in_array(strtolower($nameExt), $allowExt)) {
28.           echo "<script>alert('图片文件扩展名错误，只能是 JPG( JPEG )、PNG、GIF 文件。');history.back();</script>";
29.           exit;
30.       }
31.       $fileName = uniqid() . "." . $nameExt;
32.       $result = move_uploaded_file($_FILES['carPic']['tmp_name'], "img/" . $fileName);
33.       if (!$result) {
34.           //说明文件保存不成功
35.           echo "<script>alert('保存文件出错。'); history.back(); </script>";
36.           exit;
37.       }
38.   }
39.   //第三步，写入数据库
40.   include_once 'conn.php';
41.   if ($fileName) {
42.       //说明修改资料时，用户上传了新的图片
43.       $sql = "update carinfo set carName = '$carName',carDesc = '$carDesc',carPic = '$fileName' where id = $id";
```

```
44.    } else {
45.      //说明只修改车辆名称和车辆描述
46.      $sql = "update carinfo set carName = '$carName',carDesc = '$carDesc' where id = $id";
47.    }
48.    $result = mysqli_query($conn, $sql);
49.    if ($result) {
50.      echo "<script>alert('车辆资料修改成功。'); location.href='admin.php'; </script>";
51.    } else {
52.      echo "<script>alert('车辆资料修改失败。');history.back(); </script>";
53.    }
```

可以发现，这个文件的内容和用于添加车辆的 postAddCar.php 文件有很多相似的地方。

第 2~4 行用于读取车辆 ID、车辆名称和车辆描述信息，这里的车辆 ID 就是从前端表单的隐藏域中读取的。第 7~10 行用于判断上传图片文件是否出错。注意，这里的判断条件是错误代码是否大于 0 且不等于 4。在前面完成上传车辆图片功能时，小王同学已经知道了上传时的错误代码有多个，其中错误代码为 0 表示上传文件未出错，错误代码为 4 表示未上传文件。如果错误代码不是这两个值，则说明用户上传了文件，且上传时出错了。第 12 行用于判断上传文件名是否为空，如果有文件名，则说明管理员上传了车辆图片，接下来就和添加车辆时的操作完全一样，即判断文件类型、大小，然后生成唯一的文件名，并完成文件上传。经过这一系列的操作，系统会生成一个文件名，也就是$fileName。而这个变量在第 5 行被初始化为空，在第 41 行判断这个变量是否为空，就可以知道用户是否上传了车辆图片，在修改资料时，后端也就知道是否需要更新 carPic 这一列了。

车辆资料修改成功后，返回 admin.php 页面，就会刷新车辆资料。

## 子任务 11.5　管理员删除车辆资料

### 【任务提出】

管理员删除车辆资料和会员管理系统中的删除会员也是一样的。首先将要删除的车辆 ID 传递至车辆删除页面，然后直接从数据表中查询此记录，并删除即可。由于删除操作是比较敏感的操作，因此，最好在删除之前，给用户一个提示，使用户进行二次确认以后再删除比较稳妥。可以直接使用原生 JavaScript 的confirm()函数，也可以使用 layer 封装的询问框来实现二次确认。后者用户的体验感更好。

管理员删除车辆资料

### 【任务实施】

#### 11.5.1　修改前端页面

小王同学在 admin.php 文件中给"删除"操作添加了链接，代码如下。

```
1.    <td align="center"><a href="modifyCar.php?id=<?php echo $info['id'];?>">修改</a> <a href="javascript:del('<?php echo $info['carName'];?>',<?php echo $info['id'];?>)">删除</a></td>
```

他在这里添加了一个 JavaScript 方法 del()，并携带了两个参数，分别是车辆名称和车辆 ID。接下来，他又在 admin.php 中添加了 JavaScript 方法 del()，其代码如下。

```
1.    function del(name,id){
2.      layer.confirm('您确认要删除车辆 ' + name + ' ?', {icon: 3, title:'提示'}, function(index){
3.        location.href = 'delCar.php?id='+id;
```

```
4.        layer.close(index);
5.      });
6.    }
```

小王同学在这里使用了 layer 封装的询问框。当然需要注意的是，在使用 layer 组件时，需要在文件中引用 layer.js 核心库文件，否则单击"删除"链接时，如果打开了浏览器的控制台，那么将会看到图 11.5.1 所示的错误。这个错误为 layer 未被定义（layer is not defined）。正确引用 layer.js 库文件后，错误消失，并能正确弹出询问框，如图 11.5.2 所示。

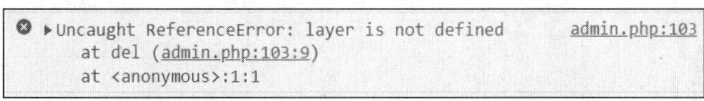

图 11.5.1　未引用 layer.js 核心库文件时浏览器报错

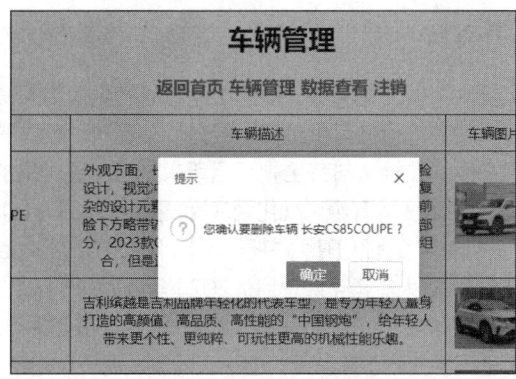

图 11.5.2　删除车辆时的询问框

### 11.5.2　制作删除车辆后端文件

完成前端入口链接的修改后，小王同学随后在项目中新建文件 delCar.php，并完成了其代码的编写。

```php
1.   <?php
2.   include_once 'checkAdmin.php';
3.   $id = $_GET['id'] ?? 0;
4.   include_once 'conn.php';
5.   $sql = "delete from carinfo where id = $id";
6.   $result = mysqli_query($conn, $sql);
7.   if ($result) {
8.     echo "<script>alert('删除成功'); location.href='admin.php'; </script>";
9.   } else {
10.    echo "<script>alert('删除失败');history.back();</script>";
11.  }
12.  ?>
```

在上述代码的第 2 行包含 checkAdmin.php 权限管理文件，用于判断是否为管理员登录。在第 3 行读取上一个页面传递过来的车辆 ID 参数。如果不存在此参数，则为变量$id 赋初值 0。在第 4 行包含数据库连接文件。在第 5 行构建一个删除语句，用于从数据表 carinfo 中删除 id 等于$id 的数据记录。在使用 delete 语句时需要特别注意，不要忘记添加 where 子句，否则该语句会将当前数据表中的所有记录删除。

## 子任务 11.6　ECharts 的基本使用

### 【任务提出】

　　管理员在后台查看车辆列表时，可以看到每一辆车的得票数，但这个票数并不直观。小王同学在上一次班会活动中，看到老师的 PPT 使用了图表来展示各项数据，非常直观，他也非常想在这个项目中使用图表来展示相关的内容，也就是实现数据的可视化展示。

ECharts 的基本使用

### 【任务实施】

#### 11.6.1　了解 ECharts

　　为了实现数据的可视化展示，小王同学做了很多功课。通过查找相关资料，他得知实现数据可视化的方法有很多，有免费的和收费的组件可供选择。经过反复比较，他觉得 ECharts 最合适。因为这个图表库功能强大、使用方便、文档资料齐全，而且所有文档都是中文的，方便阅读和理解。

　　ECharts 是一个基于 JavaScript 的开源可视化图表库，提供直观、生动、可交互、可个性化定制的数据可视化图表。ECharts 最初由百度团队开源，并于 2018 年初捐赠给 Apache 软件基金会（Apache Software Foundation，ASF），成为其孵化级项目。2021 年 1 月 26 日晚，Apache 软件基金会官方宣布 ECharts 项目正式毕业。同年 1 月 28 日，ECharts 5 线上发布会举行。

　　为了下载 ECharts，小王同学找到了其官网。但小王同学发现一个问题，就是有时很难访问这个域名。通过查询，他得知，这是计算机域名系统（Domain Name System，DNS）解析的问题，并找到了解决方案。只需要打开 C:\Windows\System32\drivers\etc 下的 hosts 文件，添加如下 DNS 解析即可快速访问。

```
1.    151.101.2.132 echarts.apac**.org
2.    104.16.85.20 cdn.jsdeli**.net
```

　　图 11.6.1 所示为 ECharts 的首页。单击图 11.6.1 中右边的播放按钮，可以看到非常精美的动画展示。ECharts 提供了丰富的图表类型，是最常用的数据可视化工具之一。图 11.6.2 所示为 ECharts 提供的折线图效果。图 11.6.3 所示为 ECharts 提供的柱状图效果。

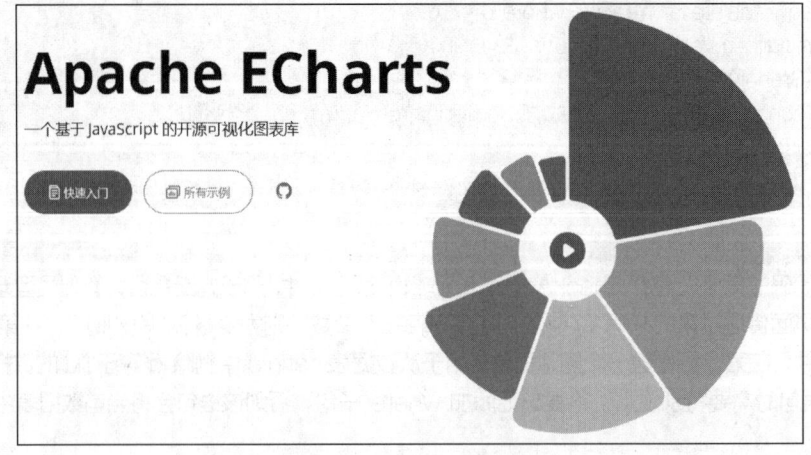

图 11.6.1　ECharts 首页展示

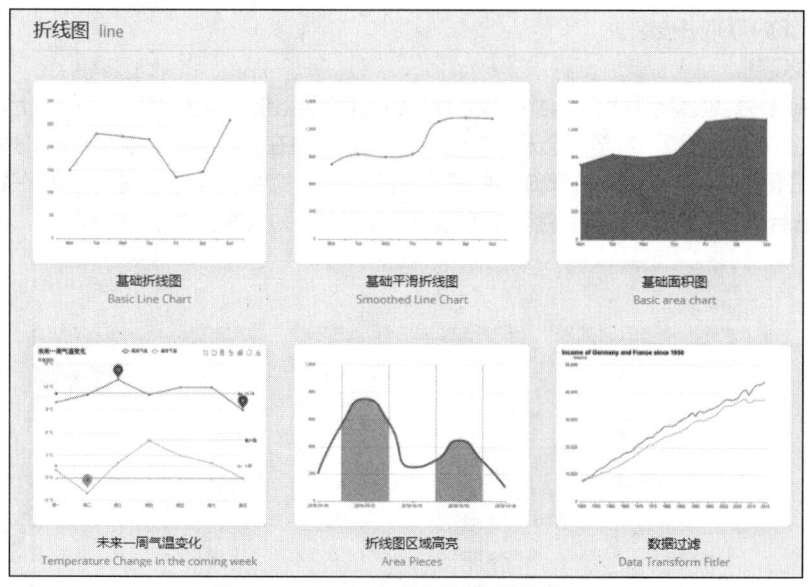

图 11.6.2　ECharts 提供的折线图效果展示

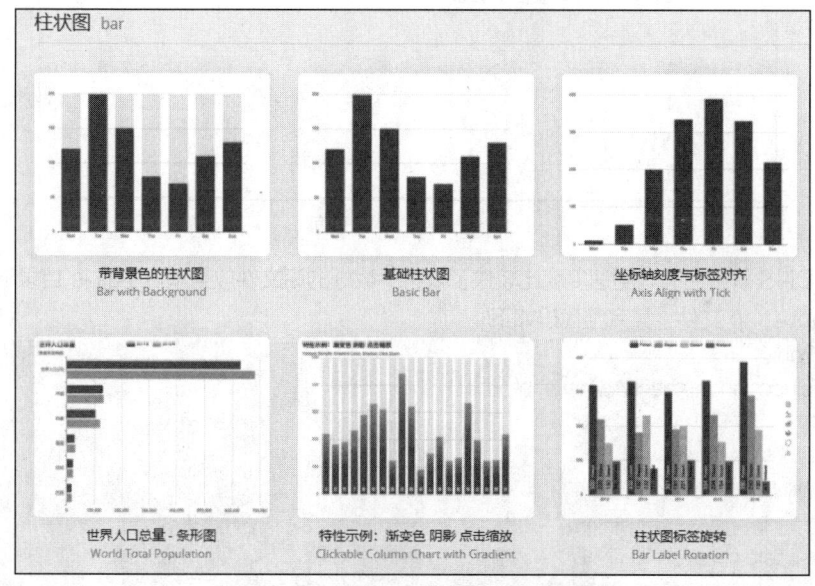

图 11.6.3　ECharts 提供的柱状图效果展示

## 11.6.2　快速掌握 ECharts 应用

为了快速掌握 ECharts 的应用，小王同学决定先通过官网提供的 DEMO 来学习 ECharts 的基本使用方法。

在图 11.6.1 中单击"快速入门"按钮，可以查看关于 ECharts 的详细内容。

首先是 ECharts 核心库文件的下载。Apache ECharts 提供了多种安装方式，可以根据项目的实际情况选择以下任意一种方式安装。

（1）从 GitHub 获取并安装。

（2）从 npm 获取并安装。

（3）从 CDN 获取并安装。

（4）在线定制。

比较简单的方式是直接下载 ECharts 核心库文件，官网给出的链接在 GitHub 网站上。但在国内直接访问 GitHub 有时会很慢，甚至完全无法访问。解决方法也是在 hosts 文件中添加 DNS 解析。那么如何找到比较好用的 DNS 呢？方法很简单，打开"站长工具"，找到"DNS 查询"，然后在其中输入要查询的域名，最后单击"检测"按钮，就可以找到合适的 DNS 了，如图 11.6.4 所示。

图 11.6.4　DNS 查询

添加好 DNS 解析后，访问速度就比较快了。将下载好的库文件放至项目中的 js 目录下，然后在项目中创建 show.php 文件，其完整代码如下。

```
1.    <?php
2.    include_once 'checkAdmin.php';
3.    ?>
4.    <!doctype html>
5.    <html lang="en">
6.    <head>
7.      <meta charset="UTF-8">
8.      <meta name="viewport"
9.        content="width=device-width, user-scalable=no, initial-scale=1.0, maximum-scale=1.0,
minimum-scale=1.0">
10.     <meta http-equiv="X-UA-Compatible" content="ie=edge">
11.     <title>我最爱的车辆投票</title>
12.     <style>
13.       h1, h2 { text-align: center }
14.       h2 { font-size: 20px; }
15.       h2 a { text-decoration: none;color: #4476A7; }
16.       h2 a:hover { text-decoration: underline;color: brown }
17.       .current { color: blueviolet }
18.       #main { margin: 0 auto }
```

```
19.        </style>
20.        <script src="js/echarts.min.js"></script>
21.    </head>
22.    <body>
23.    <h1>车辆管理</h1>
24.    <h2><a href="index.php">返回首页</a> <a href="admin.php">车辆管理</a> <a href="show.php" class="current">数据查看</a> <a
25.            href="logout.php">注销</a></h2>
26.    <!-- 为 ECharts 准备一个具备大小（宽高）的 DOM -->
27.    <div id="main" style="width: 600px;height:400px;"></div>
28.    <script type="text/javascript">
29.        // 基于准备好的 DOM，初始化 ECharts 实例
30.        var myChart = echarts.init(document.getElementById('main'));
31.        // 指定图表的配置项和数据
32.        var option = {
33.            title: {
34.                text: 'ECharts 入门示例'
35.            },
36.            tooltip: {},
37.            legend: {
38.                data: ['销量']
39.            },
40.            xAxis: {
41.                data: ["衬衫", "羊毛衫", "雪纺衫", "裤子", "高跟鞋", "袜子"]
42.            },
43.            yAxis: {},
44.            series: [{
45.                name: '销量',
46.                type: 'bar',
47.                data: [5, 20, 36, 10, 10, 20]
48.            }]
49.        };
50.        // 使用刚指定的配置项和数据显示图表
51.        myChart.setOption(option);
52.    </script>
53.    </body>
54.    </html>
```

在上述代码的第 20 行引用 ECharts 核心库文件。第 27 行设置一个容器，用于显示图表。通常来说，需要在 HTML 中先定义一个 <div> 节点，并且通过 CSS 使该节点具有宽度和高度。在初始化时传入该节点，图表的大小默认为该节点的大小，除非声明了 opts.width 或 opts.height 将其覆盖。第 30 行用于初始化文档对象模型（Document Object Model，DOM），创建 ECharts 实例。需要注意的是，在调用 echarts.init()时需保证容器已经有宽度和高度了。如果图表容器不存在宽度和高度，或者图表宽度和高度不等于容器的宽度和高度，那么可以在初始化时指定大小，请参考如下代码。

```
1.    <div id="main"></div>
2.    <script type="text/javascript">
3.        var myChart = echarts.init(document.getElementById('main'), null, {
4.            width: 600,
```

```
5.       height: 400
6.     });
7.   </script>
```

在某些情况下，我们希望当容器大小改变时，图表的大小也能相应地随之改变。

比如，图表容器是一个高度为 400px、宽度为页面宽度 100%的节点，我们希望在浏览器宽度改变时，始终保持图表宽度是页面宽度的 100%。

在这种情况下，可以通过监听页面的 window.onresize 事件来获取浏览器大小改变的事件，然后调用 echarts.init()来改变图表的大小。

```
1.    <style>
2.      #main,
3.      html,
4.      body {
5.        width: 100%;
6.      }
7.      #main {
8.        height: 400px;
9.      }
10.   </style>
11.   <div id="main"></div>
12.   <script type="text/javascript">
13.     var myChart = echarts.init(document.getElementById('main'));
14.     window.onresize = function() {
15.       myChart.resize();
16.     };
17.   </script>
```

show.php 文件的第 32~49 行用于对图表进行配置，比如，设置标题、x 轴和 y 轴的数据等。第 51 行，通过 ECharts 实例的 setOption()方法来生成图表，最后的效果如图 11.6.5 所示。

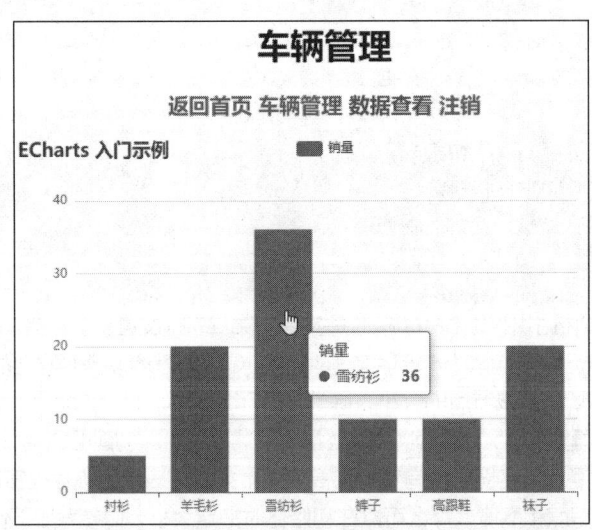

图 11.6.5　生成一个简单的 ECharts 图表

这里生成的是柱状图，横轴是图表的类别，纵轴是各类别对应的数据。将鼠标指针移至某一柱条上，会显示当前柱条的详细情况。ECharts 提供了丰富的格式和选项，可以制作出很多非常精美的图表。

## 子任务 11.7　ECharts 图表数据异步加载

### 【任务提出】

ECharts 图表数据
异步加载

在上面的任务中，小王同学已经完成了一个图表的制作。但这个图表的数据是直接写在代码里的。在实际项目中，数据都是从后端数据库中读取的，一般需要以异步的方式加载。ECharts 中的数据进行异步加载非常简单，只需要使用类似于 jQuery 的工具进行数据异步获取，然后通过 setOption()方法填充即可。

### 【任务实施】

#### 11.7.1　异步加载 ECharts 数据

小王同学在 ECharts 官网找到了如下代码，通过这种方式可以很方便地实现数据异步加载。

```
1.    var myChart = echarts.init(document.getElementById('main'));
2.    $.get('data.json').done(function(data) {
3.        // data 的结构:
4.        // {
5.        //   categories: ["衬衫","羊毛衫","雪纺衫","裤子","高跟鞋","袜子"],
6.        //   values: [5, 20, 36, 10, 10, 20]
7.        // }
8.        myChart.setOption({
9.          title: {
10.             text: '异步数据加载示例'
11.         },
12.         tooltip: {},
13.         legend: {},
14.         xAxis: {
15.           data: data.categories
16.         },
17.         yAxis: {},
18.         series: [
19.           {
20.             name: '销量',
21.             type: 'bar',
22.             data: data.values
23.           }
24.         ]
25.       });
26.   });
```

在上述代码的第 2 行使用 jQuery 封装的 get()方法读取 data.json 文件，读取完成后，在第 8~25 行使用 setOption()方法填充数据和配置项，以便生成图表。这里最关键的问题是，需要理解 ECharts 图表需要的数据结构，也就是第 3~7 行的内容。因为最终需要制作后端接口，用于接收从数据库中返回的各车辆的投票数据，所以数据必须严格按照这个格式来生成，否则会出错。这里的数据格式实际上就是要求后端接口返回一个 JSON 对象，对象中要包括类别（categories）和数据（values）这两项。

图表数据异步加载的另外一种方法是，先设置好图表的样式，显示一个空的直角坐标系，然后通过异步方式获取数据后填入图表，代码如下所示。

```
1.    var myChart = echarts.init(document.getElementById('main'));
2.    // 显示标题、图例和空的坐标轴
3.    myChart.setOption({
4.      title: {
5.        text: '异步数据加载示例'
6.      },
7.      tooltip: {},
8.      legend: {
9.        data: ['销量']
10.     },
11.     xAxis: {
12.       data: []
13.     },
14.     yAxis: {},
15.     series: [
16.       {
17.         name: '销量',
18.         type: 'bar',
19.         data: []
20.       }
21.     ]
22.   });
23.
24.   // 异步加载数据
25.   $.get('data.json').done(function(data) {
26.     // 填入数据
27.     myChart.setOption({
28.       xAxis: {
29.         data: data.categories
30.       },
31.       series: [
32.         {
33.           // 根据名字对应到相应的系列
34.           name: '销量',
35.           data: data.data
36.         }
37.       ]
38.     });
39.   });
```

### 11.7.2　制作后端接口文件

通过阅读官网文档，小王同学非常清楚这个数据异步加载应该怎么实现了。下面就是动手环节了。首先，小王同学制作了后端接口文件 getData.php，其完整代码如下。

```
1.    <?php
2.    include_once 'conn.php';
```

```
3.    $sql = "select carName,carNum from carinfo order by carNum desc";
4.    $result = mysqli_query($conn,$sql);
5.    $a['categories'] = array();
6.    $a['data'] = array();
7.    while ($info = mysqli_fetch_array($result)){
8.      array_push($a['categories'],$info['carName']);
9.      array_push($a['data'],$info['carNum']);
10.   }
11.   echo json_encode($a);
12.   ?>
```

上述代码的第 3 行从 carinfo 表中选择了车辆名称和当前票数这两列，然后根据票数降序排列。这样做的好处是，在最后生成的图表中，车辆会按照票数从高到低依次排列显示，使图表比较美观。

上述代码的第 5 行和第 6 行用于初始化两个数组，这里使用的是关联数组，刚好就是前面要求的数据格式。

上述代码的第 7 行，通过循环的方式，从查询到的结果集中获取数据，然后将车辆名称和车辆当前票数分别追加到刚才初始化的两个数组中。PHP 的内置函数 array_push() 可以向数组尾部插入一个或多个元素。但需要注意的是，原来的数组本身有字符串键名（也就是关联数组），但新插入的元素，其键名将自动以索引数组的形式存在，索引从 0 开始。比如，有以下代码。

```
1.    <?php
2.    $a = array("color1" => "red", "color2" => "blue");
3.    array_push($a, "yellow", "black");
4.    print_r($a);
5.    ?>
```

在上述代码的第 2 行已经有一个关联数组，其中有两个元素。第 3 行用于给数组$a 额外添加两个元素，最后的结果为：

```
1.    Array
2.    (
3.      [color1] => red
4.      [color2] => blue
5.      [0] => yellow
6.      [1] => black
7.    )
```

可以看到，元素 1 和元素 2 仍然是关联数组，保持不变。新增加的两个元素，其索引分别为 0 和 1。

在 getData.php 的第 11 行中，使用 json_encode() 函数将数组$a 输出，这样就把数组转换为 JSON 对象返回给前端。要检查这个后端接口文件是否有问题，最简单的方式是在浏览器中直接访问这个文件，然后查看输出的结果。如果在浏览器中没有安装 JSON 插件的话，则输出的结果格式会非常混乱，不易于阅读。小王同学在网上搜索了一下，然后在浏览器中安装了插件"JSONView"，这样就可以很方便地查看输出的结果，如图 11.7.1 所示。单击节点前面的"−"号可以折叠对象。如果无法安装插件，则也可以在浏览器的调试工具（可以按键盘快捷键"F12"打开）中进入"网络"面板，在过滤设置中选择"全部"，然后在左边的"名称"中单击 getdata.php，

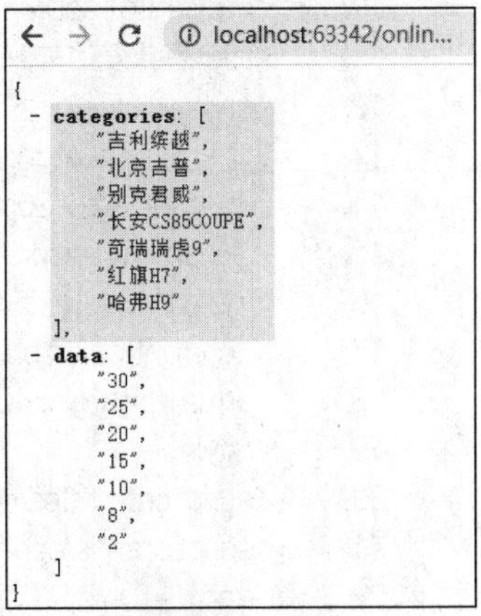

图 11.7.1  后端接口文件输出的 JSON 对象

查看返回结果，如图 11.7.2 所示。在右侧区域中单击"预览"按钮可非常方便地查看 JSON 对象。单击节点处的箭头可以折叠或展开内容。如果返回的内容没有这个箭头，则说明数据格式不对。

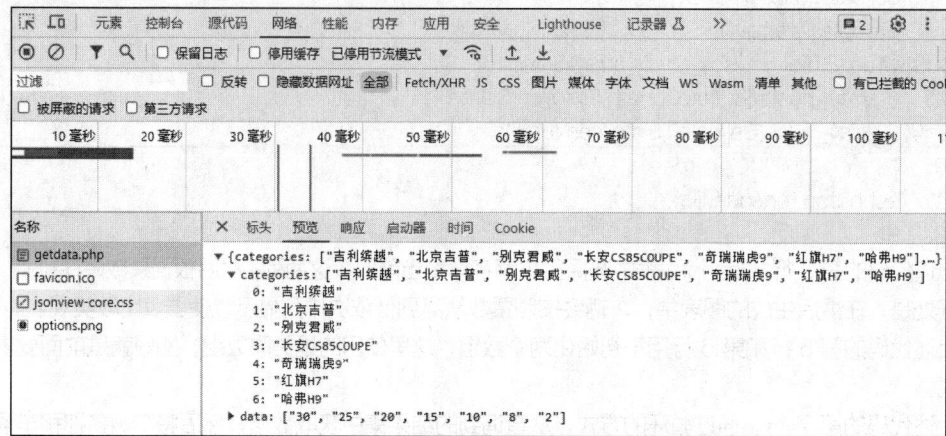

图 11.7.2　在"网络"面板中查看后端接口文件返回的结果

### 11.7.3　制作车辆得票数显示页面

做好了后端接口文件，接下来需要在前端文件中进行数据的添加。小王同学回到 show.php 文件中，并按照 11.7.1 小节中提到的第二种方式来实现数据异步加载。

下面是 show.php 文件的完整代码。

```
1.    <?php
2.    include_once 'checkAdmin.php';
3.    ?>
4.    <!doctype html>
5.    <html lang="en">
6.    <head>
7.      <meta charset="UTF-8">
8.      <meta name="viewport"
9.        content="width=device-width, user-scalable=no, initial-scale=1.0, maximum-scale=1.0,
minimum-scale=1.0">
10.      <meta http-equiv="X-UA-Compatible" content="ie=edge">
11.      <title>我最爱的车辆投票</title>
12.      <style>
13.        h1,h2{text-align: center}
14.        h2{font-size: 20px;}
15.        h2 a{text-decoration: none;color: #4476A7;}
16.        h2 a:hover{text-decoration: underline;color: brown}
17.        .current{color: blueviolet}
18.        #main{margin: 40px auto}
19.      </style>
20.      <script src="https://libs.bai**.com/jquery/1.9.1/jquery.min.js"></script>
21.      <script src="js/echarts.min.js"></script>
22.    </head>
23.    <body>
```

```
24.    <h1>车辆管理</h1>
25.    <h2><a href="index.php">返回首页</a> <a href="admin.php">车辆管理</a> <a href="show.php"
class="current">数据查看</a> <a href="logout.php">注销</a></h2>
26.    <!-- 为 ECharts 准备一个具备大小（宽高）的 DOM -->
27.    <div id="main" style="width: 80%;height:400px;"></div>
28.    <script type="text/javascript">
29.    var myChart = echarts.init(document.getElementById('main'));
30.    // 显示标题、图例和空的坐标轴
31.    myChart.setOption({
32.      title: {
33.        text: ''
34.      },
35.      tooltip: {},
36.      legend: {
37.        data:['票数']
38.      },
39.      xAxis: {
40.        data: [ ],
41.        axisLabel: {
42.          interval: 0, //设置间隔为 0
43.          rotate: 0, //代表逆时针旋转
44.        }
45.      },
46.      yAxis: {},
47.      series: [{
48.        name: '票数',
49.        type: 'bar',
50.        data: [ ]
51.      }],
52.      barWidth : 30,
53.    });
54.    $.ajax({
55.      url:'getData.php',
56.      dataType:'json',
57.      success:function (data){
58.        myChart.setOption({
59.          xAxis: {
60.            data: data.categories
61.          },
62.          series: [{
63.            name: '票数',
64.            data: data.data
65.          }]
66.        });
67.      },
68.      error:function (){
69.        alert('获取数据出错');
70.      }
```

```
71.        })
72.    </script>
73.    </body>
74.    </html>
```

在上述代码的第 27 行创建一个 id 为 main 的容器，并设置了宽度和高度，其中宽度设置为页面宽度的 80%，是一个相对宽度。第 31~53 行设置一个空图表，并设置了样式。第 40 行和第 50 行提供一个空数组作为图表的数据，这样做是因为在后面会用异步方式去后端读取数据，再将数据提供给图表组件。第 33 行设置图表的标题，这里直接设置了一个空字符串，表示不需要标题。

从第 54 行开始，使用 jQuery 封装的 AJAX 获取接口数据。在成功的回调中调用 ECharts 实例的 setOption() 方法填充数据。其中第 60 行和第 64 行表示填充的具体数据，这两个数据就是 getData.php 中输出的 JSON 对象。

完成相关代码的编写后，小王同学测试了效果，得到图 11.7.3 所示的结果。

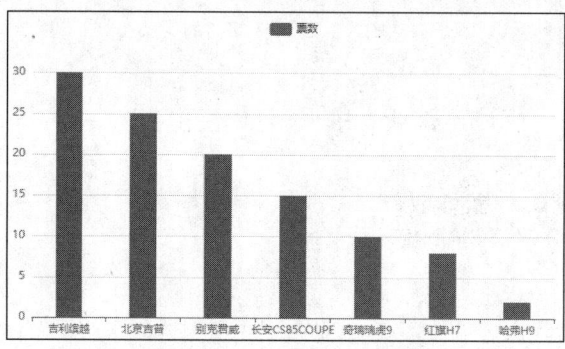

图 11.7.3　车辆得票数柱状图

## 11.7.4　修改 ECharts 图表格式

完成柱状图的显示后，小王同学又特意做了一些测试，比如，缩小浏览器的宽度，此时，他发现图表中的横轴类别文字重叠在一起了，如图 11.7.4 所示。为了解决这个问题，他仔细阅读了 ECharts 的相关文档，找到了解决方案，那就是在上述代码的第 42 行设置 interval 参数，此参数表示横轴间隔多少个类别。比如，将此参数设置成 1，表示每显示一个类别后，隐藏一个类别，再显示下一个类别，如图 11.7.5 所示。可以看到，原来图表中总的类别是 7 个，但此时只有 4 个类别显示了具体的文字信息。

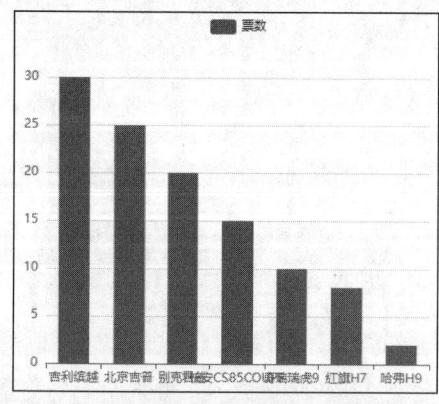

图 11.7.4　宽度不够时横轴类别文字重叠

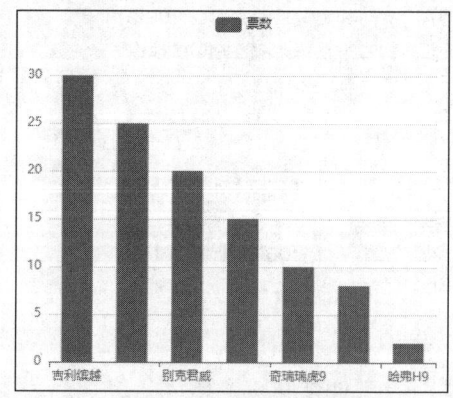

图 11.7.5　设置横轴类别间隔显示

除了使用间隔以外，还有一种方式就是设置横轴类别文字的旋转，这样也可以在有限的区域中显示更多的文字。比如，在上述代码的第 43 行设置 rotate 为 30，表示逆时针旋转 30 度，此时显示的效果如图 11.7.6 所示。

在上述代码的第 52 行还有一个参数 barWidth，这个参数用来设置柱状图的宽度。如果不设置此参数，则系统将自动设置柱状图宽度，如果整个窗口横向比较大，那么每一根柱条会比较宽，如图 11.7.7 所示。

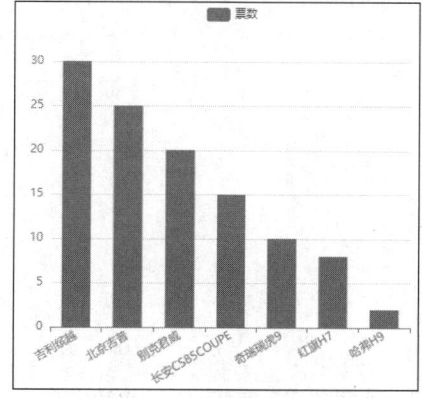

图 11.7.6　设置横轴类别文字旋转

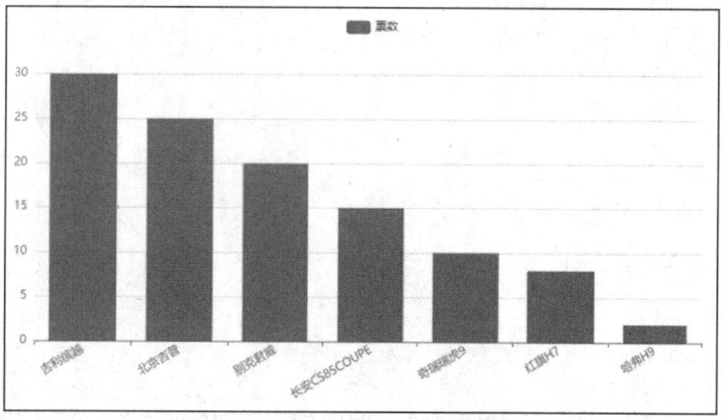

图 11.7.7　自动设置柱状图宽度

上述代码第 49 行的参数 type 用来设置图表的类型，bar 代表柱状图。如果将此参数设置成 line，则会生成折线图，如图 11.7.8 所示。

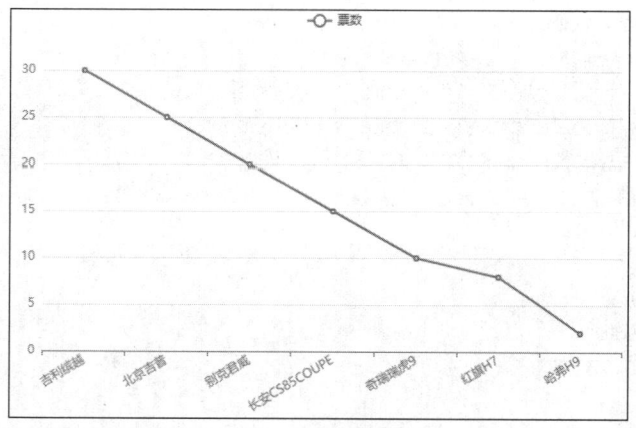

图 11.7.8　折线图

## 11.7.5　生成饼图

小王同学已经顺利生成了柱状图和折线图，他还想查看饼图的效果。他参照前面的程序，并简单地查看了文档，然后直接将 type 参数设置为 pie，出乎意料的是，这样并不能得到正常的饼图，看来还要做一些调整才行。通过仔细阅读文档，他终于弄清楚了这个问题。接下来，他按照文档的内容对代码进行了修改。首先，将 type 设置成 pie，其次，不需要设置坐标轴，而是把数据名称和值都写在系列（series）中，所需的数据格式如下。

```
1.    option = {
2.      series: [
```

```
3.        {
4.          type: 'pie',
5.          data: [
6.            {
7.              value: 50,
8.              name: '类别 1'
9.            },
10.           {
11.             value: 40,
12.             name: '类别 2'
13.           },
14.           {
15.             value: 15,
16.             name: '类别 3'
17.           }
18.         ]
19.       }
20.     ]
21.   };
```

通过对比这个数据结构，很显然，原来的后端接口已经不满足此要求了。有两种方法来解决这个问题。第一种方法是，在前端获取后端返回的数据后，对数据进行遍历，重新生成满足条件的数据。第二种方法是，直接在后端对代码进行修改，返回符合前端要求的数据。

接下来，小王同学首先把前端代码修改了一下，他在图表下方添加了 3 个标签，分别用来切换显示柱状图、折线图、饼图，代码如下。

```
1.    <div class="type">
2.      <span id="type1" onclick="getData(1)">柱状图</span>
3.      <span id="type2" onclick="getData(2)">折线图</span>
4.      <span id="type3" onclick="getData(3)">饼图</span>
5.    </div>
```

涉及的 CSS 代码如下。

```
1.    .type {
2.        width: 80%;
3.        margin: auto;
4.        text-align: center;
5.    }
6.    .type span {
7.        margin-right: 10px;
8.        cursor: pointer;
9.    }
10.   .type span:last-child {
11.       margin-right: 0
12.   }
```

单击图表类型时，调用 JavaScript 方法 getData()，并传递参数 1、2、3。其中 1 表示柱状图，2 表示折线图，3 表示饼图。然后需要修改原来的异步请求程序，以下是修改后的 getData()方法的完整代码。

```
1.    function getData(type) {
2.        $.ajax({
```

```
3.        url: 'getData.php?type=' + type,
4.        dataType: 'json',
5.        success: function (data) {
6.          let s = $("#type"+type).css('color','blueviolet').siblings('span').css('color','black');
7.          switch (type) {
8.            case 1:
9.              myChart.setOption({
10.               xAxis: {
11.                 data: data.categories
12.               },
13.               series: [{
14.                 name: '票数',
15.                 type: 'bar',
16.                 data: data.data
17.               }]
18.             });
19.             break;
20.            case 2:
21.              myChart.setOption({
22.               xAxis: {
23.                 data: data.categories
24.               },
25.               series: [{
26.                 name: '票数',
27.                 type: 'line',
28.                 data: data.data
29.               }]
30.             });
31.             break
32.            case 3:
33.              myChart.setOption({
34.               xAxis: {
35.                 show:false
36.               },
37.               series: [{
38.                 type: 'pie',
39.                 data: data,
40.                 radius: '50%'
41.               }]
42.             });
43.
44.          }
45.        },
46.        error: function () {
47.          alert('获取数据出错');
48.        }
49.    })
50. }
```

getData()方法接收了一个 type 参数。在上述代码的第 3 行请求后端地址时，添加了一个 type 参数，该参数的作用是帮助后端区分前端需要哪种格式的数据。这里的数据格式有两种，一种是柱状图或折线图使用的，另一种是饼图使用的。第 6 行的作用是在切换 3 种不同类型的图表时，高亮显示当前图表类型文字。$("#type"+type)表示动态拼接，用于自动匹配当前所单击的对象的参数是 type1、type2还是 type3。然后通过 CSS 方法设置其颜色，并使用 siblings()方法读取当前单击对象的同级 span 元素，也就是没有被单击的另外两个对象，再次使用 CSS 方法设置其颜色。实际上，就是设置当前单击对象的颜色为靛蓝色（blueviolet），另外两个对象的颜色为黑色（black）。这种用小圆点来连接的多个方法调用在 jQuery 中称为链式调用，是一种非常方便的使用方法。

第 7 行使用 switch()方法判断 type 的值，然后分别执行相应的程序。switch 相当于一个 if...else 多分支语句。在 PHP 中也有 switch 语句，而且使用方法也一样。如果 type 的值是 1 或 2，就调用图表实例的 setOption()方法，设置图表类型为柱状图或折线图。如果 type 的值是 3，则设置图表类型为饼图，并添加属性 radius，设置饼图的半径为 50%。由于饼图在显示时不需要横轴，因此，在第 35 行设置了隐藏横轴。这里还有一个最大的区别，就是数据不一样，要注意理解代码。getData()方法写好以后，怎么调用呢？由于单击"数据查看"链接进入页面时，默认显示柱状图，因此，需要在进入程序时立即执行 getData(1)。这种进入程序就需要立即执行的代码可以在 JavaScript 脚本中这样书写。

```
1.    $(function () {
2.      getData(1);
3.    })
```

jQuery 中的$(function(){}) 也就是$(document).ready(function(){})的简写，与之对应的原生JavaScript 代码就是 window.onload()事件。这个方法的作用是，在页面加载完成后才执行某个函数，如果要在函数中操作 DOM，那么在页面加载完成后再执行会更安全，否则可能会出现意想不到的后果。由于在 getData()方法中需要设置某些对象的颜色（代码第 6 行），因此，该方法必须放到$(function(){})中执行才安全。

根据前端程序对数据格式的要求，小王同学把原来做好的后端接口文件做了一定的修改，下面是修改后的 getData.php 文件的完整内容。

```
1.    <?php
2.    include_once 'conn.php';
3.    $sql = "select carName,carNum from carinfo order by carNum desc";
4.    $result = mysqli_query($conn, $sql);
5.    $type = $_GET['type'] ?? '0';
6.    if($type == 3){
7.      $a = array();
8.      while ($info = mysqli_fetch_array($result)) {
9.        $b = array('name'=>$info['carName'],'value'=>$info['carNum']);
10.       array_push($a, $b);
11.      }
12.    }
13.    else{
14.      $a['categories'] = array();
15.      $a['data'] = array();
16.      while ($info = mysqli_fetch_array($result)) {
17.        array_push($a['categories'], $info['carName']);
18.        array_push($a['data'], $info['carNum']);
19.      }
```

```
20.    }
21.    echo json_encode($a);
22.    ?>
```

和前面代码不一样的地方是,在上述代码的第 5 行读取前端传递过来的 type 参数。在第 6 行判断 type 是否等于 3(3 表示绘制饼图,否则绘制柱状图或折线图)。如果要绘制饼图,就在 $a 数组中存入一个包含 name 和 value 的关联数组,此数据格式是专门为饼图准备的;否则还是按照原来的方式输出数据,可用于绘制柱状图和折线图。

改好后端接口文件后,接下来就可以测试效果了。分别单击 3 种类型的图表链接,测试结果。图 11.7.9 所示为饼图的效果。将鼠标指针移至某一部分上,此部分会突出显示,如图 11.7.10 所示。

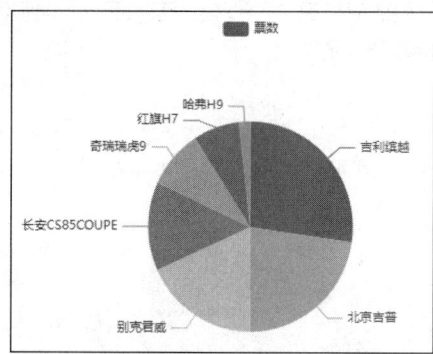

图 11.7.9　饼图效果

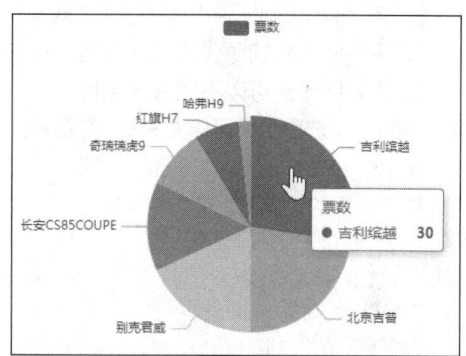

图 11.7.10　突出显示某一部分内容

至此,整个车辆票数图表显示功能就实现了。小王同学在看文档时注意到,ECharts 的功能还非常多,有很多类型丰富、极具特色的图表,他决定后面有时间还要仔细研究 API 文档,争取制作出更多具有特色的图表。

## 【任务小结】

本任务主要完成了管理员功能的实现,包括查看车辆列表、添加车辆、修改车辆、删除车辆,其中的重点内容是 PHP 中文件上传功能的实现。

为了能够将车辆得票数进行可视化图表展示,这里用到了 ECharts,通过简单的代码,即可得到类型丰富的图表。

## 【巩固练习】

**单选题**

1. 关于赋值语句 "$a[ ]=5", 下列说法正确的是 (　　)。
   A. 当前元素值被修改为 5
   B. 创建一个有 5 个元素的数组
   C. 将数组最后一个元素的值修改为 5
   D. 在数组末尾添加一个数组元素,其值为 5

2. 要得到字符串中的字符数,可使用 (　　) 函数。
   A. strlen()　　　　　B. count()　　　　　　C. len()　　　　　D. str_count()

3. 执行下面的代码后,输出结果为 (　　)。

```
1.    $K = array(array(1 ,2),array("ab","cd"));
2.    echo count($K,1);
```

    A. 2              B. 4              C. 6              D. 8

4. 执行下面的代码后，输出结果为（　　　　）。

```
1.  $x = array(1,2,3,4);
2.  echo array_pop($x)
```

    A. 1              B. 2              C. 3              D. 4

5. substr("abcdef",2,2)函数的返回值为（　　　　）。

    A. ab            B. bc             C. cd             D. de

6. 下列说法正确的是（　　　　）。

    A. PHP 代码只能嵌入 HTML 代码中

    B. 在 HTML 代码中只能在开始标识 "<?PHP" 和结束标识 "?>" 之间嵌入 PHP 程序代码

    C. PHP 代码的源代码无法保密，可在客户端查看源代码

    D. PHP 代码可以不用分号结尾

7. 下列 4 个选项中，可作为 PHP 常量名的是（　　　　）。

    A. $_abc        B. $ 123        C. _abc        D. D.123

8. 执行下面的代码后，输出结果为（　　　　）。

```
1.  $x = 10;
2.  $y = &$x;
3.  $y = "5ab";
4.  echo $x + 10;
```

    A. 10                      B. 15

    C. 5ab10                D. 出现严重错误，无法运行

9. 下列关于全等运算符 "===" 的说法正确的是（　　　　）。

    A. 只有两个变量的数据类型相同时才能比较

    B. 两个变量数据类型不同时，将转换为相同数据类型再比较

    C. 字符串和数值之间不能使用全等运算符进行比较

    D. 只有当两个变量的值和数据类型都相同时，结果才为 TRUE

10. 在 jQuery 中，可以设置元素属性值的是（　　　　）。

    A. text()        B. contains()        C. attr()        D. value()

11. 以下函数中能够把二进制转换成十进制的函数为（　　　　）。

    A. decbin()        B. decoct()        C. hexdec()        D. bindec()

12. 以下转义字符中为制表符的是（　　　　）。

    A. \n            B. \t            C. \r            D. \$

13. 以下函数中用于判断是否为数组的函数是（　　　　）。

    A. is_long()        B. is_double()        C. is_array()        D. is_object()

14. 以下关于 PHP 文件处理的说法中，正确的是（　　　　）。

    A. filegetcontents()函数能用来抓取网页内容，但是没办法设置超时时间

    B. file()函数既能读取文本文件，又能读取二进制文件，但是读取二进制文件有可能出现安全问题

    C. 如果表单中没有选择上传的文件，则 PHP 变量$_FILES 的值将为 NULL

    D. fsockopen()和 fputs()结合起来可以发送邮件，也可以用来抓取网页内容、下载 FTP 文件等

15. 执行如下程序段。

```
1.  <?php
```

```
2.      echo 24%(-5);
3.      ?>
```
程序的输出结果是（      ）。

    A. 5             B. 4             C. -4            D. 19

16. ECharts 是一种什么产品？（      ）

    A. 商业产品图表库            B. 商业聊天软件

    C. 商业图片编辑软件         D. 商业办公软件

17. ECharts 是（      ）公司开发的产品。

    A. 谷歌           B. 阿里巴巴       C. 百度          D. 腾讯

18. ECharts 是基于（      ）的技术。

    A. Java          B. jQuery        C. JavaScript      D. AJAX

19. 页面中有一个性别单选按钮，代码如下。

```
1.      <input type="radio" name="sex">男
2.      <input type="radio" name="sex">女
```
设置"男"为选中状态，正确的操作是（      ）。

    A. $("sex[0]").attr("checked",true);

    B. $("#sex[0]").attr("checked",true);

    C. $("[name=sex]:radio").attr("checked", true);

    D. $(":radio[name=sex]:eq(0)").attr("checked",true);

20. 可以实现匹配包含文本的元素的函数是（      ）。

    A. text()        B. contains()      C. input()       D. attr(name)

21. 在 jQuery 中，可以从 DOM 中删除所有匹配的元素的函数是（      ）。

    A. delete()       B. empty()        C. remove()      D. removeAll()

22. 以下不属于 ECharts 的图表类型的是（      ）。

    A. bar          B. line         C. map         D. legend

23. 以下可以设置南丁格尔玫瑰图的类型图是（      ）。

    A. scatter       B. bar         C. pie         D. line

24. 以下属于直角坐标系的类型图是（      ）。

    A. pie          B. map         C. force       D. bar

# 项目3　使用 Laravel 框架改写会员管理系统

## 任务12
### 面向对象的程序设计和PDO的使用

**12**

### 情景导入

小王同学选择的是计算机应用技术专业，他的另外两个同学选择的是软件技术专业。在周末的时候，大家一起玩耍，通过交流，小王同学得知，他们软件技术专业的同学在学习 Java 编程语言，而且使用的是面向对象的程序设计方式。通过这次交流，小王同学也知道了面向对象编程的一些优势。在前面的学习过程中，小王同学了解到 PHP 也是支持面向对象编程的，因此，他给自己定下了接下来的学习目标，那就是学习 PHP 面向对象的程序设计。

### 职业能力目标及素养目标

- 能理解 PHP 中的类、对象的含义。
- 能理解 PHP 面向对象编程的三大特性。
- 能使用 PDO 实现数据的增、删、改、查操作。

- 具有探索精神与创新能力。

---

### 子任务 12.1　面向对象的程序设计简介

#### 【任务提出】

计算机编程语言分为高级语言和低级语言两类。我们平常比较熟悉的 C、C++、

面向对象的编程简介

C#、Java、Python、PHP 等都属于高级语言。而机器语言、汇编语言则属于低级语言。高级语言从编程结构上来区分，又分成两种，第一种是面向过程的程序设计语言，第二种是面向对象的程序设计语言。常见的 C 语言就是一种面向过程的程序设计语言,而 Java 语言则是一种面向对象的程序设计语言。PHP既支持面向过程编程，又支持面向对象编程。

## 【知识储备】

### 12.1.1 面向对象和面向过程的区别

我们在前面完成了会员管理系统、在线投票系统的制作，这两个项目采用的都是面向过程的程序设计方式。在编程时，还有一种典型的编程方式，那就是面向对象的程序设计。

所谓"面向过程"（Procedure-Oriented， PO），是指完成一件事情，需要把这件事情拆分成几个步骤来依次完成，在编程中，就是要把项目需求拆分成一个个的方法，然后按照一定的顺序，执行这些方法（每个方法也就是一个过程），最终完成整个任务。

所谓"面向对象"（Object-Oriented，OO），是指在完成任务之前，先把事物抽象成对象的概念，再给对象添加一些属性和方法，最后让每个对象执行自己的方法，最终完成整个任务。

#### 1. 面向对象程序设计中的 4 个基本概念

在面向对象的程序设计中，有 4 个基本概念必须了解，那就是类、对象、属性、方法。

（1）类。类是面向对象程序设计的基本概念，是一类东西的结构描述，是一种抽象的概念。比如，四脚动物类就是一个抽象的概念，而不是一个具体事物。

（2）对象。对象是一类东西的一个具体的实例，是具体的事物。比如，通过四脚动物类实例化出一只猫、一只兔子。对象通过 new 关键字进行实例化。

（3）属性。属性用来描述对象的特征。比如，一个对象"猫"，它的颜色、性别、体重等都是属性。在程序开发中，属性就是在类中定义的变量。属性声明由关键字 public、protected 或者 private 开头，后面跟一个普通的变量。属性的变量可以设置初始化的默认值，默认值必须是常量。

（4）方法。一般来说，方法就是指对象能够干哪些事，是对象的动作。比如，"猫"这个对象可以抓老鼠，可以跑动。在面向对象的程序设计中，方法就是一个代码片段，并且这个代码片段可以完成某个特定的功能，还可以被重复使用。方法用 function 定义，这和面向过程编程中的函数是一样的。实际上，在面向过程的程序开发中，function 叫作函数，而在面向对象的程序开发中，function 则称为方法。

#### 2. 理解两种不同的编程方式

下面通过一个简单的例子来理解这两种不同的编程方式。比如，有一个任务是洗衣服，需要使用洗衣机来完成。

（1）面向过程的编程方式。

面向过程的编程方式就是将解决这个问题的过程拆分成一个个方法，然后按照一定的顺序执行这些方法，当这些方法执行完毕，整个任务也就完成了。回到当前任务，也就是把衣服洗干净了。按照洗衣服的流程，可以设定以下方法。

① 执行添加衣服方法。

② 执行添加洗衣液方法。

③ 执行加水方法。

④ 执行洗涤方法。

⑤ 执行脱水方法。

当上述 5 个方法按照顺序执行完毕，衣服自然就洗好了。

（2）面向对象的编程方式。

面向对象的编程方式，就是先设定对象，然后设置属性和方法，最后调用各个对象的方法来完成相应的操作，最终完成任务。

① 实例化出两个对象"人""洗衣机"。

② 给两个对象分别添加方法。其中"人"这个对象的方法有：添加衣服、添加洗衣液、加水。"洗衣机"这个对象的方法有：洗涤、脱水。

③ 执行方法。分别执行"人"的 3 个方法和"洗衣机"的两个方法，就可以完成洗衣服这个任务。在面向对象的程序设计中，调用方法和属性都是在对象后面添加"."来实现的。比如，要调用"洗衣机"的"洗涤"这个方法，就可以使用"洗衣机.洗涤"的方式来调用。

**3．两种不同编程方式的对比**

可以看到，两种方式都能顺利完成任务。那么这两种方式分别有什么优点和缺点呢？

（1）面向过程编程的优点：效率高、容易理解、直接分步实施、简单明了。

（2）面向过程编程的缺点：耦合度高、扩展性差、不易维护。

（3）面向对象编程的优点：耦合度低、易于复用、扩展性强、易于维护。另外，面向对象编程还具有封装、继承、多态等特性，可以设计出低耦合的系统，使系统更加灵活、更加易于维护。

（4）面向对象编程的缺点：效率比面向过程编程低。

一般来说，完成一些简单的项目，可以采用面向过程的程序设计方式。如果是完成一些较为复杂的大型系统，则建议采用面向对象的程序设计方式。面向对象的程序设计方式已经成为编程的一种主流方式。

## 12.1.2　面向对象编程的三大特性

面向对象编程具有三大特性：封装、继承、多态。

**1．封装**

所谓封装，就是把客观事物封装成抽象的类，然后对其属性和方法进行封装，这些属性和方法只能在类的内部使用。如果外部的类和方法想要使用类内部封装的属性和方法，则需要授权才可以。这种授权是通过访问控制符来实现的。

PHP 中的访问控制符有 3 种。

（1）public：表示全局的、公有的，在本类内部、类外部和子类中都可以正常访问。

（2）protected：表示受保护的，只有在本类、子类和父类中才可以访问。

（3）private：表示私有的，只有本类内部才可以访问，类外部和子类都不可以访问。

下面通过一个实例来展示面向对象的封装特性。

```php
1.    <?php
2.    class Computer
3.    {
4.      public $public;
5.      private $private;
6.      protected $protected;
7.      public function __construct(){ //构造方法，在实例化类时自动执行
8.        $this -> public    = '这是公有属性<br>';
9.        $this -> private   = '这是私有属性<br>';
10.       $this -> protected = '这是受保护的<br>';
11.     }
```

```
12.      public function public_function() {
13.         echo "现在访问的是公有方法<br>";
14.         echo $this -> public;              //public 属性，内部可以调用
15.         echo $this -> private;             //private 属性，内部可以调用
16.         echo $this -> protected;           //protected 属性，内部可以调用
17.         $this -> private_function();       //private 方法，内部可以调用
18.         $this -> protected_function();     //protected 方法，内部可以调用
19.      }
20.      protected function protected_function(){
21.         echo "现在访问的是受保护的<br>";
22.      }
23.      private function private_function(){
24.         echo "现在访问的是私有方法<br>";
25.      }
26.   }
27.   $test = new Computer();
28.   echo $test -> public;              //类的公有属性，在外部可以正常调用
29.   echo $test -> private;             //类的私有属性，在外部无法调用，会报错
30.   echo $test -> protected;           //类的保护属性，在外部无法调用，会报错
31.   $test -> public_function();        //类的公有方法，在外部可以正常调用
32.   $test -> protected_function();     //类的保护方法，在外部无法调用，会报错
33.   $test -> private_function();       //类的私有方法，在外部无法调用，会报错
34.   ?>
```

在上述代码的第 2 行使用关键字 class 来声明一个类，class 后面就是类的名字 Computer。类名后的一对花括号内可以定义类的属性和方法。类名是一个名词，采用大小写混合的方式，每个单词的首字母大写。这种命名方式称为骆驼式（Camel-Case）命名法，又称驼峰式命名法，是编程时的一套命名规则（惯例）。如果每一个单词的首字母都采用大写，则称为大驼峰式命名法；如果第一个单词首字母小写，其他单词首字母都大写，则称为小驼峰式命名法。类名的选择应该尽量简洁、明确。建议使用完整单词，避免使用缩写词（除非该缩写词被广泛使用，比如 URL、HTML 等）。

第 4 行定义一个属性$public，在属性名称前面添加访问控制符 public，表明这个属性是一个公有属性，在类的内部、外部均可正常访问（读取）此属性。

第 5 行定义一个属性$private，在属性名称前面添加访问控制符 private，表明这是一个私有属性，只有在类的内部可以访问此属性，在类的外部、子类中均不能访问此属性。

第 6 行定义一个属性$protected，在属性名称前面添加了访问控制符 protected，表明这是一个受保护的属性，在类的内部、子类、父类中可以访问，在类的外部无法访问此属性。

第 7 行定义一个方法，其名称是"__construct()"，并在方法前添加了访问控制符 public。显然，这是一个公有的方法，在类的内部、类的外部均可正常访问。这个方法很特殊，其特殊之处在于它的名称和调用方式。一个名为"__construct()"的方法被称为"构造方法"。构造方法是类中的一个特殊方法，当使用 new 关键字创建一个类的实例时，构造方法将被自动调用，其名称必须是"__construct()"。所以通常用它来执行一些有用的初始化任务，该方法无返回值（即使手动加上 return，也无作用）。如果类中没有声明"__construct()"方法，则系统会自动构建一个默认的构造方法，只是这个默认的构造方法没有参数，方法体内不干任何事情。与构造方法对应的是析构方法。析构方法会在某个对象的所有引用都被删除或者对象被显式销毁之前执行一些操作或者实现某种功能。析构方法不能带有任何参数，其名称必须是"__destruct()"。

第 8～10 行利用构造方法对 3 个属性进行初始化赋值操作。这里有一个特殊的关键字$this。$this 表示实例化后的具体对象。"$this ->"表示在类内部使用本类的属性或者方法。一般来说，看到有"->"符号的用法都是这样的形式，比如，"对象->属性"或"对象->方法"。需要注意的是，在调用类的属性时，由于已经使用了$this，因此后面的属性名称前不能再添加$符号。

第 12 行定义了一个公有的方法 public_function()，该方法在类的内部、子类、外部等均可访问。

第 14～16 行输出类中定义好的 3 个属性。

第 17 和第 18 行调用类中定义的两个方法。可以看到，类的属性调用方式和方法调用方式一样。

第 20 行定义一个方法 protected_function()，前面有访问控制符 protected，这是一个受保护的方法，表明当前方法只能在类的内部、子类中访问。

第 23 行定义一个方法 private_function()，前面有访问控制符 private，这是一个私有方法，表明当前方法只能在类的内部使用。

第 27 行实例化 Computer 类的一个对象，名称为$test。实例化需要使用关键字 new。

第 28 行输出对象$test 中的 public 属性，由于此属性是公有属性，因此，这里可以正常输出。

第 29 行输出对象$test 中的 private 属性，由于此属性是私有属性，因此，这里无法正常输出，运行程序时会报错。

第 31～33 行调用了对象$test 中的方法。同样的道理，第 32 行和第 33 行会报错，因为无法在类的外部调用受保护的方法和私有方法。

如果是在 PhpStorm 中编写上面的程序，则可以清楚地看到 IDE 给我们的提示，第 28、29、32、33 行中会显示红色波浪线，鼠标指针移至红色波浪线上会显示相应的提示，如图 12.1.1 所示。从图 12.1.1 中可以看出，系统提示"Member has private visibility"，意思是"成员具有私有可见性"，因此在这里调用是无效的。此时，运行该程序，浏览器中也会报错，错误提示信息如图 12.1.2 所示。

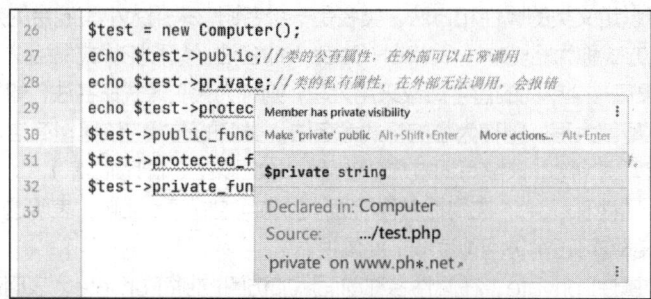

图 12.1.1　PhpStorm 中显示的错误提示

图 12.1.2　访问私有类时的错误提示信息

可以看到，图 12.1.2 中的第一行输出了文字"这是公有属性"，这是上述代码第 28 行输出的结果。程序运行到第 29 行就出错了，图 12.1.2 中显示 test.php 的第 29 行产生了错误，错误的具体内容是"Cannot access private property Computer::$private"，意思是不能访问类 Computer 中的私有属性。

将代码中出错的第 4 行删除，再运行程序，就可以看到正常的运行结果了。

## 2. 继承

所谓继承，是指允许通过继承原有类的某些特性或全部特性而产生全新的类，原有的类称为父类，产生的新类称为子类或者派生类。子类不仅可以直接继承父类的特性，还可以创建它自己的特性。通过下面的实例可以很好地理解面向对象编程的继承特性。

```php
1.    <?php
2.
3.    class Computer {
4.       //限于篇幅，此处略去相关代码，其内容和前面讲解封装时类 Computer 的内容完全一样
5.    }
6.
7.    class Computer1 extends Computer
8.    {
9.       public function __construct()
10.      {
11.        parent::__construct();
12.      }
13.
14.      public function act()
15.      {
16.        echo $this->public;
17.        //echo $this->private;          //在子类中无法调用父类的私有属性，也就是无法被继承
18.        echo $this->protected;
19.        $this->public_function();
20.        $this->protected_function();
21.        //$this->private_function();   //在子类中无法调用父类中的私有方法，也就是无法被继承
22.      }
23.    }
24.
25.    $test = new Computer1();
26.    $test->act();
27.    ?>
```

在上述代码第 4 行中略去的内容和前面刚写过的代码完全一样。

第 7 行声明一个名为 Computer1 的类，其后有关键字 extends，表明 Computer1 类继承 Computer 类。一个类可以在声明中使用 extends 关键字继承另一个类的方法和属性。PHP 不支持多重继承，即一个类只能继承一个基类。基类中的方法和属性可以在子类中使用同样的名称进行覆盖。一旦被覆盖，再次调用同名的方法和属性，访问的是子类中的方法和属性。如果需要调用基类中被覆盖的方法或属性，则可以通过 "parent::" 关键字来访问。final 关键字是 PHP 5.0 新增的一个关键字，如果父类中的方法被声明为 final，则子类无法覆盖该方法。同样，如果一个类被声明为 final，则该类不能被继承。需要注意的是，属性不能被定义为 final，只有类和方法才能被定义为 final。

第 9~12 行定义子类的构造方法，其内容 "parent::__construct()" 表示调用（执行）父类中的构造方法。

第 14 行在子类中定义一个方法 act()。第 16 行在子类中输出父类中的公有属性，这个属性就是继承过来的属性。第 17 行已经被注释掉了，表示在子类中访问父类中的私有属性是无法操作的。第 18 行在子类中访问父类中的受保护属性，第 19 行在子类中调用父类中的公有方法。第 21 行在子类中调用父类中的受保护方法，这也是无法操作的，因此这一行被添加了注释。

第 11 行中，使用到了一个"::"符号，这称为 PHP 中的范围解析操作符，又称为域运算符。

请看图 12.1.3 所示的示例程序和运行结果。

第 2 行定义一个类 Human，第 4 行使用 static 关键字定义一个静态属性$name，第 5 行定义一个公有属性$nickName。第 6 行使用 const 关键字定义一个常量 age。第 12 行在类的内部调用常量，使用 self 关键字。第 14 行使用$this 来调用类中的常量，可以看到，"age"下面有底纹，将鼠标指针移至其上，会显示"Property 'age' not found in Human"的提示，意思是"类 Human 中找不到属性 age"，这是无法调用的。第 16 行使用 self 来输出类中的静态属性，同样无法完成操作。第 21 行和第 22 行在类的外部使用"::"调用类中的静态属性和常量。

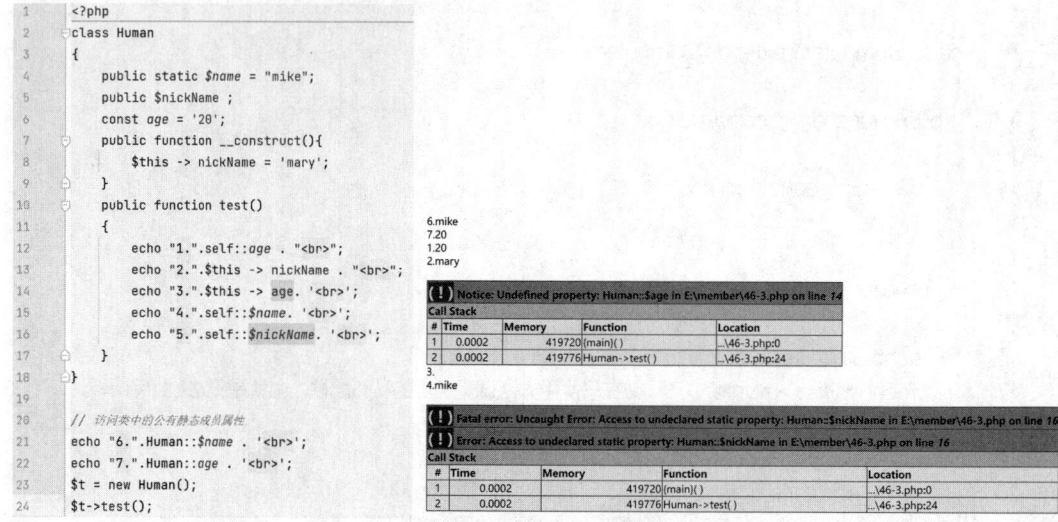

图 12.1.3 "::"使用方法的示例程序

图 12.1.3 中右边的内容是在浏览器中运行上述代码的结果。可以看到，序号 1、2、4、6、7 都正常输出。而序号 3 中无内容输出，并且在第 14 行产生了一个 Notice 级别的错误提示（这种级别的错误提示不会影响程序继续运行）。序号 5 也无法正常输出，并在第 16 行产生了一个 Error 级别的致命错误（这种级别的错误提示会中止后面程序继续运行）。

在上面的程序中出现了 self 和$this。下面简单说一下这两者的区别：$this 关键字指的是当前对象，并且仅在类中的方法内部可用；self 关键字指的是当前类，并允许我们访问类和静态变量、常量，因此，在能用$this 的地方一定可以使用 self，但是能使用 self 的地方却不一定可以使用$this。

### 3. 多态

所谓多态，是指同一个对象在不同的情形下（被实例化），可以表现出不同的形态。也就是说，父类中的方法可以在子类进行覆盖和重写，以实现其他不同的需求。下面的实例可以用于说明面向对象编程中的多态特性。

```php
1.    <?php
2.    class Bus
3.    {
4.      public $busName;
5.      public $busColor;
6.      public $busPrice;
7.      public function run()
8.        {
```

```
9.        echo "我是公共汽车，我能跑";
10.    }
11.  }
12.
13.  class Car extends Bus
14.  {
15.    //覆盖和重写
16.    public function run()
17.    {
18.      echo "我是小汽车，我也能跑";
19.    }
20.  }
21.  $bus = new Bus();
22.  $bus->run();
23.  $car = new Car();
24.  $car->run();
25.  ?>
```

可以看到，在父类 Bus 中有一个方法 run()。子类 Car 继承了父类 Bus，并在其中覆盖和重写父类中的方法 run()。当我们运行程序时，调用$car 中的 run()方法会执行子类中的 run()方法。如果子类中没有重写 run()方法，则调用父类中的 run()方法。

## 子任务 12.2  PDO 的使用

### 【任务提出】

小王同学在前面的所有程序中，都是使用 MySQLi 的相关函数来操作 MySQL 数据库的。比如，使用 mysqli_connect()函数来连接 MySQL 数据库，使用 mysqli_query()来查询数据表等。但在实际开发工作中，可能会用到各种不同类型的

PDO 的使用

数据库，此时，需要使用相应的连接函数来连接不同的数据库。如果项目后期更改了数据库，则需要修改所有的相关函数，工作量巨大。为了解决这个问题，需要引入 PDO。因为 PDO 本身就是一个数据库访问抽象层，其作用是统一各种数据库的访问接口，以便当需要更换数据库类型时，不用逐个修改函数。

### 【任务实施】

#### 12.2.1  使用 PDO 的准备工作

PHP 数据对象（PHP Data Objects，PDO）是一种在 PHP 中连接数据库的访问接口。PDO 与 MySQLi 曾经被建议用来取代原本 PHP 中所用的 MySQL 相关函数，一个重要的原因是基于数据库使用的安全性，因为后者缺少对于 SQL 注入的防护。PDO 和 MySQLi 都提供了面向对象的 API，不过，MySQLi 也提供了面向过程的 API。PDO 与 MySQLi 相比最大的优势是，PDO 支持多种数据库，而 MySQLi 只支持 MySQL 数据库。目前，市场上 PDO 的使用是非常广泛的。

PDO 的优势这么明显，小王同学也很期待，他决定学习 PDO 的使用。

为了使用 PDO，首先必须在服务器环境配置中打开 PDO 扩展。小王同学以第一个项目"会员管理系统"为例，研究怎么使用 PDO。他打开小皮面板，找到"网站"中的"会员管理系统"，单击后面的

"管理"按钮，再单击"php扩展"，就看到了"pdo_mysql"选项，只要这个选项被选中，也就是前面打了个钩，就表明已经打开了PDO扩展，如图12.2.1所示。

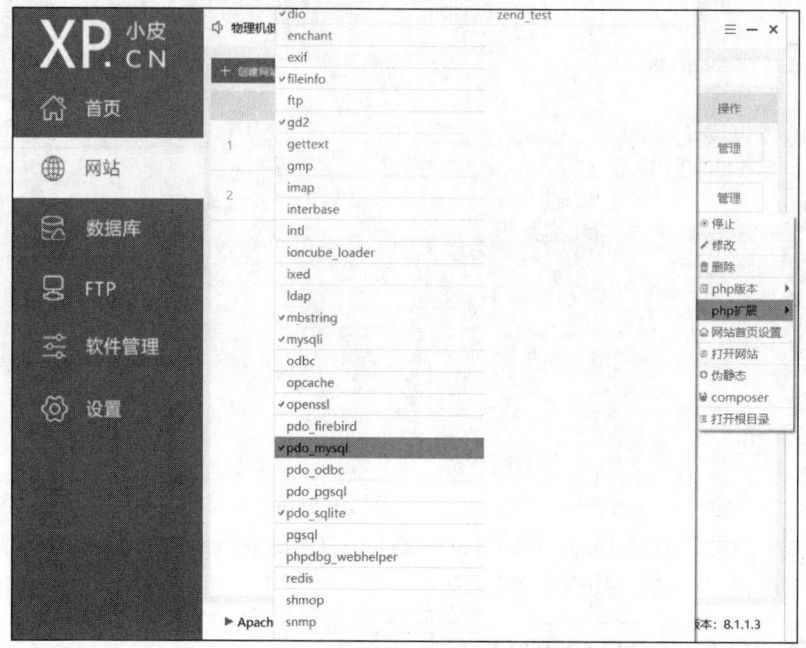

图12.2.1　在小皮面板中打开PDO扩展

为了验证PDO扩展是否已经顺利打开，可以在程序中输入phpinfo()并执行，该函数可以显示出PHP的所有相关配置信息，这是排查PHP配置是否出错或漏配置模块的主要方式之一。运行该程序后，浏览器中将显示PHP的所有相关配置信息。在页面中搜索PDO，如果能看到图12.2.2所示的内容，则表明PDO扩展已经成功打开。

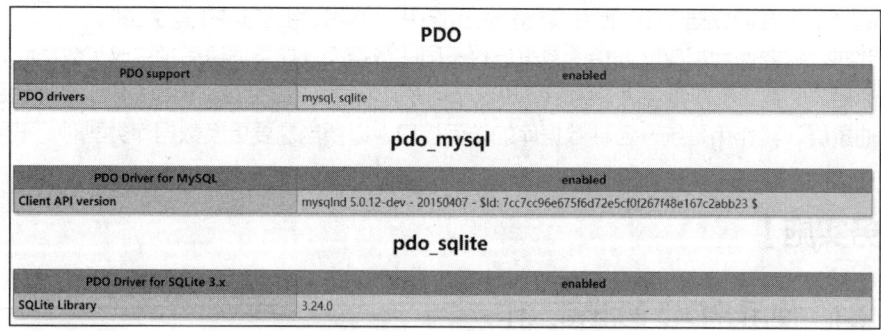

图12.2.2　通过phpinfo()函数查看PDO配置情况

## 12.2.2　使用PDO连接数据库

成功打开PDO扩展后，小王同学就要开始进行实际操作了。第一个任务是连接数据库，并进行测试，以验证PDO是否能正常工作。

小王同学新建一个示例文件，并在其中输入以下内容。

```php
1.    <?php
2.    $dbms = 'mysql';        //数据库类型
```

```
3.    $host = 'localhost';          //数据库主机名
4.    $dbName = 'member';           //使用的数据库名称
5.    $userName = 'root';           //数据库连接用户名
6.    $passWord = '123456';         //对应的密码
7.    $dsn = "$dbms:host=$host;dbname=$dbName";
8.    try {
9.      $dbh = new PDO($dsn, $userName, $passWord); //实例化 PDO
10.     echo "数据库连接成功<br/>";
11.     $dbh = null;
12.    } catch (PDOException $e) {
13.     die ("出错了: " . $e->getMessage() ."<br/>");
14.    }
15.    ?>
```

运行此文件，即可查看能否正常连接到 MySQL 数据库。

上述代码的第 8 行和第 12 行用到了 PHP 中的 try…catch 语句，其作用是处理异常。如果 try 子句中的代码正常执行，则 catch 子句不会被执行。一旦 try 子句中的某一行代码出现异常（比如，数据库连接用户名出错，无法正常连接到数据库，系统就抛出一个异常），catch 子句会自动执行，并输出相应的错误提示信息。

第 9 行使用 new 关键字实例化一个 PDO 对象，实例化后的对象名为$dbh。在实例化对象时提供了 3 个参数。第一个参数是数据源，数据源中指定了要连接的数据库类型（第 2 行）、要连接的数据库主机名（第 3 行）、要连接的数据库名称（第 4 行）；第二个参数是要连接数据库的用户名；第三个参数是此用户名对应的密码。

运行上述程序，如果 PDO 配置正常、数据源中的各项参数正确，则在浏览器中显示"数据库连接成功"的提示。反之，会在浏览器中输出具体的错误提示信息。比如，故意输错密码，然后运行程序，第 9 行的 PDO 对象会抛出一个异常，第 12 行的 catch 子句捕获到这个异常，然后在第 13 行输出错误提示信息。具体的错误提示信息如图 12.2.3 所示。

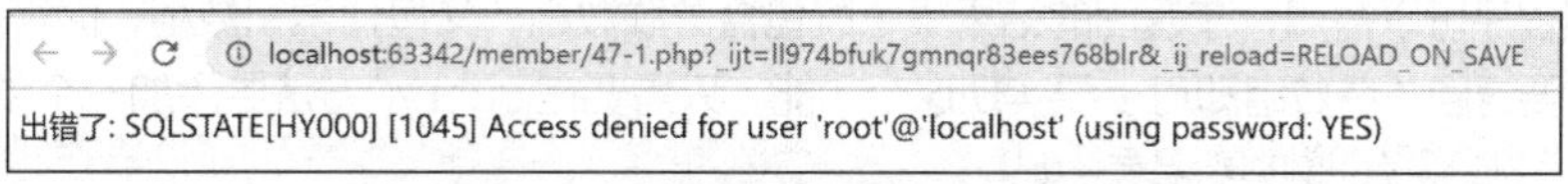

```
← → C  ⓘ localhost:63342/member/47-1.php?_ijt=ll974bfuk7gmnqr83ees768blr&_ij_reload=RELOAD_ON_SAVE
出错了: SQLSTATE[HY000] [1045] Access denied for user 'root'@'localhost' (using password: YES)
```

图 12.2.3　PDO 连接数据出错时的错误提示信息

## 12.2.3　使用 PDO 查询数据表记录

通过前面的测试，小王同学已经顺利使用 PDO 连接上了数据库，接下来需要使用 PDO 来查询数据表记录。

小王同学把刚才的测试代码修改了一下，完整的代码如下。

```
1.    <?php
2.    $dbms = 'mysql';              //数据库类型
3.    $host = 'localhost';          //数据库主机名
4.    $dbName = 'member';           //使用的数据库名称
5.    $userName = 'root';           //数据库连接用户名
6.    $passWord = '123456';         //对应的密码
7.    $dsn = "$dbms:host=$host;dbname=$dbName";
8.    try {
9.      $dbh = new PDO($dsn, $userName, $passWord); //实例化 PDO 对象
```

```
10.      //echo "数据库连接成功<br/>";
11.      //$dbh = null;
12.    } catch (PDOException $e) {
13.      die ("出错了: " . $e->getMessage() . "<br/>");
14.    }
15.
16.    //使用 PDO 查询数据表记录
17.    $stmt = $dbh -> query('select * from userinfo limit 2');
18.    echo "<pre>";
19.    //遍历方式 1：使用 foreach
20.    foreach ($stmt as $row) {
21.      print_r($row);
22.    }
23.    ?>
```

上面代码的第 17 行使用 PDO 对象封装的 query()方法执行 SQL 查询语句，该方法执行成功后会返回一个 PDOStatement 对象，可以理解为返回了一个结果集，如果执行失败则返回 FALSE。

第 20 行使用 foreach 循环语句遍历$stmt 数组，并输出其内容。

运行程序后，可以看到这里输出了 2 条记录。

除了使用 foreach，还可以使用 while 循环来输出内容，代码如下。

```
1.    echo "------------------------------<br>";
2.    //遍历方式 2：使用 while
3.    $stmt = $dbh -> query('select * from userinfo limit 2');
4.    while ($row = $stmt -> fetch()) {
5.      print_r($row);
6.    }
```

可以看到程序输出了同样的结果。

通过上面的实例可以知道，在 PDO 中，可以使用 query()方法来查询数据表记录。

运行上述程序可以得知，在返回的结果集中既包含关联数组，又包含索引数组，而在平常的开发过程中一般只需要返回关联数组即可。要实现这个功能，只需要在 query()方法中添加一个参数即可。

```
1.    //使用 PDO 查询数据表记录
2.    $stmt = $dbh->query('select * from userinfo limit 2', PDO::FETCH_ASSOC);
```

这个参数是 PDO 预定义的一个常量。PHP PDO 模块中预定义了许多常量，比如以下几个常量。

（1）PDO::FETCH_ASSOC：返回一个索引为结果集列名的数组。

（2）PDO::FETCH_NUM：返回一个索引为以 0 开始的结果集列号的数组。

（3）PDO::FETCH_BOTH（默认）：返回一个索引为结果集列名和以 0 开始的结果集列号的数组（也就是同时包含 PDO::FETCH_ASSOC 和 PDO::FETCH_NUM）。

（4）PDO::CASE_NATURAL：保留数据库驱动返回的列名大小写（和数据库中的原始列名大小写保持一致）。

（5）PDO::CASE_LOWER：强制列名小写。

（6）PDO::CASE_UPPER：强制列名大写。

### 12.2.4　使用 PDO 实现数据的增、删、改

小王同学已经使用 PDO 顺利地查询到了数据表中的记录。他立即想到，那能不能使用 query()方法来执行数据的增、删、改操作呢？

通过实验，他发现，使用 query()是不能实现数据表记录的增、删、改的。通过查找资料，他知道了 PDO 中的 query()方法不能用于执行 insert、update、delete 等没有结果集的操作。在执行这类操作时，需要使用 PDO 的 exec()方法，执行成功后将返回受影响的记录数。如果没有受影响的记录，则 PDO::exec()将返回 0。同样的道理，PDO 的 exec()方法也不能用于 select 操作。

了解上述原理，小王同学就知道如何在 PDO 中实现数据的增、删、改了。

他在刚才的示例文件中添加如下代码。

```
1.   //添加数据记录
2.   $count = $dbh->exec("insert into userinfo('username', 'pw', 'sex', 'fav') value('wang1', md5
('123456'), '男', '')");
3.   $id = $dbh -> lastInsertId();
4.   var_dump($count);   //受影响的记录数
5.   var_dump($id);      //自动生成的最后一条记录的 id
```

运行程序可以看到，已经向数据库中正常添加了一条记录，并得到了这条记录的自增 id。其中第 4 行输出了受影响的记录数，也就是本次操作成功插入的数据记录，这里只插入了一条记录，当然输出的结果就是 1。第 5 行输出了这一条数据对应的 id。

小王同学又测试了更新数据库记录的操作，代码如下。

```
1.   // 更新数据库记录
2.   $count = $dbh->exec("update userinfo set 'username'='wang' where id=21");
3.   var_dump($count); //受影响的记录数
```

如果有数据更新，则返回的"受影响的记录数"为真实变动的记录数，如果无实质更新，比如，此用户名原本为 wang，现在重新更新成 wang，则返回的"受影响的记录数"为 0。

最后，小王同学又测试了删除数据库记录的操作。

```
1.   //删除数据库记录
2.   $count = $dbh->exec("delete from userinfo where id=21");
3.   var_dump($count); //受影响的记录数
```

如果有记录被删除，则返回删除的记录数。如果没有记录被删除，则返回 0。

通过上面的操作可以发现，使用 PDO 操作数据库，所用到的 SQL 语句和前面的操作并没有什么明显的不同，唯一不同的是调用的对象不一样。

## 12.2.5  使用 PDOStatement 预处理

小王同学在查看 PDO 的文档资料时，还发现 PDO 有一个 execute()方法和 PDOStatement 对象，这就涉及 PDO 中的预处理语句。要使用预处理，必须使用 PDOStatement 对象的 execute()方法来执行查询语句。为什么叫预处理呢？因为它可以让我们多次调用这条语句，并且可以通过占位符来替换语句中的字段条件。相比直接使用 PDO 对象的 query()方法或者 exec()方法，预处理的效率更高。更加重要的一点是，占位符的应用可以有效防止 SQL 注入攻击。

使用预处理语句需要使用到 PDO 中的 prepare()方法。在预处理语句中，支持在参数中使用占位符。当然，在所有语句中，都只能对数据列的值使用占位符。比如，在查询语句的 where 子句中将要筛选的列的值用占位符替代，或者在 insert 语句中将插入列的值使用占位符替代。请看下面的例子，将查询的 id 值使用占位符"？"替代，然后使用 prepare()方法进行 SQL 语句预处理，最后调用 execute()方法，使用数组作为参数，即可完成查询。execute()的参数是一个 array 数组，其元素个数需要和占位符的数量保持一致，顺序也需要保持一致。在下面的代码中构建一个 SQL 查询语句，其中 where 子句中的 id 的值是"？"，表示这是一个占位符。在第 4 行调用 prepare()方法进行预处理，在第 5 行调用 execute()方法，并传递一个数组参数，其中的值 20 就是对应 where 子句中的 id，也就是前面使用的占位符的值。

```
1.    //PDO 预处理
2.    //查询语句
3.    $sql = "select * from userinfo where id = ?";
4.    $stm = $dbh -> prepare($sql);
5.    $stm -> execute(array(20));
6.    echo "<pre>";
7.    foreach ($stm -> fetchAll() as $value){
8.      print_r($value);
9.    }
```

到现在为止，小王同学已经简单了解了 PHP 面向对象的程序设计方式和 PHP 中 PDO 的使用方法。

## 【任务小结】

PDO 是 PHP 中操作数据库的一个重要对象，在使用 PHP 编程时被广泛使用。在典型的 PHP 后端框架中都使用了 PDO，如 ThinkPHP、Laravel。在本任务中学习 PDO 的使用，为接下来学习 Laravel 框架打下基础。

## 【巩固练习】

### 一、单选题

1. 为了使用 PDO 访问 MySQL 数据库，下列选项中必须执行的步骤是（      ）。
    A. 设置 extension_dir 指定扩展函数库路径
    B. 启用 extension=php_pdo.dll，启用 extension=php_pdo_mysql.dll
    C. 启用 extension=php_pdo_odbc.dll
    D. 以上都不正确

2. 下列说法不正确的是（      ）。
    A. 使用 PDO 对象的 exec()方法可以执行 SQL 命令添加记录
    B. 使用 PDO 对象的 exec()方法可以执行 SQL 命令删除记录
    C. 使用 PDO 对象的 exec()方法可以执行 SQL 命令修改记录
    D. 使用 PDO 对象的 exec()方法可以执行 SQL 命令查询记录，返回查询结果集

3. 下列关于面向对象的程序设计的说法，不正确的是（      ）。
    A. 普通成员是属于对象的
    B. 成员变量需要用 public、protected、private 来修饰，在定义变量时不再需要 var 关键字
    C. 静态成员是属于对象的
    D. 包含抽象方法的类必须为抽象类，抽象类不能被实例化

4. 下列不属于 OOP 的三大特性的是（      ）。
    A. 封装              B. 重载              C. 继承              D. 多态

5. 下列关于面向对象的说法不正确的是（      ）。
    A. OOP 是面向对象的简称
    B. 静态成员是属于类的
    C. 普通成员是属于类的
    D. 类中的$this 关键字代表该对象本身

6. 以下关于构造方法的说法不正确的是（      ）。
    A. 研究一个类，首先要研究的函数是构造方法

    B. 构造方法和普通方法没有区别

    C. 构造方法执行比较特殊

    D. 如果父类中存在构造方法并且需要参数，则子类在构造对象时也应该传入相应的参数。

7. 以下关于多态的说法正确的是（　　　）。

    A. 多态在每个对象调用方法时都会发生

    B. 多态是由于子类中定义了不同的函数而产生的

    C. 多态的产生不需要条件

    D. 当父类引用指向子类实例时，由于子类对父类的方法进行了重写，在父类引用调用相应的函数时表现出的不同称为多态。

8. 借助继承，可以创建其他类的派生类。在 PHP 中，子类最多可以继承（　　　）父类。

    A. 1 个　　　　　　　　　B. 2 个　　　　　　　　　C. 3 个　　　　　　　　　D. 取决于系统资源

9. 执行以下代码，输出结果是（　　　）。

```php
1.   <?php
2.   class a
3.   {
4.     function __construct()
5.     {
6.       echo "echo class a something";
7.     }
8.   }
9.   class b extends a
10.  {
11.    function __construct()
12.    {
13.      echo "echo class b something";
14.    }
15.  }
16.  $a = new b();
17.  ?>
```

    A. echo class a something echo class b something

    B. echo class b something echo class a something

    C. echo class a something

    D. echo class b something

10. 以下是一个类的声明，其中有两个成员属性，对成员属性赋值的正确方式是（　　　）。

```php
1.   <?php
2.   class Demo
3.   {
4.     private $one;
5.     public static $two;
6.
7.     function setOne($value)
8.     {
9.       $this->one = $value;
10.    }
11.  }
```

```
12.    $demo = new Demo();
13.    ?>
```

A. $demo->one="abc";               B. Demo::$two="abc";

C. Demo::setOne("abc");            D. $demo->two="abc";

11. 下列说法错误的是（      ）。

A. 子类中的私有方法可以调用父类中受保护的属性

B. 子类中的公有方法可以调用父类中受保护的属性

C. 父类中私有的方法可以调用子类中公有的属性

D. 父类中受保护的方法可以调用子类中私有的方法

12. 当 PDO 对象创建成功后，与数据库的连接已经建立，就可以使用 PDO 对象了，下列不属于 PDO 对象的成员方法是（      ）。

A. errorInfo()        B. bindParam()        C. exec()        D. prepare()

## 二、简答题

1. 写出 PHP 中 public、protected、private 这 3 种访问控制模式的区别。

2. 请写出下面程序运行后的输出结果。

```
1.    <?php
2.
3.    class a
4.    {
5.        protected $c;
6.
7.        public function __construct()
8.        {
9.            $this->c = 10;
10.       }
11.   }
12.
13.   class b extends a
14.   {
15.       public function print_data()
16.       {
17.           return $this->c;
18.       }
19.   }
20.
21.   $b = new b();
22.   echo $b -> print_data();
23.   ?>
```

3. 请写出下面程序运行后的输出结果。

```
1.    <?php
2.    class A
3.    {
4.        function disName()
5.        {
6.            echo "mike";
7.        }
```

```
8.    }
9.    class B extends A
10.   {
11.      function disName()
12.      {
13.        echo "mary";
14.      }
15.   }
16.   $cartoon = new B;
17.   $cartoon->disName();
18.   ?>
```

4. 在类中如何定义常量?如何在类中调用常量? 如何在类外部调用常量?

5. 在 PDO 中开启事务、提交事务、回滚事务的 3 个方法是什么?

# 任务13
## Laravel中的视图、路由、控制器、验证码

**13**

## 情景导入

小王同学在前面制作网站时，就知道前端有很多框架，如 Bootstrap、Vue 等。恰好学校正在组织同学报名参加 1+X Web 前端开发职业技能等级证书的考核。通过查看这个证书考核的内容，他知道了，要考取中级或高级证书，需要使用 PHP 后端框架 Laravel。因此，他决定学习 Laravel 框架的使用。但到官网查看文档后，他才发现，这个后端框架很复杂，学习起来难度肯定不小。为了降低学习的难度，他决定以第一个项目"会员管理系统"为基础，使用 Laravel 来进行改写。

## 职业能力目标及素养目标

- 能熟练安装 Laravel 框架并创建项目。
- 能理解 MVC 的编程模式。
- 能熟练掌握 Laravel 中视图和路由的使用。
- 能熟练掌握 Laravel 中控制器的使用。
- 能在项目中添加验证码。

- 具有创新精神、研究能力和实践能力，能够解决中等规模以上的计算机工程问题。

---

### 子任务 13.1　Laravel 的安装和简单使用

#### 【任务提出】

Laravel 是 PHP 中的一个典型的后端框架，使用者众多。但使用该后端框架时的方法相对特殊，必须先安装，然后进行配置才能使用。

Laravel 的安装和简单使用

#### 【任务实施】

#### 13.1.1　安装 Laravel

Laravel 是一个开源的 PHP Web 开发框架，它的目的是简化 Web 应用程序的开发过程。它提供了一系列的工具，可以帮助开发者更快地构建功能强大的 Web 应用程序。它拥有一个强大的模型-视图-控制器（Model-View-Controller，MVC）架构（关于 MVC 的详细介绍，请参见 13.1.2 小节），可

以帮助开发者轻松构建动态 Web 应用程序。它提供一个强大的路由系统，可以帮助开发者轻松创建 RESTful API。此外，它还提供一个强大的数据库迁移系统，可以帮助开发者轻松管理数据库。

小王同学查看了 Laravel 官方提供的文档，发现 Laravel 有一系列的版本可供选择，但目前主流的版本似乎还是 8.x 版本，因此，他决定安装 8.x 版本的 Laravel。

在仔细查看文档后，小王知道 Laravel 的安装方式有好几种。通过比较这几种安装方式，他决定通过 Composer 方式来安装。因为 Composer 是一个非常流行的 PHP 包依赖管理工具，安装好这个工具以后，PHP 中的很多第三方插件模块也都可以很容易地安装上。

### 1. Composer 的安装

通过查询，他直接在 Composer 官网下载安装包，根据安装向导很快就完成了安装。安装完成以后，需要检查是否安装成功。首先进入命令提示符窗口，然后在里面输入"composer"并执行，如果出现图 13.1.1 所示的内容，则表示安装成功。

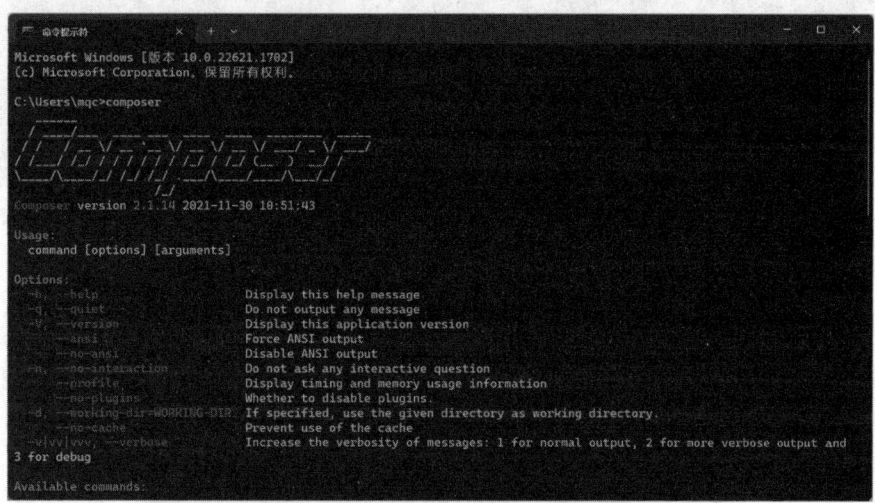

图 13.1.1　检查 Composer 是否安装成功

### 2. Composer 的访问优化

由于 Composer 的服务器在国外，因此国内访问速度是比较慢的。为了提高访问速度，小王同学先设置了一个 Composer 的国内镜像，只需要在命令提示符窗口中输入以下代码并执行即可。

```
composer config -g repo.packagist composer https://mirrors.aliy**.com/composer/
```

这条语句的作用是为 Composer 工具添加配置信息，将 Composer 的默认 packagist 地址修改成国内阿里云的镜像地址，这样可加快访问速度。除了使用阿里云镜像以外，还可以使用以下镜像。

（1）腾讯云镜像：https://mirrors.cloud.tence**.com/composer/。

（2）华为云镜像：https://repo.huaweiclo**.com/repository/php/。

### 3. 开始安装 Laravel

接下来需要选择一个空的目录，Laravel 将安装在这个目录中。在命令提示符窗口中进入这个目录，输入以下代码并执行。

```
composer create-project --prefer-dist laravel/laravel member
```

这条语句的作用是安装 Laravel，其中最后的 member 就是新安装的项目名称，系统会自动创建一个同名的文件夹。这种安装方式安装的版本是官方提供的默认安装版本，这个默认安装版本可能是最新版本，也可能是最新的最稳定版本，或者是其他版本。比如，2023 年 5 月官方提供的最新版本是 Laravel 10，但使用默认方式安装的版本是 8.83.27 版本。如果这样安装的版本不是我们想要的版本，那么只需要在安装时加上版本号即可。

```
composer create-project --prefer-dist laravel/laravel member   5.4
```

小王同学在 E 盘中新建一个文件夹 laravel_member，然后在资源管理器中打开这个目录，并在地址栏中执行 cmd 命令，快速进入这个文件夹对应的命令提示符窗口。然后在其中执行上面的默认安装命令，安装过程如图 13.1.2 所示。待命令执行完毕，小王同学进入 E 盘的 laravel_member 目录，就查看到了安装好的 member 项目。

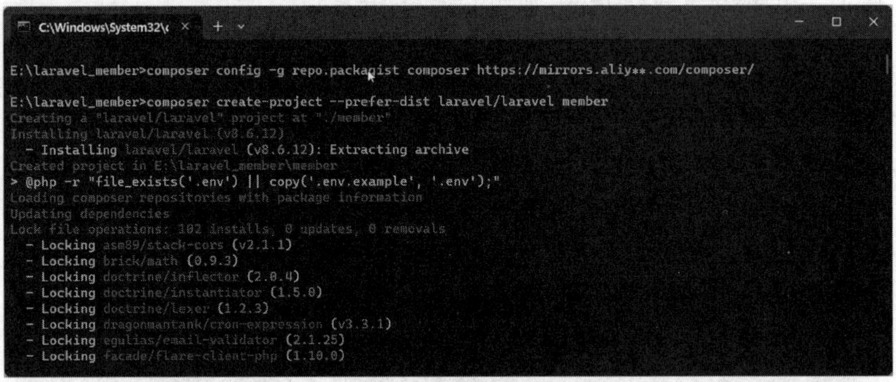

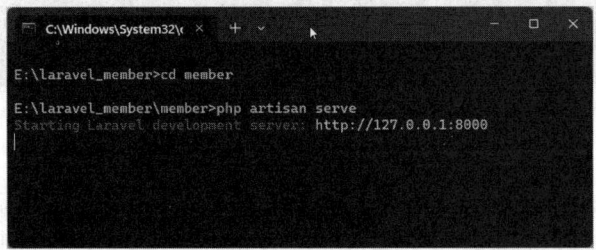

图 13.1.2　在命令提示符窗口中安装 Laravel

#### 4. 项目测试

安装完成后，小王同学想要测试项目能否正常打开。通过查询文档，他了解到，Laravel 自带了一个内置的 Web 服务，可以用来启动服务器并访问项目。方法很简单，只需要在命令提示符窗口中进入项目目录（member 文件夹），然后输入"php artisan serve"并执行即可启动服务，如图 13.1.3 所示。

图 13.1.3　通过"php artisan serve"启动 Laravel 内置的 Web 服务

接下来，在浏览器中打开 http://127.0.0.1:8000，如果看到图 13.1.4 所示的界面，则表示 Laravel 安装完成。小王同学已经顺利地访问到了新安装的 Laravel。但他想了一下，既然 Laravel 也是一个网站，那么为什么不能使用原来的小皮面板来进行配置？ 想了就做！ 小王同学立即上网搜索了一下，原来真的可以实现，其中的要点就是，在小皮面板中配置网站时，将网站根目录配置到 E:\laravel_member\member\public 即可，同时要注意各个端口的使用情况，比如，通过"php artisan serve"启动的 Web 服务，默认使用的是 8000 端口，在小皮面板中配置网站时，端口的选择就要避开 8000。经过测试，小王同学发现两种方式的实现效果是完全一样的。

#### 5. Laravel 中的 artisan

虽然项目已经能够成功访问了，但令小王同学疑惑的是，为什么在命令提示符窗口中输入"php artisan serve"并执行就可以启动 Web 服务了呢？ 他决定再查找资料，进一步了解相关知识。

原来，artisan 是 Laravel 提供的命令行接口（Command Line Interface，CLI），它提供了非常多实用的命令来帮助我们开发 Laravel 应用。比如，可以使用 artisan 命令来生成控制器、模型、中间件等。在命令提示符窗口中使用"php artisan list"指令，可以查看所有可用的 artisan 命令，如图 13.1.5 所示。

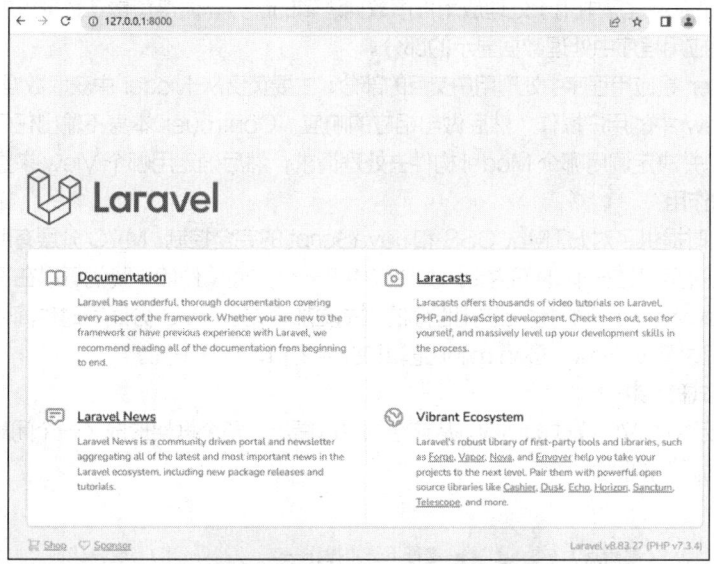

图 13.1.4　安装好 Laravel 后的默认首页

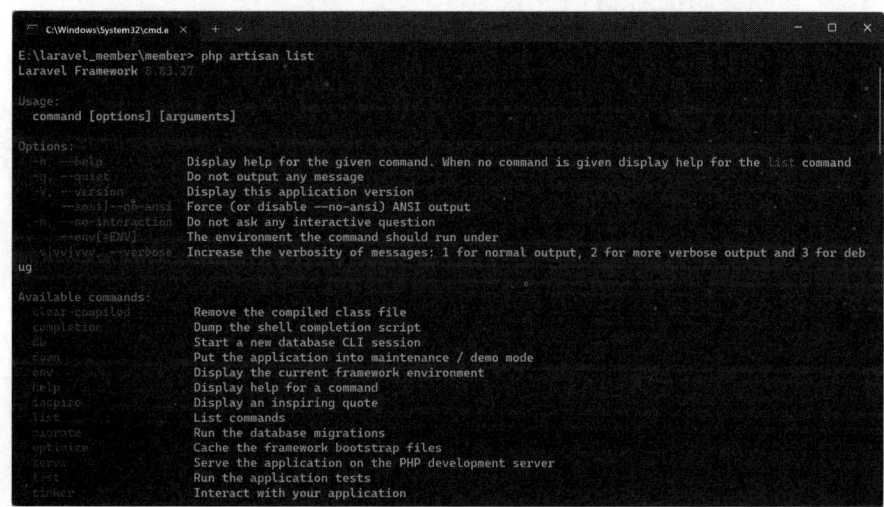

图 13.1.5　查看 artisan 所有可用的命令

## 13.1.2　了解 Laravel 的 MVC

小王同学在查看资料时得知，Laravel 采用的是 MVC 结构。事实上，在前面的学习中，小王同学就听说过 MVC，只是在项目开发中一直没有使用过。为了后面能够更好地理解 Laravel，他决定先查找资料，学习 MVC 的相关内容。

### 1. 什么是 MVC

MVC 的全称是 Model-View-Controller，是 Model（模型）、View（视图）、Controller（控制器）的缩写，是一种软件设计典范，用一种将业务逻辑、数据、页面显示分离的方法来组织代码，将业务逻辑聚集到一个部件中，使得在改进和个性化定制页面及用户交互的同时，不需要重新编写业务逻辑。MVC

因其独特优势而被不断发展，用于将传统的输入、处理和输出功能映射到一个具有业务逻辑的图形化用户界面的结构中。

（1）Model 是应用程序中用于处理应用程序数据逻辑的部分，通常负责在数据库中存取数据。

（2）View 是应用程序中处理数据显示的部分。

（3）Controller 是应用程序中处理用户交互的部分，主要负责从 Model 中获取数据，并输出到 View 中，还能接收 View 中的用户操作，然后做出相应的响应。Controuer 本身不输出任何东西和做任何处理。它只接收请求并决定调用哪个 Model 构件去处理请求，然后确定用哪个 View 来显示返回的数据。

**2. MVC 的作用**

MVC 模式同时提供了对 HTML、CSS 和 JavaScript 的完全控制。MVC 分层有助于管理复杂的应用程序，这使得我们可以在一段时间内专门关注其中某一个方面（例如，我们可以在不依赖业务逻辑的情况下专注于 View 设计），同时也让应用程序的测试更加容易。MVC 分层同时也简化了分组开发，不同的开发人员可同时开发 View、Controller 逻辑和业务逻辑，互不干扰。

**3. MVC 模式的结构**

图 13.1.6 所示为 MVC 模式的结构。从该结构可以看出，整个框架形成了一个闭环，这也符合设计模式的"开放 - 封闭"原则。

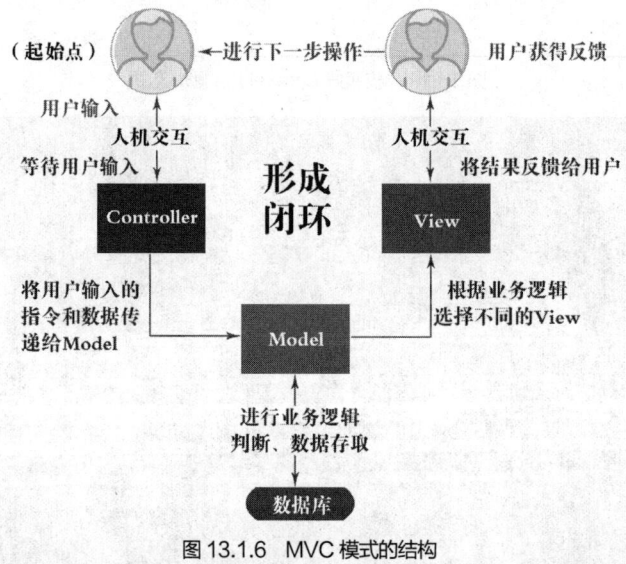

图 13.1.6　MVC 模式的结构

## 13.1.3　了解 Laravel 的几个主要目录

小王同学安装好 Laravel 后，在资源管理器中查看时发现系统生成了很多文件和文件夹，看得小王同学云里雾里的。为了了解清楚这些文件和文件夹的作用，他只好又去研究官网中的文档。通过查看文档，整个 Laravel 的文件结构也就逐渐清晰了。

（1）app 目录：项目的核心目录，主要用于存放核心代码，包括控制器、模型。

（2）bootstrap 目录：Laravel 的启动目录。

（3）config 目录：项目的配置目录，主要用于存放配置文件。比如，app.php 是项目的主要配置文件，auth.php 是用于定义用户认证（登录）的配置文件，database.php 是数据库的配置文件，filesystems.php 是上传文件和存储文件时需要使用到的配置文件。

（4）database 目录：数据迁移目录。

（5）public 目录：项目的入口文件和系统的静态资源目录（css、img、js、uploads 等）。后期使用的外部静态文件（JavaScript 文件、CSS 文件、图片文件等）都需要放到 public 目录下。

（6）resources 目录：用于存放视图文件，以及语言包文件的目录。比如，lang 目录用于存放语言包（如果项目需要本地化，则需要配置语言包），views 目录用于存储视图文件（视图文件也可以分目录管理）。

（7）routes 目录：定义路由的目录，web.php 是用于定义路由的文件。

（8）storage 目录：存放缓存文件和日志文件的目录。其中的 app 目录存放用户上传的文件，framework 目录存放框架运行时的缓存文件，logs 目录存放日志文件。

（9）vendor 目录：主要用于存放第三方的类库文件，Laravel 中有一个重要的思想是共同开发，无须重复造轮子（例如，里面可能存在验证码类、上传类、邮件类等），该目录还可以存放 Laravel 框架的源代码。通过 Composer 下载的各种类库也都是存放在该目录下的。

（10）.env 文件：主要用于保存一些系统相关的环境配置文件信息。config 目录中的文件配置内容一般都是从 .env 文件中读取的配置信息。

（11）artisan 脚手架文件：主要用于自动生成代码，如生成控制器、模型文件等。

（12）composer.json 文件：依赖包配置文件。

## 子任务 13.2　Laravel 中的视图和路由

### 【任务提出】

小王同学成功安装 Laravel 后，顺利看到了 Laravel 的默认首页，还了解了 Laravel 的设计模式以及文件结构。但到现在为止，他还是不知道如何制作自己的系统。他在前面已经计划好了，要用 Laravel 来改写会员管理系统，因此，他接下来要完成的重点任务是学习如何在会员管理系统中使用 Laravel。

Laravel 中的视图
和路由

### 【任务实施】

#### 13.2.1　创建视图

面对 Laravel 这样一个全新的 PHP 后端框架，小王同学最能依靠的就是官方的文档。通过仔细阅读文档，他明白了，要完成自己的系统，首先得从视图文件下手。

Laravel 的视图文件位于 resources/views 目录下。安装好 Laravel 后，目录中就有一个 welcome.blade.php 文件。进入系统时，默认显示的就是这个文件的内容（见图 13.1.4）。

小王同学找到了原来完成的会员管理系统，决定先从首页开始改写系统。

他先把原来的 index.php 文件复制到 views 中，由于 Laravel 中的视图文件采用 Blade 模板引擎，因此，他把 index.php 文件复制过来后，重新命名为 index.blade.php。他打开 index.blade.php 后，回顾了以前完成的内容。在这个首页文件中主要引用 nav.php 导航文件。接下来，他把 nav.php 复制到 views 中，并命名为 nav.blade.php。

由于现在的系统采用 Blade 模板引擎，因此，小王同学先学习 Blade 模板引擎的相关内容。有了这些基础知识后，接下来就可以开始进行新项目的制作了。

他打开 index.blade.php 文件，删除原来的 include_once 语句（注意：要将 PHP 标签一并删除），然后添加以下代码。

1.　　@include('nav')

这句话的作用是引用模板，表示引用当前目录下的 nav.blade.php 文件。在引用模板时，不需要指明被引用文件后面的扩展名，这个扩展名包括".blade.php"和".php"。比如，要引用 nav.php 文件（视图中的文件也可以没有.Blade 扩展名，只是不支持 Blade 模板引擎而已），只需使用代码"@include('nav')"。如果引用的视图文件在 views 下面的子目录中，则在引用视图时，还需要添加相应的路径。比如，admin.nav 就表示引用 views 下面的 admin 目录中的 nav.blade.php 文件。在引用文件时，系统会优先查询和使用扩展名为".blade.php"的同名文件，如果不存在这个文件，则查找扩展名为".php"的同名文件。

Blade 模板引擎中的"@include"称为模板引擎指令，其作用是从一个视图中包含另外一个视图。父视图中的所有变量在子视图中都可以使用。子视图可以继承父视图中所有可以使用的数据，并且在引用视图时，还可以传递一个额外的数组，这个数组在子视图中也可以使用。在引用视图时，传递参数的用法如下。

```
1.    @include('nav', ['status' => 'complete'])
```

上述代码表示在引用 nav 视图时，额外传递参数"status"，此参数的值为"complete"。

如果使用"@include"指令包含的视图不存在，则 Laravel 将抛出一个错误。为了解决这个问题，可以使用"@includeIf"指令。

```
1.    @includeIf('nav', ['status' => 'complete'])
```

这样就可以实现只有存在 nav 视图时，才执行包含视图的命令。

小王同学虽然已经创建好了两个视图文件，但现在还是无法访问刚才创建的视图文件。

## 13.2.2  创建路由

通过查看文档，小王得知，要想访问 Laravel 中的视图文件，必须创建相应的路由。所谓路由，简单地说就是将用户的请求转发给相应的程序进行处理，也就是要建立 URL 和程序之间的映射。常见的请求类型有 GET、POST、PUT、PATCH、DELETE 等。

要在 Laravel 中创建路由，需要打开 routes 目录下的 web.php 文件来进行设置。打开此文件，可以看到以下内容。

```
1.    Route::get('/', function () {
2.        return view('welcome');
3.    });
```

这段代码的含义是，如果使用 GET 方式访问根目录（"/"），则返回视图"welcome"，也就是 views 目录中的 welcome.blade.php 文件。

现在小王同学已经做好了首页，如果想访问这个首页，则只需要将上述代码简单修改一下，也就是直接返回视图 index 即可，代码如下。

```
1.    Route::get('/', function () {
2.        return view('index');
3.    });
```

完成这些工作后，小王同学刷新了 http://127.0.0.1:8000 页面，熟悉的会员管理系统首页立即映入眼帘，如图 13.2.1 所示。

图 13.2.1  会员管理系统首页

事实上，小王同学在看文档时就大致了解到了，Laravel 中的路由还是很复杂的。为了满足后面项目制作的需求，他觉得还是很有必要了解 Laravel 中的不同路由。

## 【知识储备】

最基本的 Laravel 路由接收一个统一资源标识符（Uniform Resource Identifier，URI）和一个闭包，它提供了一种非常简单和有表现力的方法来创建路由和行为，而不需要复杂的路由配置文件。

```
1.    use Illuminate\Support\Facades\Route;
2.
3.    Route::get('/', function () {
4.      return 'Hello World';
5.    });
```

上述路由表示的意思是，当客户端以 HTTP GET 方式请求"/"时，Laravel 会直接返回字符串"Hello World"。在创建路由时用到了 Laravel 中的 Route 类。在使用一个类时，需要先引用这个类。其中第 1 行代码用于引用 Route 类。这里有一个关键字 use，其作用是声明使用某个命名空间中的类。这里当然就是指要使用命名空间"Illuminate\Support\Facades\Route"中的 Route 类。所谓命名空间，就相当于一个文件夹的路径。命名空间可以将代码划分出不同的空间（区域），每个空间的常量、函数、类的名字互不影响。同一个命名空间下，不能有相同名字的类文件，但同名的类文件可以存在于不同的命名空间。所以，命名空间的作用是解决当前文件内相同作用域内常量名之间、函数名之间、类名之间的命名冲突。

在路由中，可以创建任何用于处理 HTTP 请求的路由，如以下 HTTP 请求。

```
1.    Route::get($uri, $callback);
2.    Route::post($uri, $callback);
3.    Route::put($uri, $callback);
4.    Route::patch($uri, $callback);
5.    Route::delete($uri, $callback);
6.    Route::options($uri, $callback);
```

另外一种常见的路由是视图路由。如果在路由中需要返回一个视图，就可以使用 Route::view()方法。此方法提供了一个简单、快捷的方式，即通过额外传递的 URI 参数，可以直接跳转到相应的视图中。同时，也可以携带额外的参数跳转过去。比如如下的示例。

```
1.    Route::view('/welcome', 'welcome');
2.
3.    Route::view('/welcome', 'welcome', ['name' => 'Taylor']);
```

路由也可以跳转到控制器中。比如，创建如下路由。

```
1.    Route::get('/user', [UserController::class, 'index']);
```

上述路由的作用是，当客户端以 HTTP GET 方式请求"/user"时，Laravel 会把请求转发给 UsersController 类中的 index()方法进行处理，然后在 index()方法中返回相应的内容给客户端。

Laravel 中还有一种典型的路由是重定向路由。如果要创建重定向到另一个 URI 的路由，则可以使用 Route::redirect()方法，其中第一个参数是需要访问的原始路由，第二个参数是重定向后新的路由。比如，创建如下路由。

```
1.    Route::get('/welcome', function () {
2.      return view('welcome');
3.    });
4.
5.    Route::redirect('/w','/welcome');
```

上述代码第 1 行的路由表示访问"/welcome"，将会返回视图 welcome。第 5 行的路由表示访问"/w"就重定向到"/welcome"，同样将返回视图 welcome。

## 子任务 13.3  Laravel 中的控制器和验证码

### 【任务提出】

小王同学在前面学习了 MVC 的设计模式，也了解了路由的相关知识，其中都提到了控制器，他也知道控制器是用于处理用户交互的。因此，为了能让视图中的内容"动"起来，必须用到控制器。

### 【任务实施】

#### 13.3.1  制作前端登录页面

控制器的主要作用是处理特定 URL 转发过来的 HTTP 请求，然后进行业务逻辑处理，将结果返回给某个特定的对象。Laravel 框架提供了一个命令行接口，可以用来创建控制器。

Laravel 中的控制器

```
1.    php artisan make:controller 控制器名称
```

控制器默认创建在 Controllers 目录下，如果需要创建子目录下的控制器，就需要在创建控制器时添加子目录的名称。

```
1.    php artisan make:controller Admin\IndexController
```

接下来，小王同学准备实现用户登录功能。由于控制器在后端实现登录功能时才需要，因此，应该先完成用户登录的前端页面。

（1）将会员管理系统中的 login.php 文件复制到 resources 目录下面的 views 文件夹中，并命名为 login.blade.php。

（2）打开 login.blade.php 文件，重新使用"@include"指令引用 nav.blade.php 文件。

（3）删除文件头部的"session_start()"。

（4）在路由文件 web.php 中创建如下路由。

```
1.    Route::get('/login',function (){
2.        return view('login');
3.    });
```

这个路由表示访问"/login"，将会返回视图 login 的内容。此时，可以访问 http://127.0.0.1:8000/login 查看结果。可以发现，登录页面的主体内容都显示出来了，但文件中还有一些静态文件，如验证码等无法显示，如图 13.3.1 所示。

（5）将会员管理系统中的 img 目录复制到 public 目录中，然后修改图片路径，在图片名前面添加"/"即可。或者使用辅助函数 asset()。

```
1.    <img src="{{asset('img/x0.jpg')}}" id="x0" class="none">
2.    <img src="{{asset('img/x1.jpg')}}" id="x1" class="none">
```

asset()函数是 Laravel 框架中的一个内置函数，主要用于将应用程序中的公共资源文件（如 CSS 文件、JavaScript 文件和图片文件等）的相对路径转换成绝对路径（该函数用于接收一个相对路径并返回一个绝对路径）。

（6）将会员管理系统中的 code.php 文件复制到 views 中，并修改名称为 code.blade.php。

（7）为了显示验证码，还需要添加一个路由。在 web.php 中添加以下内容。

```
1.    Route::get('/code',function (){
2.        return view('code');
3.    });
```

（8）修改 login.blade.php 中的验证码图片代码。

```
1.    <input name="code" placeholder="请输入图片中的验证码"><img style="cursor: pointer" src=
"{{url('/code')}}" onclick="this.src='{{url('/code')}}?'+new Date().getTime();" width="200" height="70">
```

这里把<img>标签中的 src 改成了{{url('/code')}}。双花括号是 Blade 模板语法，用于显示变量的内容。url()是 Laravel 中的辅助函数，用于生成 URL。此时，再刷新 http://127.0.0.1:8000/login 页面，就可以看到正常的登录页面了，如图 13.3.2 所示。

图 13.3.1　登录页面中的验证码无法显示

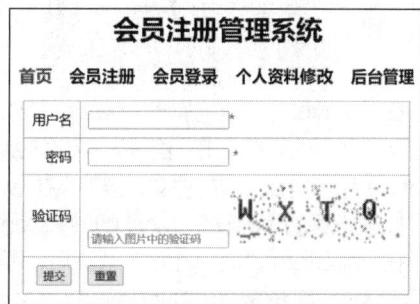

图 13.3.2　在登录页面中显示验证码

### 13.3.2　制作后端登录页面

后端登录页面的文件也就是用于实现数据库查询、判断用户名和密码是否正确的文件。制作后端登录页面需要用到控制器。

（1）进入 cmd 命令提示符窗口，执行命令"php artisan make:controller LoginController"创建控制器。

Laravel 中验证码的使用

在 PhpStorm 中，还有一种很方便的方式可以进入命令提示符窗口，那就是直接在左边的 Project 面板中找到对应的文件夹，选中并单击鼠标右键，在弹出的快捷菜单中选择"Open In → Terminal"即可进入命令提示符窗口，并自动定位到当前目录。因此，只需要选中项目根目录并单击鼠标右键，进入命令提示符窗口，再执行上述创建控制器的命令，即可快速完成控制器创建，如图 13.3.3 所示。

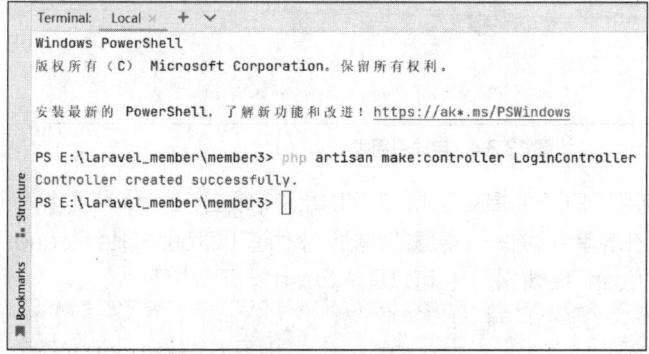

图 13.3.3　在 Terminal 窗口中创建控制器

创建好的控制器位于 app/Http/Controllers 下，名称是 LoginController。一般来说，在编程中都要求控制器采用大驼峰式命名法。

（2）在控制器中添加一个方法 login()。

```
1.    public function login(Request $request){
2.        dd($request->all());
3.    }
```

可以看到，方法 login() 的参数指定了一个类 Request 和变量 $request，这种方式称为方法注入（依赖注入），这个指定的变量将包含指定类的实例。方法注入的优点是可以简化代码。还是以上面的代码为例，如果没有使用方法注入，则需要编写以下代码。

```
1.    public function login()
2.    {
3.        $request = new Request();
4.        dd($request->all());
5.    }
```

在 Laravel 中，dd() 属于 Laravel 辅助函数。dd() 函数用于输出给定的值并结束脚本运行，可以输出 Laravel 中的所有变量，语法为"dd($value1,$value2...)"。

（3）为了实现表单的提交，接下来在 web.php 中创建路由。

```
1.    Route::post('/userLogin',[LoginController::class,'login']);
```

在 PhpStorm 中输入上面的代码后，可以看到，在"LoginController"处有黄色底纹，将鼠标指针移至此处，系统提示"Undefined class 'LoginController'"，这是因为在当前页面中找不到 LoginController 类。解决方法是，单击上述提示信息下面的"Import class"链接，即可自动引用 LoginController 类，如图 13.3.4 所示。此时会在 web.php 文件中自动添加以下代码。

```
1.    use App\Http\Controllers\LoginController;
```

扫码看彩图

图 13.3.4　自动引用类

（4）由于表单使用了 POST 提交方式，为了防止跨站攻击，Laravel 要求，凡是使用 POST 方式提交的数据，都必须在表单中添加一个隐藏的跨站请求伪造（Cross-Site Request Forgery，CSRF）令牌字段，可以是"{{csrf_field()}}"，也可以是"@csrf"，示例如下。

```
1.    <form method="POST" action="/profile">
2.        {{csrf_field()}}
```

```
3.      {{-- 也可使用 @csrf --}}
4.      {{-- 这里是具体的表单内容 --}}
5.   </form>
```

（5）按照文档要求，修改表单的相关内容。

```
1.   <form action="{{url('userLogin')}}" method="post" onsubmit="return check()">
2.      {{csrf_field()}}
```

上述代码第 1 行中的 action，使用到了 Laravel 中提供的 url() 辅助函数，此函数的作用和前面用到的 asset() 函数的基本一样。一般来说，url() 用于生成一个完整的网址，asset() 用于引入静态文件。第 2 行添加了一个防止跨站攻击的令牌字段。此时，可以测试登录页面的功能能否正常实现。在登录页面中输入各项数据，单击"提交"按钮，可以在浏览器中输出登录页面中填写的各项数据，如图 13.3.5 所示。

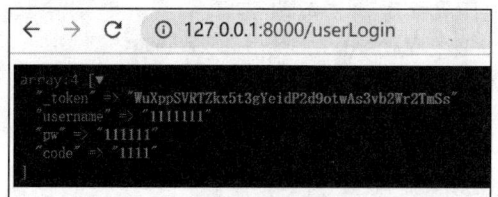

图 13.3.5   通过 dd() 函数输出的表单数据

其中的"_token"字段就是系统自动生成的防止跨站攻击的令牌字段。

### 13.3.3   安装和使用验证码包

小王同学在会员管理系统中引入了验证码，并能够正常显示，因此，这个验证码也是可以使用的。但这个验证码和 Laravel 框架的匹配度不高，而且网上可以找到已经封装好的可以直接在 Laravel 中使用的验证码。

要在 Laravel 中使用验证码，可以通过 Composer 来安装。Packagist 是主要的 Composer 仓库，它集合了与 Composer 一起安装的公开 PHP 软件包。因此，小王同学决定在 PHP 软件包仓库中寻找现成的验证码。他在网站中搜索"captcha"，找到了很多验证码，最后，他决定选择图 13.3.6 所示的最后一行验证码。

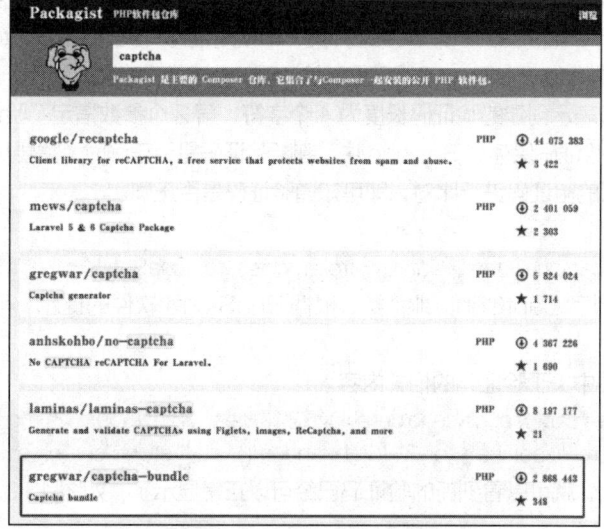

图 13.3.6   在 Packagist 中安装验证码包

（1）在命令提示符窗口中安装验证码包。从 member 根目录中进入命令提示符窗口，并执行"composer require gregwar/captcha"命令来安装验证码包。安装好的验证码包位于"vendor/gregwar"目录中。

（2）在命令提示符窗口中执行"php artisan make:controller CaptController"命令创建控制器。

（3）在控制器中添加 captchaShow()方法。

```
1.    //生成图片与验证码
2.    public function captchaShow()
3.    {
4.      $phraseBuilder = new PhraseBuilder(4, 'abcdefghjkmnpqrstuvwxy123456789ABCDEFGHJK
MNPQRSTUVWXY'); //自定义验证码长度和内容
5.      //生成验证码图片的 Builder 对象，并配置相应属性
6.      $builder = new CaptchaBuilder(null, $phraseBuilder);
7.      // 设置背景颜色
8.      $builder->setBackgroundColor(220, 210, 230);
9.      $builder->setMaxAngle(25);
10.     $builder->setMaxBehindLines(2);
11.     $builder->setMaxFrontLines(2);
12.     //可以设置图片宽高及字体
13.     $builder->build($width = 100, $height = 40, $font = null);
14.     //获取验证码的内容，并转换为小写
15.     $phrase = strtolower($builder->getPhrase());
16.     //把内容存入 Session
17.     //session(['phrase' => $phrase]);
18.     Session::put('phrase', $phrase);
19.     //生成图片
20.     header("Cache-Control: no-cache, must-revalidate");
21.     header('Content-Type: image/jpeg');
22.     $builder->output();
23.   }
```

请注意根据 PhpStorm 的提示，引入相应的类。在引入 Session 类时，系统会弹出多个命名空间下的 Session 类，请选择 Facades 中的 Session 类，即使用语句"use Illuminate\Support\Facades\Session;"。这里的方法 captchaShow()用于显示验证码。上述代码的第 4 行用于实例化 PhraseBuilder 对象，其中第 1 个参数表示创建的验证码长度为 4 个字符，第 2 个参数指定了验证码使用的具体字符。第 18 行用于将生成的验证码保存在 Session 中，判断验证码是否正确时，需要从 Session 中读取验证码，并和前端用户输入的验证码进行比对，即可知道验证码是否正确。

（4）创建路由。

```
1.    Route::get('/captchaShow', [CaptController::class,'captchaShow']);
```

创建这个路由用到了 CaptController 类，根据 PhpStorm 软件的提示，可以很容易地添加类的引用。

（5）修改视图文件中关于验证码的相关内容。

```
1.    <input name="captcha" placeholder="验证码" style="width:150px;"><img src="{{url('/captcha
Show')}}" onclick="this.src='/captchaShow?'+Math.random()" alt="" style="cursor: pointer">
```

此时，再刷新页面，就可以看到新的验证码已经可以正常显示了，如图 13.3.7 所示。

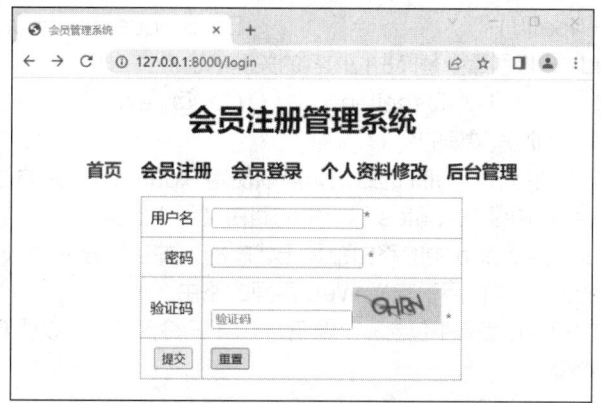

图 13.3.7　使用安装好的验证码包生成的验证码

（6）判断用户输入的验证码是否正确。修改 LoginController 类中的 login 方法。

```
1.    public function login(Request $request)
2.    {
3.      //dd($request->all());
4.      $data = $request->all();
5.      if (strtolower(Session::get('phrase')) == strtolower($data['captcha'])) {
6.        Session::forget('phrase');
7.        return '验证码正确';
8.      } else {
9.        return '验证码输入错误';
10.     }
11.   }
```

可以看到，上述代码的第 4 行通过 "$request->all()" 得到了前端传递过来的所有参数（当然也包括验证码），然后在第 5 行读取 Session 中的 "phrase"（也就是保存在 Session 中的正确的验证码），并和输入的验证码进行对比，判断是否相同。如果相同，则删除 Session 中的验证码（也就意味着一个验证码只能用一次），并显示 "验证码正确" 的提示信息，否则显示 "验证码输入错误" 的提示信息。

接下来就可以测试运行效果了。输入正确的验证码，单击 "提交" 按钮，显示图 13.3.8 所示的结果。

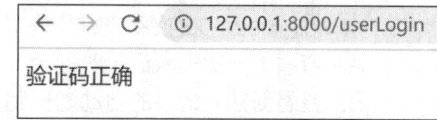

图 13.3.8　提交正确的验证码

## 【任务小结】

本任务以会员管理系统为基础，完成了 Laravel 的安装、视图的创建、路由的创建、验证码包的安装和使用。在安装 Laravel 时，要先选择好安装的版本，因为不同版本在使用时是有区别的，相关的具体内容需要查阅官方文档。

## 【巩固练习】

### 一、单选题

1. Laravel 中入口文件所在路径是（　　）。
   A. 项目/app　　　　　　B. 项目/public　　　　C. 项目/routes　　　　D. 项目/vendor
2. Laravel 中闪存数据的方法是（　　）。
   A. $request->fullUrl()　　　　　　　　　B. $request->flash()

**227**

C.　$request->path()　　　　　　　　D.　$request->input()

3. Laravel 的 Blade 模板引擎中替换占位内容的关键字是（　　）。

　　A.　@include　　　　B.　@section　　　　C.　@yield　　　　D.　@extends

4. 关于 Laravel 路由的说法错误的是（　　）。

　　A.　要定义重定向到另一个 URI 的路由，可以使用 Route::jump()方法

　　B.　所有 Laravel 路由都在 routes 目录中的路由文件中定义

　　C.　定义在 routes/api.php 中的路由都是无状态的，并且被分配了 API 中间件组

　　D.　routes/web.php 文件用于定义 Web 页面的路由

5. Laravel 允许在 HTML 表单中包含一个隐藏的 CSRF 令牌字段，以便 CSRF 保护中间件可以验证前端请求，这个指令是（　　）。

　　A.　#csrf　　　　　　B.　%csrf　　　　　　C.　*csrf　　　　　　D.　@csrf

6. 下面对 HTTP 状态码的说法错误的是（　　）。

　　A.　3 开头的消息表示重定向

　　B.　4 开头的消息表示请求错误或者无法执行

　　C.　2 开头的消息表示请求失败

　　D.　5 开头的消息表示服务器错误

7. 下列关于 Socket 的说法错误的是（　　）。

　　A.　Socket 通常称为"套接字"，用于描述 IP 地址和端口

　　B.　服务器和客户端能够通过 Socket 进行交互

　　C.　Socket 是对 TCP/IP 的封装和应用

　　D.　Socket 和 HTTP 一样，是一种协议

8. 下列关于 PHP 的说法正确的是（　　）。

　　A.　数组的索引可以是字符串

　　B.　数组的索引必须为数字，且从"0"开始

　　C.　数组中的元素类型必须一致

　　D.　数组的索引必须是连续的

9. mysqli_insert_id()函数的作用是（　　）。

　　A.　查看下一次插入记录时的 id

　　B.　查看新插入记录的自动增长 id 值

　　C.　查看一共执行过多少次 insert 操作

　　D.　查看一共有多少条记录

**二、多选题**

1. 下列关于 Laravel 的说法正确的是（　　）。

　　A.　Laravel 可以使用 Composer 来安装

　　B.　Laravel 是我国开发的一个 PHP 框架

　　C.　注册路由可以使用 Route::get()和 Route::post()等方法

　　D.　Laravel 的配置文件存放在 config 文件夹中

2. PHP 包含文件的函数有（　　）。

　　A.　extends()　　　　B.　upload()　　　　C.　include()　　　　D.　require()

3. 面向对象的特性之一是封装，在 PHP 中，用来限制类成员的访问权限的关键字是（　　）。

　　A.　class　　　　　　B.　protected　　　　C.　private　　　　D.　static

4. 以下语句可以在 Laravel 框架控制器中获取数据的是（　　　）。

　　A. $input = $request->all();

　　B. $input = $request->except(['email']);

　　C. $input = $request->only('username','password');

　　D. $input = $request->input();

5. 在 Laravel 框架的数组应用中，下列语句应用正确的是（　　　）。

　　A. $array = ['name'=>'Joe','languages'=>['PHP','Ruby']];

　　B. $flattened = Arr::flatten($array);

　　C. $array = ['Desk','Table','Chair'];

　　D. $sorted = Arr:sort($array);

　　E. $array = Arr::add(['name'=>'Desk','price'=>null],'price',100);

　　F. $array = Arr::collapse([[1,2,3],[4,5,6],[7,8,9]]);

## 三、判断题

1. Laravel 框架目录结构中的 vendor 文件夹主要用于存放框架的一些入口文件。（　　　）

2. Laravel 框架中，使用 url()或 fullUrl()方法都可以获取完整的请求 URL。（　　　）

3. Laravel 框架中，如果给出一个数组，那么可以用 has()方法来判断指定的值是否存在。（　　　）

# 任务14
# Laravel中的表单验证、
# 数据库操作

14

## 情景导入

小王同学完成了表单数据的读取，实现了验证码的判断，但还无法实现用户登录，因为实现用户登录需要和数据库进行交互，而在 Laravel 中，数据库的交互又有一套独特的机制，所以需要进一步学习相关知识。同时，用户登录功能中用到了表单，因此需要进行表单数据验证。表单数据验证和前面项目的制作思路一样，仍然分为前端验证和后端验证。由于小王同学现在是在已经完成的会员管理系统的基础上来制作的，因此，表单数据的前端验证算是完成了。

## 职业能力目标及素养目标

- 能熟练使用 Laravel 中的验证类 Validator 实现表单数据验证。
- 能熟练使用 Laravel 中的模型和控制器完成数据库查询。
- 能熟练掌握 Laravel 中常用的 Blade 模板引擎语法的使用。

- 遵守编程规范，增强个人自律意识。

---

## 子任务 14.1　Laravel 中表单数据的后端验证方法

### 【任务提出】

在提交表单前，所有数据都应该按照要求进行合法性验证，这对于系统的安全保障非常重要。那么在 Laravel 中如何实现表单数据验证呢？

Laravel 中表单数据的后端验证方法

### 【任务实施】

#### 14.1.1　理解 Laravel 中的验证类 Validator

实现表单数据的前端验证和以前的做法一样。由于登录页面是从会员管理系统中复制过来的，因此，在现在的系统中，登录页面的前端数据验证功能可以正常使用。提交到后端时，还需要在后端进行数据验证。针对表单数据的后端验证，在 Laravel 中有一套完整的验证机制，相关内容可以参考官方文档。

Laravel 提供了一个验证类 Validator，其基本使用方法是：

1.     Validator::make('需要验证的表单数据','验证规则','错误提示信息');

其中可用的验证规则请参见官方文档。下面列出一些常见的典型验证规则。

（1）accepted：表示待验证字段必须是"yes"、"on"、"1"或"true"。这对于验证"服务条款"或类似字段很有用。

（2）alpha：表示待验证字段只能由字母组成。

（3）alpha_dash：表示待验证字段可包含字母、数字、短横线（-）和下画线（_）。

（4）alpha_num：表示待验证字段只能由字母和数字组成。

（5）digits:value：验证的字段必须为 numeric 类型，并且必须具有确切长度值 value。

（6）digits_between:min,max：验证的字段必须为 numeric 类型，并且长度必须在给定的 min 和 max 之间。

（7）email：验证的字段必须符合 e-mail 地址格式。

（8）required：验证的字段必须存在于输入数据中，即不为空。如果满足以下条件之一，则字段被视为"空"。

① 值为 null。

② 值为空字符串。

③ 值为空数组或空 Countable 对象。

④ 值为无路径的上传文件。

除了使用系统直接创建好的这些验证规则以外，还可以使用自定义的正则表示式来创建更为复杂的验证规则。

## 14.1.2 使用 Laravel 验证类 Validator 完成表单数据验证

基本了解 Laravel 中的验证类以后，小王同学接下来要尝试完成表单数据验证。

小王同学按照文档中的相关资料，修改了 login()方法中的代码。

```
1.      public function login(Request $request)
2.      {
3.        $data = $request->except('_token');
4.        //$validator = Validator::make('需要验证的表单数据','验证规则','错误提示信息');
5.        $rule = [
6.          'username' => 'required|alpha_num|between:3,10',
7.          'pw' => 'required|regex:/^[a-zA-Z0-9_\-*]{6,10}$/',
8.          'captcha' => 'required|regex:/^[abcdefghjkmnpqrstuvwxy123456789ABCDEFGHJKMNPQRSTUVWXY]{4}$/'
9.        ];
10.       $msg = [
11.         'username.required' => '用户名必填',
12.         'username.alpha_num' => '用户名只能由字母和数字构成',
13.         'username.between' => '用户名长度只能是 3~10 个字符',
14.         'pw.required' => '密码必填',
          'pw.regex' => '密码只能由大小写字母、数字、-、_、*构成，且长度为6~10 个字符',
15.         'captcha.required' => '验证码必填',
16.         'captcha.regex' => '验证码填写错误'
17.       ];
18.       $validator = Validator::make($data, $rule, $msg);
```

```
19.      if ($validator->fails()) {
20.          //说明验证有出错的地方
21.          return redirect('login')->with('errors', $validator->errors()); //跳转至登录页面，同时返回相应的错
误提示信息
22.      } else {
23.          //验证验证码是否正确
24.      if (strtolower(Session::get('phrase')) == strtolower($data['captcha'])) {
25.          Session::forget('phrase');
26.      } else {
27.          $validator->errors()->add('captcha', '验证码错误'); //在 validator 中添加一条错误提示信息
28.          return redirect('login')->with('errors', $validator->errors());
29.      }
30.      }
31.  }
```

上述代码的第 3 行用于读取前端表单传递过来的数据，但排除了_token 参数，也就是没有读取前端页面中用于防止跨站攻击而提交的令牌字段。第 5～9 行用于制定验证规则，这是一个关联数组，其中的键就是需要验证的各个参数（前端表单的 name 值），对应的值是验证规则。如果有多个验证规则，则需要在多个规则之间用"|"分隔。其中用户名（username）的验证规则有 3 个：第一个验证规则是"required"，表示必填；第二个验证规则是"alpha_num"，表示用户名只能是字符和数字；第三个验证规则是"between:3,10"，表示用户名的长度只能是 3～10 个字符。这里的验证规则可以使用系统定义好的规则，也可以使用自定义的正则表达式来设定。密码（pw）字段的验证规则有两个：第一个验证规则是"required"，表示必填；第二个是"regex:/^[a-zA-Z0-9_\-*]{6,10}$/"，该正则表达式为自定义验证规则，要求密码只能由"小写字母、大写字母、数字、_、-、*"构成，并且长度必须为 6～10 个字符。验证码（captcha）字段的验证规则也有两个，和密码的验证规则类似。

第 10 行规定了验证不通过时的错误提示信息。这个错误提示信息必须和验证规则一一对应，每一条验证规则都应有其对应的错误提示信息。如果这里没有编写完整，则系统会显示默认的错误提示信息。

第 18 行用于调用验证类 Validator 中的 make()方法生成一个验证对象。第 19 行用于判断验证对象中是否有错误产生。如果出错，则在第 21 行中重定向到"login"路由，也就是返回到登录页面。在返回时，使用 with()方法携带参数 errors（这里的参数名必须是 errors，因为所有视图中总是存在一个 $errors 变量，这是"Illuminate\Support\MessageBag"类中的实例，这里通过 errors 可将错误提示信息传递至前端页面），其值是从验证对象中得到的具体错误提示信息。这个错误提示信息包含前面在 $msg 中定义的各种错误提示信息（如果某个规则未制定对应的错误提示信息，则显示系统默认的错误提示信息）。

如果其他数据的验证都合格，则在第 24 行判断验证码是否正确。如果验证码错误，就在第 27 行给验证对象中添加一条错误提示信息，添加的信息和验证码字段（captcha）相对应，这样做的目的是在前端页面中识别是哪里出错了。

### 14.1.3   在前端页面中显示验证错误提示信息

为了在前端页面中显示验证错误提示信息，需要在视图中添加相应的代码。小王同学研究 Blade 模板引擎语法后，在 login.blade.php 文件的表单中输入以下代码。

```
1.    {{var_dump($errors)}}
2.    @if($errors->any())
3.    @foreach($errors->all() as $element)
4.      <li>{{$element}}</li>
```

```
5.        @endforeach
6.        @endif
```

为了测试表单数据的验证效果，可以暂时把 login.blade.php 文件中的前端数据验证功能关闭，只需在 check()方法的第一行添加 return 即可。这样设置后，可以不填写任何内容，直接单击"提交"按钮。此时，由于每项数据都是空值，在后端进行验证后，自然会出错，因此系统会将这些错误提示信息返回到前端文件中，如图 14.1.1 所示。

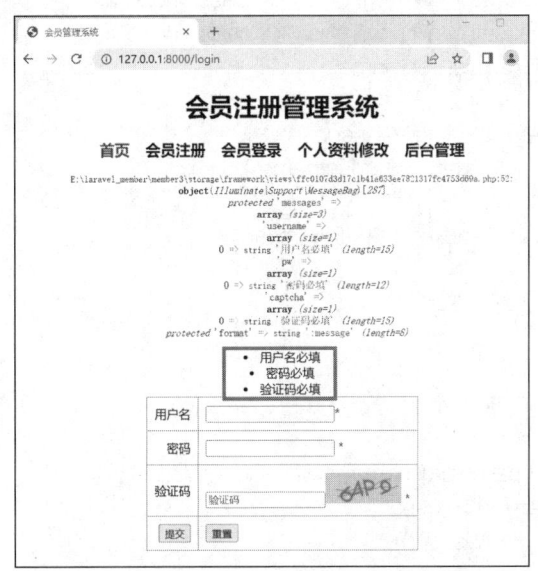

图 14.1.1　输出 $errors 中的错误提示信息

上述第 1 行代码用于输出视图中的 $errors 对象，这个对象包含所有的验证错误提示信息。第 2 行代码用于调用 $errors 对象中的 any()方法。$errors 中有两个方法，其中 any()是 bool 方法，如果没有检索到错误，则返回 false，否则返回 true。all()用于检索所有字段的消息数组，所以以第 3 行代码可以从 $errors 对象中取出所有内容，并通过 foreach 进行遍历。第 4 行用于输出所有错误提示信息。上述代码采用了 Blade 模板引擎中的模板语法，即在"@"后面加关键字，如"@if"等。

图 14.1.1 所示的矩形框中显示的 3 行内容就是 foreach 遍历出来的错误提示信息。

从后端返回数据后，前端表单的文本框中已经没有显示任何内容了。当数据验证出错时，最好能在前端表单的文本框中显示原来的错误提示信息，也就是需要在文本框内保留原来用户输入的相关信息，以便于用户修改。实现这个功能也很简单，只需要在控制器中实现返回的代码处加上方法 withInput()，然后在前端页面中给控件添加"value='{{old("user name")}}'"即可 。

```
1.        return redirect('login')->withErrors($validator)->withInput();
2.
3.        <input name="username" value="{{old('username')}}" id="username" onblur="checkUsername()">
```

上述代码的第 1 行在控制器中的 login()方法中重定向跳转时，添加了 withInput()方法。第 3 行用于在前端 login.blade.php 文件中显示修改后的用户名字段，其中 value 属性中使用"old('username')"写入了原来用户输入的用户名，双花括号用于在视图中输出变量。其他字段也采用同样的方法修改即可（每一个验证码只能使用一次，因此，请不要修改验证码字段）。

图 14.1.1 所示为具体的错误提示信息，这些信息只能便于我们理解其内容。在展示具体页面时，还需要将相关的信息在表单中显示出来，也就是需要把这些错误提示信息和文本框进行定位，将错误提示信息和每一个表单域相对应。要实现这个功能，可以在表单域的后面添加一个显示错误提示信息的 DOM

节点。下面是小王同学完成的主要代码。

```
1.    <tr>
2.      <td align="right">用户名</td>
3.      <td align="left">
4.        <input value="{{old('username')}}" name="username" id="username" onblur="checkUsername()"><span class="red">*</span>
5.        <img src="{{asset('img/x0.jpg')}}" id="x0" class="none">
6.        <img src="{{asset('img/x1.jpg')}}" id="x1" class="none">
7.        @if($errors -> has('username'))
8.          @php
9.            $e = $errors -> getMessages();
10.           $msg = implode(";" , $e['username']);
11.         @endphp
12.         <span class="require">{{$msg}}</span>
13.       @endif
14.     </td>
15.   </tr>
16.   <tr>
17.     <td align="right">密码</td>
18.     <td align="left">
19.       <input type="password" name="pw" value="{{old('pw')}}">
20.       <span class="red">*</span>
21.       @if($errors -> has('pw'))
22.         @php
23.           $e = $errors -> getMessages();
24.           $msg = implode(";" , $e['pw']);
25.         @endphp
26.         <span class="require">{{$msg}}</span>
27.       @endif
28.     </td>
29.   </tr>
30.   <tr>
31.     <td align="right">验证码</td>
32.     <td align="left">
33.       <input name="captcha" placeholder="验证码" style = "width:150px;">
34.       <img src="{{url('/captchaShow')}}" onclick="this.src='/captchaShow?'+Math.random()" alt="" style="cursor: pointer">
35.       <span class="red">*</span>
36.       @if($errors -> has('captcha'))
37.         @php
38.           $e = $errors -> getMessages();
39.           $msg = implode(";" , $e['captcha']);
40.         @endphp
41.         <span class="require">{{$msg}}</span>
42.       @endif
43.     </td>
44.   </tr>
```

上述代码的逻辑很简单，在第 7 行通过 has() 方法判断 errors 中是否存在 username 这个键，如果存在，就在第 9 行取出错误提示信息，并在第 10 行用分号将 username 的值拼接起来，最后在第 12 行输出。使用分号拼接的原因是，一个键可能会对应多个错误提示信息。密码和验证码的错误提示信息处理方式类似。第 22 行和第 25 行使用"@php"和"@endphp"标签来书写原生的 PHP 代码，意思是第 23 和第 24 行是原生的 PHP 代码。

此时，当故意在用户名、密码、验证码文本框中输入不能通过验证的内容时，单击"提交"按钮后，会在表单中显示每一项的错误提示信息，如图 14.1.2 所示。

图 14.1.2　在表单中显示验证错误提示信息

## 子任务 14.2　Laravel 中数据库的使用（用户登录）

### 【任务提出】

表单数据通过验证后，就可以实现用户的登录操作。在用户登录时，需要先连接数据库，再从数据表中查询用户记录。在 Laravel 中，使用数据库最方便的方式是使用模型。

Laravel 中数据库的
使用（用户登录）

### 【任务实施】

#### 14.2.1　使用 Laravel 中的模型

小王同学查阅相关资料后，再次理解了 Laravel 中的模型。MVC 模式中的 Model 就是一个快速操作数据库（准确地说是对应的数据表，一个模型对应一个数据表）的方法，可以利用模型加上一些自己想执行的操作对数据表进行快速操作，比如，查找特定的记录，实现数据的增、删、改等。模型是 Laravel 框架重要的基础之一，Eloquent ORM 组件提供了模型定义、CRUD（Create、Read、Update、Delete，增加、读取、更新、删除）、软删除、修改器等 API 方法。模型封装的好处是映射了底层数据库的数据结构、关联关系，可提供给逻辑代码调用，并进行了一些优化，有时比直接调用数据库进行 SQL 语句查询更加合理。模型事件机制提取出事件处理、事件监听，使程序逻辑解耦、层次更加清晰。

了解模型的相关内容后，小王同学参照文档的要求进行编码。

（1）配置数据库相关信息。打开根目录下的".env"文件，找到其中的数据库配置部分，按照实际情况进行配置。

```
1.    DB_CONNECTION=mysql
2.    DB_HOST=127.0.0.1
3.    DB_PORT=3306
4.    DB_DATABASE=member
5.    DB_USERNAME=root
6.    DB_PASSWORD=123456
```

其中配置信息包括数据库的类型、主机地址、数据库端口、数据库名称、数据库用户名、用户名对应的密码。上述信息也可以在"config/database.php"文件中进行配置，但".env"配置文件优先。

（2）在终端中执行以下命令创建模型："php artisan make:model UserModel"。

自动生成的模型的文件名是 UserModel.php，位于 app/Models 下。在新生成的模型文件中，内容为空，现在需要将这个数据库模型映射到数据表，只需要在其中进行声明配置即可。

（3）参照如下代码修改模型文件。

```
1.   class UserModel extends Model
2.   {
3.     use HasFactory;
4.     //关联的数据表
5.     protected $table = 'userinfo';
6.     //主键
7.     protected $primaryKey = 'id';
8.     //允许批量操作字段
9.     //fillable 为白名单，表示该字段可被批量赋值；与此对应的还有 guarded，表示"黑名单"，表示该字
段不可被批量赋值
10.    //Laravel 的 create 方法为字段批量赋值，save 方法为字段逐个手动赋值，因此 fillable 和 guarded
对 save 方法不起作用而适用于 create 方法
11.    protected $fillable = ['username','email'];
12.    //是否自动维护 created_at 和 update_at。如果数据表中没有这两个字段，则设置为 false
13.    public $timestamps = false;
14.  }
```

在模型文件中，通过$table 变量配置数据表，即可将 UserModel 模型映射到 userinfo 数据表。通过$primaryKey 配置数据表的主键字段。因为所有的 Eloquent 模型会预设防止批量赋值，所以需要在 Model 中设置 fillable 和 guarded 属性。如果需要对任意字段进行设置，则可以使用"*"来代替。Laravel 的 create 方法为字段批量赋值，save 方法为字段逐个手动赋值。需要注意的是，fillable 与 guarded 只限制了 create 方法，而不会限制 save 方法。create 方法通常使用 request 中的所有请求参数来创建对象，而 save 方法则是为字段逐个手动赋值，所以 create 方法有可能会恶意加入不应该插入的字段。

## 14.2.2 在 Laravel 中完成用户登录

创建好模型后，接下来可以修改控制器，然后从数据表中查询用户名和密码是否正确。

（1）修改控制器。下面是 Login 控制器中调用模型实现用户登录的核心代码。

```
1.   if (strtolower(Session::get('phrase')) == strtolower($data['captcha'])) {
2.     Session::forget('phrase');
3.     //接下来判断用户名是否正确
4.     $user = UserModel::where('username',$data['username'])->first();
5.     if(!$user){
6.       $validator->errors()->add('username','用户名不存在');
7.       return redirect('login')->with('errors',$validator->errors())->withInput();
8.     }
9.     $user = UserModel::where(['username'=>$data['username'],'pw'=>md5($data['pw'])])->first();
10.    if(!$user){
11.      $validator->errors()->add('pw','密码错误');
12.      return redirect('login')->with('errors',$validator->errors())->withInput();
13.    }
14.    else{
15.      Session::put('loggedUsername',$data['username']);
16.      Session::put('isAdmin',$user->admin);
17.      if($user->admin) {
18.        return view('admin.index')->with(['loggedUsername'=>$data['username'],'isAdmin'=>
$user->admin]);
```

```
19.      }
20.      else {
21.        return view('index')->with(['loggedUsername'=>$data['username'],'isAdmin'=>$user->
admin]);
22.      }
23.    }
24.  } else {
25.    $validator->errors()->add('captcha', '验证码错误'); //在 validator 中添加一条错误提示信息
26.    return redirect('login')->withErrors($validator)->withInput();
27.  }
```

可以看到，验证码输入正确后，在上述代码的第 4 行通过模型 UserModel 的 where()方法查询输入的用户名在数据表中是否存在，第一个参数"username"表示数据表（在 14.2.1 小节中的模型文件中配置的数据表）中列的名称，第二个参数"$data['username']"表示前端传递过来的用户输入的用户名，"first()"方法可以返回符合条件的第一条记录。第 5 行用于判断是否找到此用户名。如果未找到，则在第 6 行给用户名字段添加一条错误提示信息，并在第 7 行将此错误提示信息返回到登录前端页面。第 9 行用于调用模型的 where 方法，同时查询用户名和密码，并返回符合条件的第一条记录。第 10 行用于判断是否有返回记录，如果没有找到记录，则在第 11 行给密码添加一条错误提示信息，并在第 12 行将错误提示信息返回登录前端页面。第 15 行和第 16 行表示按照指定用户名和密码正确查找到了记录，说明登录成功，并在 Session 中保存当前登录者的用户名和是否是管理员的信息。在第 17 行判断当前用户是否是管理员。如果是管理员，则跳转至 views 下的 admin 文件夹中的 index 视图。如果不是管理员，则直接跳转至 views 下的 index 视图。在跳转时会携带相应的参数。这些参数将在目标视图中被读取使用。

（2）修改 IDE 中代码提示的 bug。

小王同学在编写代码时，明明都是参照官方文档来书写的，但他在 PhpStorm 中发现，在上述代码的第 4 行，系统提示无法找到模型中的 where()方法。这就奇怪了，很明显，模型中不可能没有这个方法。他又去百度查询资料，最后找到了解决方案。只需要在终端中依次执行如下命令，然后重新启动 PhpStorm 即可。

```
1.    composer require barryvdh/laravel-ide-helper
2.    php artisan ide-helper:generate
3.    php artisan ide-helper:models
4.    php artisan ide-helper:meta
```

（3）修改导航内容。做到这里，小王同学准备测试结果。但他突然想起来，首页上方是会显示当前登录者的信息的，而且在刚才修改 Login 控制器时，登录成功后，返回前端页面时，也是携带了登录者的用户名的，因此，接下来还需要对首页进行处理，也就是需要更新 nav.blacle.php 中的相关信息。

小王同学打开 nav.blade.php 文件，并进行了简单的修改。

```
1.    @if(isset($loggedUsername))
2.      <div class="logged">当前登录者：{{$loggedUsername}}
3.        @if($isAdmin)
4.        <span style="color: crimson">欢迎管理员登录</span>
5.        @endif
6.        <span class="logout"><a href="logout.php">注销登录</a></span>
7.      </div>
8.    @endif
9.    @php
```

```
10.        $id = $_GET['id'] ?? 1;
11.    @endphp
12.
13.    <h2>
14.        <a href="{{url('/')}}?id=1" @if($id == 1)class="current"@endif>首页</a>
15.        <a href="signup.php?id=2" @if($id==2)class="current"@endif>会员注册</a>
16.        <a href="{{url('login')}}?id=3" @if($id == 3)class="current"@endif>会员登录</a>
17.        <a href="modify.php?id=4&source=member" @if($id == 4)class="current"@endif>个人资料修改</a>
18.        <a href="{{url('admin/index')}}?id=5" @if($id == 5)class="current"@endif>后台管理</a>
19.    </h2>
```

可以看到，他使用"@if"模板标签替换了原来的 if 语句，当然，这里也可以使用"@php"来编写原生的 PHP 代码。在上述代码的第 1 行判断变量"$loggedUsername"是否存在。因为在直接进入首页时，处于未登录状态，这个变量是不存在的。当登录成功后跳转至首页时，这个参数就传递过来了，因此，为了适应各种情况，要用 isset()函数来判断变量是否存在。如果变量存在，则显示当前登录者的用户名，同时还要显示"注销登录"链接。接下来在第 3 行判断是否是管理员，如果是管理员，则显示"欢迎管理员登录"的提示信息。

同时，在第 13 行~第 19 行，小王同学修改了导航链接的目标地址，这里都是使用 url()辅助函数来生成地址的。其中首页直接跳转至"/"，这个路由在前面已经创建完成。"会员登录"链接也是同样的道理，直接跳转至路由"login"。这里也修改了后台管理的链接，只不过还没有在 web.php 中创建相应路由，接下来需要创建这个路由。

```
1.    Route::get('/admin/index', function (){
2.        return view('admin.index');
3.    });
```

图 14.2.1 所示为测试的登录后的结果。

图 14.2.1　用户登录后的首页

（4）完善"注销登录"。页面中的"注销登录"链接也需要同步修改完善。先修改"注销登录"链接。

```
1.    <span class="logout"><a href="{{url('logout')}}">注销登录</a></span>
```

这里用到了路由"logout"，可以用一个控制器来实现注销功能。

（5）创建控制器。在 Login 控制器中添加 logout()方法，即使用 flush()方法清空 Session。

```
1.    public function logout(){
2.        //清空 Session
3.        session()->flush();
4.        //跳转到登录页面
5.        return redirect('/login');
6.    }
```

（6）创建路由。在 web.php 中创建路由。

```
1.    Route::get('/logout', [LoginController::class,'logout']);
```

这个路由调用的是控制器中的方法，其中第二个参数是一个数组，数组的第一个元素是"LoginController::class"，指向"App\Http\Controllers\LoginController.php"文件中的 class LoginController 类；数组的第二个元素"logout"是函数名，或者叫方法名，指向 LoginController.php 文件中的 logout()方法。需要注意的是，这种控制器调用方式是在 8.x 及以上版本中使用的，如果是 7.x 及以下版本，则使用如下方式。

```
1.    Route::get('/logout', 'LoginController@logout');
```

## 子任务 14.3   后台管理页面的制作

### 【任务提出】

用户登录后，如果是普通用户，则跳转至首页；如果是管理员，则跳转至管理员页面，这就涉及后台管理页面的制作了。由于后台管理页面只能由管理员访问，因此，这个页面还涉及权限控制的问题。在 Laravel 中，页面访问权限的控制可以使用中间件来实现。

后台管理页面

### 【任务实施】

#### 14.3.1   使用 Laravel 的中间件

小王同学前面在修改 nav.blade.php 文件时，已经完成了后台管理页面的链接，并创建了跳转路由。现在需要按照前面的设置，来创建后台管理页面。

（1）将原来系统中的 admin.php 文件复制到 resources/views/admin 下（需要新建文件夹 admin），并更名为 index.blade.php。

（2）打开文件，将头部判断权限的包含文件和其他所有的 PHP 代码都删除，然后包含 nav 模板，并进行测试，以确保这个页面能正确显示出来。

显然，后台管理页面需要判断管理员是否登录。原来的代码是使用"checkAdmin.php"文件通过 Session 来判断的。在 Laravel 中，可以使用中间件来完成权限的判断。中间件的作用是过滤 HTTP 请求，根据不同的请求执行不同的逻辑操作；中间件可以进行请求数据的拦截处理和数据检验，并且进行逻辑处理后判断是否允许进入下一个中间件。比如，访问一个后台管理页面时，中间件可以进行权限判断，判断当前是否是管理员身份登录。如果未登录，则跳转至登录页面，如果已经登录，则正常进入下一个页面进行显示。

（3）中间件的创建方式和控制器、模型等的创建方式类似，可以在终端中输入以下代码并执行来创建中间件。

```
1.    php artisan make:middleware CheckAdminLoginMiddleware
```

创建好的中间件位于"app/Http/middleware"目录中。

（4）修改中间件的内容。

```
1.    public function handle(Request $request, Closure $next)
2.    {
3.      if(session()->get('isAdmin')) {
4.        return $next($request);
5.      }
6.      else{
7.        return redirect('login');
8.      }
9.    }
```

上述代码的逻辑是判断 Session 中的 isAdmin 是否为 1。如果是 1，则说明当前是管理员登录，正常跳转到后台管理页面；否则跳转至登录页面。

（5）创建中间件后，中间件还不会起作用，还需要注册中间件。打开"app/Http/Kernel.php"文件，在其中注册中间件即可。在 Laravel 中有两种类型的中间件，即全局中间件和路由中间件。全局中间件将在应用程序的每个 HTTP 请求中运行，而路由中间件将被分配到一个特定的路由中执行。现在只是一些特定页面需要判断管理员是否登录的功能，因此，在这里注册路由中间件即可。在路由中间件中添加如下代码。

```
1.    protected $routeMiddleware = [
2.      'checkAdminLogin' => CheckAdminLoginMiddleware::class
3.    ];
```

这是一个关联数组，数组的键是中间件的别名，其值指向需要关联的中间件类。

（6）在路由中使用中间件。由于现在进入管理员页面时需要判断是否处于管理员登录状态，因此，需要修改"/admin/index"这个路由。

```
1.    Route::get('/admin/index', function () {
2.      return view('admin.index');
3.    })->middleware('checkAdminLogin');
```

接下来就可以测试中间件的效果了。最终结果是，当管理员未登录时，直接单击导航链接中的"后台管理"，系统会自动跳转至登录页面。

## 14.3.2　输出后台管理页面数据

最后，还需要在管理员页面中输出各项数据。在原来完成的代码中，登录成功后，跳转至管理员页面，并携带两个参数，分别是当前登录者的用户名和当前是否是管理员的参数。这里并没有页面中需要的其他数据。因此，还需要修改跳转逻辑。登录成功后，可以先跳转至一个控制器路由，在控制器中读取数据，再携带这些数据跳转至管理员页面中，并在其中展示出来。

（1）修改 login 控制器中登录成功后的代码。

```
1.    if($user->admin) {
2.      return Redirect::to('/admin');
3.      //return view('admin.index')->with(['loggedUsername'=>$data['username'],'isAdmin'=>$user->admin]);
4.    }
5.    else {
6.      return view('index')->with(['loggedUsername'=>$data['username'],'isAdmin'=>$user->admin]);
7.    }
```

修改原来管理员登录成功后的跳转逻辑，直接重定向至路由"/admin"。

（2）在终端中创建控制器。

```
1.    php artisan make:controller AdminController
```

（3）在新创建的控制器中创建一个 index()方法。

```
1.    public function index(){
2.      $allUser = UserModel::all()->sortDesc();
3.      $loggedUsername = session()->get('loggedUsername');
4.      $isAdmin = session()->get('isAdmin');
5.      return view('admin.index')->with(['loggedUsername'=>$loggedUsername,'isAdmin'=>$isAdmin,'allUser'=>$allUser]);
6.    }
```

在上述代码的第 2 行，通过 UserModel 的 all()方法获取数据表的所有内容，通过 sortDesc()方法按照 ID 降序排列输出。第 3 行和第 4 行用于读取登录成功后的 Session。在第 5 行跳转至管理员页面，并携带所有数据。这里直接使用了原来创建好的 UserModel（就是在 14.2.1 小节创建好的关联到

userinfo 数据表的模型），因为后台管理页面要输出的会员信息还是存在于 userinfo 表中，所以这里不使用新创建的模型，可以直接使用在 14.2.1 小节创建的模型。

（4）创建路由。

```
1.  //后台管理
2.  Route::get('/admin',[AdminController::class,'index']);
```

（5）输出数据。在实现路由跳转时，有一个参数是$allUser，这是一个二维数组，里面包含所有的会员信息。在 Blade 模板引擎中有专门用于循环输出数组数据的方法。请参照如下代码修改 admin.blade.php 文件。

```
1.  @foreach($allUser as $info)
2.  <tr>
3.  <td>{{$loop->iteration }}</td>
4.  <td>{{$info['username']}}</td>
5.  <td>{{$info['sex']}}</td>
6.  <td>{{$info['email']}}</td>
7.  <td>{{$info['fav']}}</td>
8.  <td>{{$info['admin']?'是':'否'}}</td>
9.  <td>
10.    <a href="modify.php?id=4&username=&source=admin&page=">资料修改</a>
11.    <a href="javascript:del();">删除会员</a> 设置管理员
12.  </td>
13.  </tr>
14.  @endforeach
```

可以看到，"序号"栏使用的是"{{$loop->iteration }}"。$loop 是 Blade 模板引擎提供的循环输出变量的方法，相关的使用方法如表 14.3.1 所示。

表 14.3.1　Blade 模板引擎中关于循环变量$loop 的使用方法

| 序号 | 属性 | 描述 |
|---|---|---|
| 1 | $loop->index | 当前迭代的索引（从 0 开始计数） |
| 2 | $loop->iteration | 当前循环迭代（从 1 开始计数） |
| 3 | $loop->remaining | 循环中剩余迭代的数量 |
| 4 | $loop->count | 被迭代的数组元素的总数 |
| 5 | $loop->first | 是否为循环的第一次迭代 |
| 6 | $loop->last | 是否为循环的最后一次迭代 |
| 7 | $loop->depth | 当前迭代的嵌套深度级数 |
| 8 | $loop->parent | 嵌套循环中，父循环的循环变量 |

此时，使用管理员账号重新登录，可以看到在管理员页面中输出了所有会员的信息，如图 14.3.1 所示。

图 14.3.1　管理员页面

在上面的代码中，后台管理页面的访问方式已经从原来定义的视图"admin/index"转换成路由"/admin"了，因此，还需要修改 nav.blade.php 文件中"后台管理"页面的链接。

```
1.    <a href="{{url('admin')}}?id=5" @if($id == 5)class="current"@endif>后台管理</a>
```

另外，原来判断管理员是否登录是在中间件中完成的。现在启用了新的路由，因此，要把原来的路由中间件移植过来。

```
1.    //后台管理
2.    Route::get('/admin',[AdminController::class,'index'])->middleware('checkAdminLogin');
```

这样，当跳转至"/admin"路由时，会自动检查当前管理员是否已登录。如果管理员未登录，则自动跳转至登录页面。

当然，在页面中判断管理员权限也可以使用 PHP 代码，通过读取 Session 来判断。

```
1.    @php
2.      if(!Illuminate\Support\Facades\Session::get('isAdmin')){
3.        echo "<script>alert('请以管理员身份登录后访问本页面');local.href='".url('/login')."';</script>";
4.        exit;
5.      }
6.    @endphp
```

## 子任务 14.4　使用 Laravel 实现用户注册

### 【任务提出】

完成用户的登录操作，用户注册也就水到渠成了。其实现思路和用户登录相似。

用户注册

### 【任务实施】

完成用户注册功能时，参照前面用户登录时的操作，可以很快完成相关内容。

（1）将原有的注册页面 signup.php 复制到"views/register"中，并更名为 signup.blade.php。

（2）删除头部的"session_start()"，删除包含 nav.php 文件的代码，并重新使用模板引擎包含 nav.blade.php 文件。

（3）添加路由，以实现单击导航栏中的"会员注册"，自动跳转到会员注册页面。同时，实现单击"提交"按钮，跳转到后端注册页面，实现用户注册。

```
1.    //注册页面
2.    Route::get('/register',function (){
3.      return view('register/signup');
4.    });
```

（4）修改导航栏链接。打开 nav.blade.php 文件，修改"会员注册"链接。

```
1.    <a href="{{url('register')}}?id=2" @if($id==2)class="current"@endif>会员注册</a>
```

（5）创建注册控制器。在终端中输入以下命令。

```
1.    php artisan make:controller RegisterController
```

（6）添加表单提交的路由。在 web.php 文件中添加如下代码。

```
1.    //后端注册页面
2.    Route::post('/postRegister', [RegisterController::class,'postRegister']);
```

（7）修改前端注册页面。在 action 属性中设置提交页面，同时，由于提交数据会用到 POST 方式，因此，需要在 signup.blade.php 中添加"@csrf"，以防止跨站攻击。

```
1.    <form action="{{'/postRegister'}}" method="post" onsubmit="return check()">
2.    @csrf
```

（8）在 RegisterController 控制器中添加一个方法 postRegister()（需要根据 PhpStorm 的提示引用相关的类）。

```
1.    function postRegister(Request $request){
2.       //请求前端数据
3.       $data = $request->except('_token');
4.       //验证前端数据
5.       //Validator::make('需要验证的表单数据','验证规则','错误提示信息');
6.       $rule = [
7.          'username' => 'required|alpha_num|between:3,10',
8.          'pw' => 'required|regex:/^[a-zA-Z\d_*]{6,10}$/',
9.          'email' =>'nullable|email',
10.         'cpw'=>'required|same:pw',
11.         'fav'=>'nullable'
12.      ];
13.      $msg = [
14.         'username.required' => '用户名必填',
15.         'username.alpha_num' => '用户名只能由大小写字母和数字构成',
16.         'username.between' => '用户名长度只能是 3～10 个字符',
17.         'pw.required' => '密码必填',
18.         'pw.regex' => '密码只能由大小写字母和_、*构成',
19.         'cpw.required'=>'确认密码必须填写',
20.         'cpw.same'=>'确认密码和密码必须相同',
21.         'email.email'=>'信箱格式错误'
22.      ];
23.      $validator = Validator::make($data,$rule,$msg);
24.      if($validator->fails()){
25.         //说明验证失败
26.         return redirect("/register")->with('errors',$validator->errors())->withInput();
27.      }
28.      $result = UserModel::where('username',$data['username'])->first();
29.      if($result){
30.         $validator->errors()->add('username','此用户名已经被使用了');
31.         return redirect("/register")->with('errors',$validator->errors())->withInput();
32.      }
33.      $email = $data['email'] ?? '';
34.      $fav = isset($data['fav']) ? implode(',',$data['fav']) : '';
35.      $data = array('username'=>$data['username'],'pw'=>md5($data['pw']),'email'=>$data['email'],'sex'=>$data['sex'],'fav'=>$fav);
36.      $result = UserModel::insert($data);
37.      if($result){
38.         echo "<script>alert('注册成功');location.href='/login';</script>";
39.      }
40.      else{
41.         echo "<script>alert('注册失败');history.back();</script>";
42.      }
43.   }
```

可以看到，上述代码的第 3 行用于读取前端传递过来的表单数据（不包含_token）。第 6～12 行用于创建表单数据的验证规则。第 13～22 行对应这些验证规则，给出相应的验证不符合时的提示信息。

第 23 行使用 Laravel 提供的验证器进行数据验证。第 26 行用于验证失败后，将错误提示信息返回登录页面，并将用户输入的原始信息一并返回。第 28 行用于当数据验证成功后，从数据表中查询当前用户名，判断用户名是否重复。第 30 行，如果用户名重复了，则携带相应的错误提示信息，返回至登录页面。第 33 行用于判断用户是否填写信箱。如果未填写，则将$email 变量赋为空值。第 34 行用于判断用户是否勾选爱好选项，如果勾选了爱好选项，则将所选爱好用","拼接起来，以便存入数据库。第 35 行用于构建数组，以便在第 36 行中调用模型 UserModel 中的 insert()方法时将数据写入数据库。第 37 行用于判断写入数据库是否成功。

（9）在前端注册页面中还存在异步判断用户名是否被占用的相关代码，请一并删除。同时，还要在前端页面中补充后端返回的验证出错的提示代码。

```
1.    <tr>
2.      <td align="right">用户名</td>
3.      <td align="left">
4.        <input name="username"><span class="red">*</span>
5.        @if($errors -> has('username'))
6.          @php
7.            $e = $errors->getMessages();
8.            $msg = implode(";",$e['username']);
9.          @endphp
10.         <span class="require">{{$msg}}</span>
11.       @endif
12.     </td>
13.   </tr>
14.   <tr>
15.     <td align="right">密码</td>
16.     <td align="left">
17.       <input type="password" name="pw">
18.       <span class="red">*</span>
19.       @if($errors -> has('pw'))
20.         @php
21.           $e = $errors->getMessages();
22.           $msg = implode(";",$e['pw']);
23.         @endphp
24.         <span class="require">{{$msg}}</span>
25.       @endif
26.     </td>
27.   </tr>
28.   <tr>
29.     <td align="right">确认密码</td>
30.     <td align="left">
31.       <input type="password" name="cpw">
32.       <span class="red">*</span>
33.       @if($errors -> has('cpw'))
34.         @php
35.           $e = $errors->getMessages();
36.           $msg = implode(";",$e['cpw']);
37.         @endphp
38.         <span class="require">{{$msg}}</span>
```

```
39.        @endif
40.      </td>
41.    </tr>
42.    <tr>
43.      <td align="right">性别</td>
44.      <td align="left">
45.        <input name="sex" type="radio" checked value="1">男
46.        <input name="sex" type="radio" value="0">女
47.      </td>
48.    </tr>
49.    <tr>
50.      <td align="right">信箱</td>
51.      <td align="left">
52.        <input name="email">
53.        @if($errors -> has('email'))
54.          @php
55.            $e = $errors->getMessages();
56.            $msg = implode(";",$e['email']);
57.          @endphp
58.          <span class="require">{{$msg}}</span>
59.        @endif
60.      </td>
61.    </tr>
```

接下来就可以测试用户注册功能了。

经过长时间的努力，到现在为止，小王同学已经把除了"个人资料修改"功能外的会员管理系统功能基本完成，他长长地舒了一口气，觉得可以先休息一下了。

正在阅读本书的同学们，你们是否也想和小王同学一样，尝试自己制作项目呢？那就从小王同学没有完成的"个人资料修改"入手吧，请大家帮他完成最后这个功能。

## 【任务小结】

在本任务中，我们学习了 Laravel 中的表单数据验证、Laravel 中的模型应用，从而实现了用户的登录和注册功能。使用中间件，还完成了页面权限判断的功能，并完成了管理员页面的制作。

## 【巩固练习】

### 一、单选题

1. 在 Laravel 工程中，关于控制器的相关描述不正确的是（　　）。
   A. app/Http/Controllers 目录包含控制器文件
   B. 新创建的控制器都继承 BaseController
   C. php artisan make:controller UserController
   D. php artisan make:controller ShowProfile --invokable

2. 以下关于 Laravel 有关目录结构描述不正确的是（　　）。
   A. public 目录包含入口文件和 JavaScript、CSS 等前端文件
   B. Blade 视图一般在 resources/views 目录中
   C. web.php 是路由文件，一般放在 app 目录中
   D. 模型默认放在 app 目录中

3. 能正确安装名为 blog 的特定版本的 Laravel 工程的命令是（　　）。
   A. yum create-project --project-dist laravel/laravel blog 5.7.*
   B. composer create-project --prefer-dist laravel/laravel blog 5.7.*
   C. npm create-project --prefer-dist laravel/laravel blog 5.7.*
   D. sudo create-project --prefer-dist laravel/laravel blog 5.7.*
4. 在 Laravel 框架中，以下语句中使用 Session 错误的是（　　）。
   A. session(['key'=>'value'])
   B. $value = $request->session()->post('key','default');
   C. $value = session('key');
   D. $value = $request->session()->all();
5. 在 Laravel 中，引用命名空间使用的是（　　）关键字。
   A. var            B. import            C. use            D. 以上都不对
6. 声明 PHP 的一个用户自定义类的方式是（　　）。
   A. <?php                               B. <?php
       class className() { }                   class className {}
   ?>                                      ?>
   C. <?php                               D. <?php
       function className { }                  interface className () { }
   ?>                                      ?>
7. 让一个对象实例调用该对象的方法函数"mymethod"的方式是（　　）。
   A. $self->mymethod();                  B. $this->mymethod();
   C. $current->mymethod();               D. $this::mymethod();
8. 下列不属于 PHP 中面向对象的特性的选项是（　　）。
   A. 类            B. 属性、方法        C. 单一继承        D. 多继承
9. 如果成员没有声明访问控制符，则默认值是（　　）。
   A. private       B. protected         C. public          D. final
10. 在 PHP 的面向对象中，类中定义的析构函数是在（　　）调用的。
    A. 类创建时      B. 创建对象时        C. 删除对象时      D. 不自动调用

**二、多选题**

1. 在 Laravel 中，有关模型的描述正确的是（　　）。
   A. 变量$fileable 的作用是设置白名单
   B. User::where('age','>',20)->firstOrFail()表示查询年龄大于 20 岁的用户，没有记录则抛出异常
   C. php artisan make:model User 表示创建默认在 app 目录下的 User.php 模型文件
   D. 变量$guarded 的作用是设置黑名单
2. 在 Laravel 工程的 Blade 模板引擎中存在的指令是（　　）。
   A. @for          B. @if               C. @extends        D. @unless
3. 在 Laravel 框架使用过程中，以下数据库操作语句正确的是（　　）。
   A. $users = DB::table('users')->first('userid');
   B. $users = DB::table('users')->distinct()->get();
   C. $users = DB::table('users')->count();
   D. $users = DB::table('users')->addSelect('age')->get();